Leitfäden der angewandten Informatik

Fridolin Hofmann
Betriebssysteme: Grundkonzepte
und Modellvorstellungen

Leitfäden der angewandten Informatik

Herausgegeben von

Prof. Dr. Hans-Jürgen Appelrath, Oldenburg
Prof. Dr. Lutz Richter, Zürich
Prof. Dr. Wolffried Stucky, Karlsruhe

Die Bände dieser Reihe sind allen Methoden und Ergebnissen der Informatik gewidmet, die für die praktische Anwendung von Bedeutung sind. Besonderer Wert wird dabei auf die Darstellung dieser Methoden und Ergebnisse in einer allgemein verständlichen, dennoch exakten und präzisen Form gelegt. Die Reihe soll einerseits dem Fachmann eines anderen Gebietes, der sich mit Problemen der Datenverarbeitung beschäftigen muß, selbst aber keine Fachinformatik-Ausbildung besitzt, das für seine Praxis relevante Informatikwissen vermitteln; andererseits soll dem Informatiker, der auf einem dieser Anwendungsgebiete tätig werden will, ein Überblick über die Anwendungen der Informatikmethoden in diesem Gebiet gegeben werden. Für Praktiker, wie Programmierer, Systemanalytiker, Organisatoren und andere, stellen die Bände Hilfsmittel zur Lösung von Problemen der täglichen Praxis bereit; darüber hinaus sind die Veröffentlichungen zur Weiterbildung gedacht.

Betriebssysteme:
Grundkonzepte
und Modellvorstellungen

Von Prof. Dr. rer. nat. Fridolin Hofmann
Universität Erlangen-Nürnberg

2., überarbeitete Auflage

B. G. Teubner Stuttgart 1991

Prof. Dr. rer. nat. Fridolin Hofmann

Geboren 1934 in Bamberg. Von 1954 bis 1958 Studium der Mathematik und Physik an der Universität Erlangen-Nürnberg, 1960 Promotion am Mathematischen Institut der Universität Erlangen-Nürnberg. Von 1959 bis 1963 wiss. Mitarbeiter am Mathematischen Institut der Universität Erlangen-Nürnberg. Von 1963 bis 1972 Mitarbeiter in der Zentralen Forschung und Entwicklung der Siemens AG, seit 1972 o. Professor für Informatik (Betriebssysteme) an der Universität Erlangen-Nürnberg.

Die Deutsche Bibliothek – CIP-Einheitsaufnahme

Hofmann, Fridolin:
Betriebssysteme: Grundkonzepte und Modellvorstellungen /
Fridolin Hofmann. – 2., überarb. Aufl. – Stuttgart : Teubner,
1991
  (Leitfäden der angewandten Informatik)

  ISBN 978-3-519-12474-0   ISBN 978-3-322-93998-2 (eBook)
  DOI 10.1007/978-3-322-93998-2

Gesamtherstellung: Zechnersche Buchdruckerei GmbH, Speyer
Umschlaggestaltung: W. Koch, Sindelfingen

Vorwort

Der Schwerpunkt des Buches liegt auf der Darlegung der Strukturen und inneren Abläufe von Betriebssystemen sowie der Bildung von Abstraktionen, die formale Darstellungen und Untersuchungen typischer Fragestellungen erlauben.

Die Themenwahl ist von zwei Aspekten geleitet. Sie soll demjenigen, der komplexe Programme entwickelt, einen Einblick in die inneren Abläufe von Betriebssystemen vermitteln. Ferner soll sie die wichtigsten Überlegungen zur Strukturierung, Beschreibung und modellhaften Erfassung von Betriebssystemen darstellen, da sie bei der Entwicklung komplexer Programmsysteme von Bedeutung sind.

Um in anderen Anwendungsbereichen eine sinnvolle Nutzung der behandelten Modelle zu ermöglichen, werden die den Formalisierungen zugrundeliegenden Vorstellungen erläutert und die jeweils typischen Untersuchungsmethoden aufgezeigt. Zur Veranschaulichung der Überlegungen wird vorwiegend UNIX[1] herangezogen.

Das Buch ist geschrieben für Informatikstudenten der höheren Semester und darüber hinaus für diejenigen, die sich mit dem Entwurf und der Realisierung asynchroner Prozeßsysteme befassen, wie sie vor allem bei Echtzeitanwendungen und verteilten Systemen auftreten. Erfahrung im Umgang mit Betriebssystemen sowie grundlegende Kenntnisse über Rechnerarchitektur und höhere Programmiersprachen sind Voraussetzung.

Da bislang keine übergreifende Theorie zur Behandlung von Betriebssystemen existiert, werden sehr unterschiedliche Methoden zur Untersuchung der verschiedenen Gesichtspunkte, die bei Konzeption und Benutzung von Betriebssystemen eine Rolle spielen, verwendet. Die sieben Kapitel des Buches sollen die Spannbreite von Gesichtspunkten aufzeigen, die einer formalen Behandlung zugänglich sind, bis zu solchen, die sich dem bislang entziehen und deshalb nur in einer beschreibenden Weise diskutiert werden können.

Das erste Kapitel zeigt anhand eines Beispiels aus der Echtzeitdatenverarbeitung, der Idee der abstrakten Datentypen folgend, sehr allgemeine Strukturierungs- und Beschreibungsmöglichkeiten für asynchrone Prozeßsysteme auf.

Im zweiten Kapitel wird dies durch ein formales Modell präzisiert. Auf dieser Basis werden Zusammenhänge zwischen Spezifikation und Implementierung asynchroner Prozeßsysteme untersucht, die sowohl für die Compilerentwicklung als auch für die Beschreibung der Benutzerschnittstelle von Betriebssystemen eine zentrale Rolle spielen. Das Modell erlaubt eine einheitliche und vergleichende Betrachtung verschiedener Synchronisationsmechanismen (nicht eingegangen wird auf programmiersprachliche Über-

---

1. UNIX ist eingetragenes Warenzeichen von AT&T

legungen zur Synchronisation und Koordinierung). Dem folgen Vorgehensweisen zur Realisierung von Prozeßsystemen auf Monoprozessoren, die zur Konstruktion des Prozeßumschalters führen. Schließlich wird auf formaler Basis das Verklemmungsproblem behandelt.

Das dritte Kapitel ist der Untersuchung von Prozessorvergabestrategien vorbehalten, wobei sowohl die operationelle Untersuchungsmethode als auch wahrscheinlichkeitstheoretische Überlegungen zur Anwendung kommen.

Mit dem Thema Arbeitsspeicherverwaltung setzt sich das vierte Kapitel auseinander, eingehend auf Motivation und Benutzung der Adressierungsmechanismen Segmentierung und Seitenadressierung sowie auf die Vorgehensweisen des *Swapping* und des *Paging* und damit zusammenhängende Strategiefragen.

Das fünfte Kapitel zeigt als wichtige Dateiorganisation, eine auf B^+-Bäumen beruhende Vorgehensweise auf. Sie ist spezifiziert in einer Art, die nicht den üblichen, auf Monoprozessoren zugeschnittenen Darstellungen folgt. Sie ist auf Parallelarbeit und verteilte Systeme abgestimmt und orientiert sich an Vorstellungen, die auf Hoare zurückgehen. Bemerkenswert ist, daß die üblichen Implementierungen für Monoprozessoren ohne Schwierigkeiten durch Verwendung der Überlegungen des Kapitels zwei daraus gewonnen werden können.

Die Behandlung der peripheren Geräte in Kapitel sechs macht deutlich, daß die dem Buch zugrunde liegenden Strukturierungsvorstellungen es ermöglichen, Hard- und Software einheitlich zu beschreiben und so zu einer präzisen und geschlossenen Darstellung eines Rechensystems zu gelangen. Diese Vorgehensweisen sind in der Prozeßdatenverarbeitung von Interesse. Derartige Lösungsbeschreibungen präjudizieren nicht die genaue Trennung zwischen Hard- und Software.

Das letzte Kapitel befaßt sich mit Fragen der Datensicherheit (im Sinne der engl. Bezeichnung security). Anhand eines formalen Modells wird eine Möglichkeit zur Präzisierung von Sicherheitsmaßnahmen und Sicherheitsanforderungen sichtbar. Es folgt der Beweis, daß in diesem Modell Sicherheit eine nichtentscheidbare Eigenschaft ist.

Abschließend möchte ich mich bei allen bedanken, die durch ihre Forschungsarbeiten und Diskussionen zum Inhalt dieses Buches beigetragen haben. Mein besonderer Dank gilt Herrn Jung und Herrn de Meer, die mich kritisch und konstruktiv unterstützten.

Erlangen, im August 1991   F. Hofmann

Inhaltsverzeichnis

1 Betriebssystem und Softwarestruktur

1.1 Der Begriff des Betriebssystems

Nach DIN 44300 wird das *Betriebssystem* gebildet durch „die Programme eines digitalen Rechensystems, die zusammen mit den Eigenschaften der Rechenanlage die Basis der möglichen Betriebsarten des digitalen Rechensystems bilden und die insbesondere die Abwicklung von Programmen steuern und überwachen".

Die Konzeption eines Betriebssystems setzt nach dieser Definition die Kenntnis der Strukturvorstellungen voraus, mit denen der Entwerfer eines Programmsystems an seine Aufgabe geht. Es ist deshalb erforderlich, zunächst Vorgehensweisen bei der Realisierung großer Programmsysteme zu betrachten.

Um überhaupt Ordnung in die Gesamtvorgehensweise der Programmerstellung und Programmwartung zu bringen, wurde eine Reihe von Modellen für einen *Software-Life-Cycle* entwickelt, die den gesamten Lebenslauf eines Softwareproduktes von der Problemerfassung bis zum Ende seiner Nutzung umfassen. Für die nachfolgenden Überlegungen genügt ein einfaches Modell, wie es Bild 1.1 zeigt [Kimm 79].

Für Fragen der Betriebsprogrammierung sind dabei vor allem die Spezifikation und die Implementierung von Interesse. Diese Teile des Software-Life-Cycle verdienen besonderes Augenmerk, weil die Strukturkonzepte, die zur Spezifikation benutzt werden, bei der Implementierung auf diejenigen zurückgeführt werden müssen, die das Betriebssystem der betreffenden Rechenanlage zur Verfügung stellt.

Um den Vorgang der Implementierung möglichst einfach und übersichtlich zu gestalten, ist es wünschenswert, die in der Spezifikation verwendeten Strukturierungskonzepte unmittelbar vom Betriebssystem her zu unterstützen. Außerdem wird es sinnvoll sein, das Betriebssystem selbst - als großes Programmsystem - nach den gleichen Konzepten zu strukturieren.

Da bei der Entwicklung von Betriebssystemen Verifikationsfragen eine erhebliche Rolle spielen, kommen in diesem Zusammenhang nur solche Spezifikationstechniken in Frage, die die Beziehungen zwischen Spezifikation und dokumentiertem Programm präzise erfassen können. Unter Spezifikation werden deshalb im weiteren nur Beschreibungen der Problemlösung verstanden, die ausschließlich anhand formaler Systeme dargestellt sind. Mit ihrer Hilfe werden im wesentlichen Wertevorräte und die auf diese anwendbaren Transformationen und Prädikate charakterisiert. Der Vorgang der Implementierung kann als „Codierung" einer Spezifikation in einem anderen formalen System gesehen werden, wobei bestimmte Zusammenhangseigenschaften zwischen Spe-

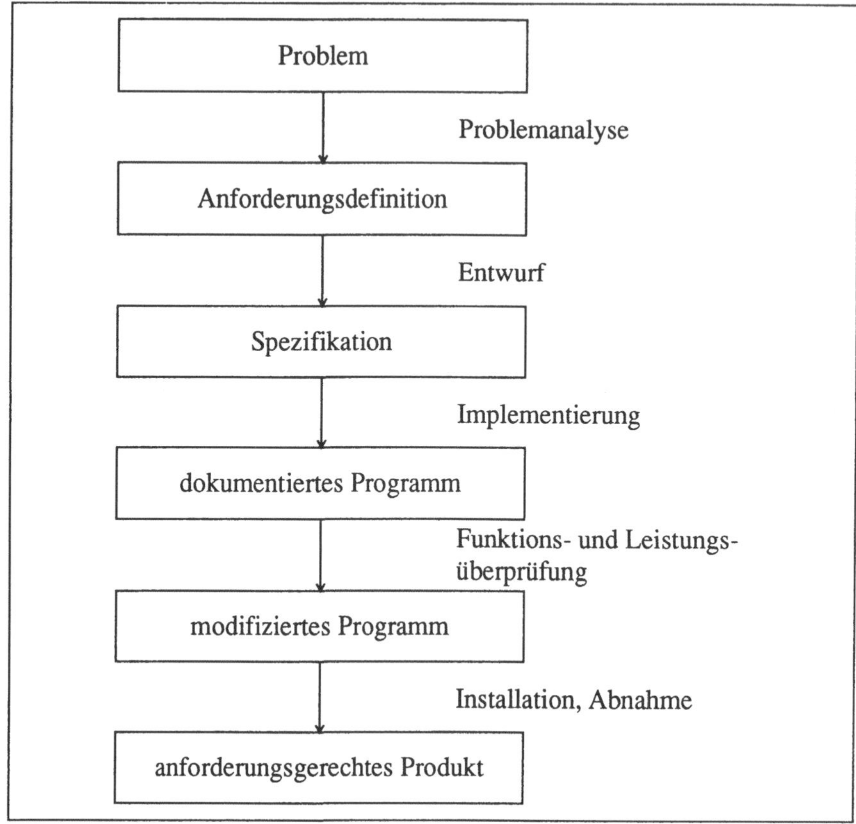

Bild 1.1 Gegenstände (umrahmt) und Tätigkeiten eines Software-Life-Cycle nach [Kimm 79]

zifikation und dokumentiertem Programm bestehen müssen. Im einfachsten Fall ist das Zielsystem durch die Speichermöglichkeiten und durch die Maschinensprache eines bestimmten Rechenanlagentyps gegeben.

1.2   Strukturierung großer Programmsysteme

1.2.1   Spezifikation und Abstraktion

Zur Klärung des Zusammenhangs zwischen *Spezifikation* und *dokumentiertem Programm* können die beiden folgenden Gesichtspunkte herangezogen werden [Kimm 79]:

1. Die Spezifikation bildet den Bezugspunkt für die *Korrektheit* des dokumentierten Programms.

2. Die Spezifikation beschreibt eine Lösung der durch die Anforderungen gestellten Aufgabe auf einem *Abstraktionsniveau*, das zur Gewinnung des dokumentierten Programms noch weiterer Detaillierung bedarf.

Der erste Gesichtspunkt erfordert es, die Spezifikation so zu gestalten, daß zumindest im Prinzip die Korrektheit der Implementierung formal bewiesen werden kann, was formalisierte Spezifikationen voraussetzt.

Der zweite Gesichtspunkt erlaubt es, die Lösungsbeschreibung von Implementierungsdetails zu befreien, die keinen entscheidenden Einfluß auf die Lösungsidee haben, um so die Erfüllung der Anforderungen durch die Lösungsbeschreibung leichter einsehbar zu machen. Die Einsichtigkeit von Spezifikationen ist von besonderer Bedeutung, weil Spezifikationen im allgemeinen aus intuitiven Vorstellungen über das Problem gewonnen werden müssen und Beweise hinsichtlich ihrer Korrektheit im wesentlichen auf syntaktische Konsistenz- und Vollständigkeitsfragen beschränkt sind. Da demnach der Detaillierungsgrad der Spezifikation deutlich geringer sein muß als der des dokumentierten Programms, hat sich die Sprechweise eingebürgert, die Spezifikation liege auf einer höheren *Abstraktionsebene* als das dokumentierte Programm.

Um allgemeine Strukturierungs- und Darstellungsmittel für Spezifikationen zu gewinnen, könnte man von Anwendungsgebieten und dort benutzten Beschreibungstechniken ausgehen. Man kann aber auch umgekehrt Programme betrachten und untersuchen, welche Möglichkeiten bestehen, den Detaillierungsgrad zu reduzieren, ohne dabei wesentliche Eigenschaften des Programmsystems zu verlieren. Bei der ersten Betrachtungsweise müßte noch untersucht werden, inwieweit aus den Anwendungsgebieten herrührende unterschiedliche Beschreibungstechniken, durch Programmiersprachen auf einheitliche Betriebssystemmechanismen zurückgeführt werden können. Es erscheint daher einfacher, bei Betriebssystemüberlegungen den zweiten Weg einzuschlagen. So wurden schon sehr früh die beiden folgenden *Abstraktionsmechanismen* untersucht:

1. *Funktionale Abstraktion*: Hier werden einzelne Algorithmen in separate Einheiten, die Prozeduren, abgetrennt. Die Anwendung eines Algorithmus erfolgt durch Aufruf der zugehörigen Prozedur. Der Aufrufer abstrahiert von der Arbeitsweise des Algorithmus und benötigt nur noch die Kenntnis seiner Wirkung. Die Spezifikation braucht bei Verwendung dieser Abstraktionsform lediglich in einer *Effektbeschreibung* festzulegen, welche Änderungen die Ausführung einer Prozedur an den Daten hervorruft, ohne näher zu präzisieren, wie dies erreicht wird.

2. *Datenabstraktion*: Häufig werden eine Reihe von Datenanteilen nur mit bestimmten Operationen bearbeitet. Schon aus Gründen besserer Wartbarkeit erscheint es zweck-

mäßig, in einem solchen Fall die betreffenden Datenanteile mit den darauf anwendbaren Operationen zu einer Einheit zusammenzufassen und nach außen lediglich die Operationen verfügbar zu machen. Als Folge davon benötigt der Benutzer einer solchen Einheit keine Kenntnis über die tatsächliche Darstellung der entsprechenden Datenanteile. Die entstehenden Einheiten werden als *Datenobjekte* bezeichnet, ihre Beschreibung als *abstrakter Datentyp*.

Da diese beiden Mechanismen auch die Grundlage der sogenannten *objektorientierten Programmierung* bilden, wird es sinnvoll sein, ihre Nutzung durch das Betriebssystem zu unterstützen. Wie z. B. in [Meye 88] ausgeführt, beruht die objektorientierte Programmierung daneben auf einer Reihe weiterer Mechanismen, von denen nur Vererbung und Polymorphismus erwähnt seien. Da letztere nicht in gleichem Maße einer Unterstützung durch das Betriebssystem bedürfen wie die beiden dargelegten Abstraktionsmechanismen, werden sie im weiteren nicht näher betrachtet.

Prozeduren und Operationen von Objekten stellen lediglich Möglichkeiten dar, durch deren Aktivierung Daten manipuliert werden können. Sie beschreiben aber keine Gebilde, die von sich aus aktiv werden. Solange einzelne sequentielle Programme betrachtet werden, die eine Abbildung von Eingabedaten auf Ausgabedaten realisieren sollen, erscheint dies auch ausreichend. Entsprechend der Aufgabenstellung solcher Programme bezeichnet man sie als *relationale Programmsysteme*. Es gibt jedoch Programmsysteme, bei denen das erzeugte zeitliche Verhalten im Vordergrund steht. Typisch hierfür sind Programmsysteme, mit denen Produktionsanlagen geregelt oder gesteuert werden sollen. Da die Signalverläufe, die aus der Produktionsanlage an das Rechensystem gelangen nicht vorhersagbar sind, kann auch die Bearbeitungsreihenfolge einzelner Programmabschnitte nicht von vornherein wie in einem sequentiellen Programm festgelegt werden, sondern sie muß dynamisch in Abhängigkeit von den zeitlichen Signalverläufen erfolgen. Diese Programmsysteme werden deshalb als *reaktive Programmsysteme* bezeichnet. Meist ist es bei derartigen Systemen zweckmäßig, sie so zu betrachten, als bestünden sie aus mehreren in sich sequentiellen und deterministischen Abläufen (Prozessen), die zeitlich durchmischt abgearbeitet werden. Diese Betrachtungsweise ist auch beim Betriebssystem selbst hilfreich, das unter anderem die Aufgabe hat, die verschiedenen Teile der Rechenanlage und ihre Verbindungswege zu überwachen und zu steuern. Um bei Fragestellungen, die mit diesen Phänomenen zusammenhängen, sich von Implementierungseinzelheiten zu befreien, kann man sich zweier weiterer Abstraktionsmechanismen bedienen [Mack 83]:

3. *Asynchronitätsabstraktion*: Wird ein Datenobjekt von mehreren Benutzern gleichzeitig oder zeitlich verzahnt benutzt, so sind zu einer konfliktfreien Bearbeitung häufig Koordinierungsmaßnahmen erforderlich. Zur Lösung von Koordinierungsproblemen wurde eine große Zahl von Mechanismen entworfen und realisiert. Sie haben jedoch fast

alle die Tendenz, die Koordinierungsmaßnahmen über die Programme zu verstreuen und dadurch Koordinierungseigenschaften schwer durchschaubar zu machen. Betrachtet man Programme, die sich der Idee abstrakter Datentypen bedienen, so stellt man fest, daß Koordinierungsmaßnahmen meist an der Schnittstelle zwischen Datentypen auftreten. Diese Überlegungen lassen es empfehlenswert erscheinen, die Koordinierung der Operationen eines Datentyps mit in die Struktureinheit abstrakter Datentyp einzubeziehen. Man spricht dann von *abstrakten, koordinierten Datentypen*. Werden Operationen eines abstrakten Datentyps aufgerufen, so braucht der Aufrufer nun keine eigenen Vorkehrungen für die Koordinierung zu treffen, d. h. er kann von der Notwendigkeit bestimmter Koordinierungsmaßnahmen abstrahieren. Es spricht vieles dafür, daß abstrakte, koordinierte Datentypen die grundlegende Strukturierungseinheit für Systeme sind, in denen mehrere kooperierende Programme gleichzeitig ablaufen.

4. *Prozeßabstraktion*: So wie sie oben entwickelt wurden, sind abstrakte, koordinierte Datentypen als zentrale Zerlegungseinheiten für Prozeßsysteme in einer Reihe von Fällen in ihrer Ausdruckskraft noch unbefriedigend. Betrachtet man etwa eine Komponente *Systemuhr*, so könnte sie durch einen abstrakten Datentyp mit den Operationen *tick*, *tack*, *stellen* und *ablesen* charakterisiert werden. Darüberhinaus betrachtet man auch das Ticken als wesentlichen Bestandteil des Begriffs *Systemuhr*, d. h. zur vollständigen Beschreibung der Systemuhr gehört offensichtlich noch ein Prozeß, der alternierend die Operationen *tick* und *tack* aufruft. Ein solcher Prozeß sollte deshalb auch Bestandteil des beschreibenden abstrakten, koordinierten Datentyps sein. Als aktive Gebilde bedürfen *Prozesse* eines *Aktivitätsträger*s, dem die Fähigkeit zugeschrieben wird, die Operationen in einer angebbaren Reihenfolge zur Ausführung zu bringen. Da die Ausführung von Operationen grundsätzlich in der Zeit abläuft, spricht man auch davon, daß Aktivitätsträger ein *Verhalten* aufweisen. Datentypen müssen also auch - soweit erforderlich - Beschreibungen für das Verhalten von Aktivitätsträgern beinhalten. Aktivitätsträger, die Operationen eines entsprechenden Objektes benutzen, können dann von nebenläufigen, objektinternen Vorgängen abstrahieren. So enthalte z. B. ein Datentyp *Telefonverzeichnis* eine Operation, mit der Wünsche für Neueinträge mitgeteilt werden. Die alphabetische Einsortierung zum Zwecke des schnelleren Wiederauffindens könnte durch einen datentypinternen Aktivitätsträger erfolgen. Damit würde die Sortierung eventuell zeitlich parallel erfolgen zu den weiteren Aktivitäten des Aktivitätsträgers, der den Eintrag veranlaßt hat. Den Datentyp *Telefonverzeichnis* benutzende Datentypen benötigen keine Kenntnis vom Verhalten dieses Aktivitätsträgers, der nur der Verbesserung der Anwortzeiten bei Anfragen dient, und können insofern von seiner Existenz abstrahieren.

Neben den dargelegten Abstraktionsmechanismen sind noch eine Reihe weiterer denkbar, etwa bezüglich Recoveryverhalten und Zugriffsschutz ([Webe 83], [Reit 83]). Letztere sind jedoch in dem hier betrachteten Zusammenhang von weniger fundamentaler Bedeutung und werden deshalb nicht näher betrachtet.

Gebilde, die bei Berücksichtigung der dargestellten Abstraktionsmechanismen als Einheit zu sehen sind, werden im weiteren als *Module* bezeichnet. Zur Unterscheidung zwischen der Beschreibung von Modulen und nach ihr gebildeten Exemplaren, werden erstere als *Modulklassen* bezeichnet, letztere als *Modulinstanzen*. Im Sinne von PASCAL sind Modulklassen als Verallgemeinerung von Typbeschreibungen zu sehen, Modulinstanzen als Verallgemeinerung des Variablenbegriffs.

Die Darstellung einer Modulklasse umfaßt:

1. die Beschreibung einer Datenstruktur, die den Wertevorrat (Zustandsraum) von Modulinstanzen charakterisiert, die aus der Modulklasse gebildet werden (entsprechend dem Wertevorrat von Variablen in PASCAL),

2. eine Menge von Operationsbeschreibungen, deren Ausführung von Aktivitätsträgern vorgenommen wird und zur Veränderung des Zustandes einer Instanz führt und/oder Auskunft über ihren momentanen Zustand gibt, sowie

3. eine Menge von Verhaltensbeschreibungen für Aktivitätsträger. Diese Verhaltensbeschreibungen setzen sich aus *Aktivitätsbeschreibungen* zusammen, deren Ausführungsreihenfolge durch eine *Kontrollstruktur* festgelegt wird. Verhaltensbeschreibungen werden auch kurz als Prozeßbeschreibungen bezeichnet.

Die Auswirkungen, die die Ausführung einer Aktivität auf den Zustand einer Modulinstanz hat, wird durch ein sogenanntes *EFFECTS-Prädikat* beschrieben. Für Strukturüberlegungen ist es irrelevant, mit welchen Mitteln die Auswirkungen der Aktivitäten in den EFFECTS-Prädikaten beschrieben werden. Im wesentlichen gibt es zwei Möglichkeiten:

1. Beschreibung durch Angabe von Algorithmen und

2. Beschreibung durch Ausdrücke einer (mehr oder weniger formalen) Theorie, die dem Anwendungsgebiet angemessen ist, z. B. durch prädikatenlogische Ausdrücke über algebraischen Strukturen.

Der Asynchronitätsabstraktion wird dadurch Rechnung getragen, daß den Aktivitätsbeschreibungen, soweit erforderlich, eine *Nichtblockierungsbedingung* in Form eines sogenannten *NBL-Prädikates* beigegeben wird. Es beschreibt, bei welchen Zuständen der Modulinstanz die Aktivität durchgeführt werden kann. Ist die Nichtblockierungsbedingung nicht erfüllt, so wird eine geforderte Ausführung solange verzögert, bis die Bedingung (verursacht durch andere Aktivitätsträger) erfüllt ist.

Gelegentlich ist es noch zweckmäßig, die Benutzbarkeit von Operationen einzuschränken. Dies geschieht durch ein mit *PRE* gekennzeichnetes Prädikat. Es beschreibt, unter welchen Umständen der Aufruf der Operation als korrekt (oder zulässig) angesehen wird. Ist beim Aufruf einer Operation ein solches Prädikat nicht erfüllt, so wird dies als fehlerhafte Verwendung der Modulinstanz betrachtet. Ihr Verhalten ist in diesem Fall nicht definiert.

Im weiteren findet die Prozeßabstraktion bei der Darstellung von Modulklassen ihren Niederschlag in zwei Konstrukten:

1. Aktivitätsträger, kenntlich gemacht durch das Schlüsselwort CYCLIC, existieren als aktive Komponenten einer Modulinstanz. Sie können nicht aufgerufen werden und haben, wenn sie nicht gerade aktiv sind, immer eine Aktivität zur Ausführung anstehen. Die Tätigkeit eines Aktivitätsträgers wird auch als *Prozeß* bezeichnet.

2. Operationen können als Sequenzen von Aktivitäten spezifiziert werden, wobei jede Aktivität durch eine Nichtblockierungsbedingung und eine Effektbeschreibung charakterisiert ist. Zur Vereinfachung der Darstellung sind Effektbeschreibungen stets so zu interpretieren, daß Zustandskomponenten einer Modulinstanz nur insoweit geändert werden, wie es zur Erfüllung der Effektbeschreibung erforderlich ist.

Damit ergibt sich für die Beschreibung einer Modulklasse ein Aufbau gemäß Bild 1.2.

Da die hier verwendeten Beschreibungstechniken für Wertevorräte (von Variablen), Kontrollstrukturen und Parametrisierungsmechanismen sich eng an PASCAL [Wirt 71] anlehnen, wird auf eine genaue syntaktische und semantische Definition verzichtet. Unter anderem wird von folgenden Notationen Gebrauch gemacht:

1. Wortsymbole der Darstellungssprache (d. h. der Sprache, die zur Darstellung von Modulklassen benutzt wird,) sind in großen Buchstaben geschrieben.

2. Nicht durch die Darstellungssprache vordefinierte Bezeichnungen sind klein geschrieben.

3. Der Wertevorrat W des direkten Produktes $W_1 \times W_2 \times ... \times W_n$ wird dargestellt durch

```
RECORD    p₁:    W₁;
          p₂:    W₂;
            .
            .
            .
          pₙ:    Wₙ;
END
```

Für $1 \leq i \leq n$ ist dabei p_i die Projektion von W auf W_i. Die Anwendung einer Projektionsfunktion auf einen Wert w aus W wird durch den Wert gefolgt von einem Punkt und dem Namen der Projektionsfunktion dargestellt, z. B. bezeichnet $w.p_2$ die Projektion von w auf W_2.

MODULE   Modulname(Parameterliste);

DECLARATIONS   Beschreibung der möglichen Zustandswerte, die eine Modul-
                  instanz (zusätzlich zu den Parametern) annehmen kann;

INITIALLY   Beschreibung des Zustandes, den eine neu erzeugte Instanz
                  besitzt;

OPERATIONS

  Operationsbezeichnung(Parameterliste) $\rightarrow$ Ergebnisvariable;

      PRE   Zulässigkeitsbedingung;

      NBL   Nichtblockierungsbedingung; ⎫
      EFFECTS   Effektbeschreibung;   ⎬ erste Aktivität
                    •   ⎭
                    •
                    •
      NBL   Nichtblockierungsbedingung; ⎫
      EFFECTS   Effektbeschreibung;   ⎬ letzte Aktivität
                                               ⎭
  •
  •
  •

  Prozeßbezeichnung;

      CYCLIC

      NBL   Nichtblockierungsbedingung; ⎫
      EFFECTS   Effektbeschreibung;   ⎬ erste Aktivität
                    •   ⎭
                    •
                    •
      NBL   Nichtblockierungsbedingung; ⎫
      EFFECTS   Effektbeschreibung;   ⎬ letzte Aktivität
                                               ⎭

END_MODULE

Bild 1.2 Aufbau eines Moduls (mit sequentiellen Kontrollstrukturen)

Zur Vereinfachung der Darstellung wird die äußerste Klammerung mit RECORD und END im Abschnitt DECLARATIONS weggelassen. In Prädikaten wird die Anwendung einer Projektionsfunktion auf den Modulzustand allein durch ihren Namen dargestellt. Zur Erläuterung diene folgender Ausschnitt aus der Beschreibung einer Modulklasse:

```
DECLARATIONS
     a: RECORD
            a1: INTEGER;
            a2: INTEGER;
        END;
     b: RECORD
            b1: INTEGER;
            b2: INTEGER;
        END;
INITIALLY a.a1 + a.a2 = b.b1 - b.b2;

     ...
```

In diesem Beispiel besteht der Wertevorrat für die Zustände von Instanzen aus Paaren von Zahlenpaaren, hat also die Gestalt $((x_1, x_2), (y_1, y_2))$. Im INITALLY-Teil bezeichnet $a.a1$ bezogen auf eine Instanz den Wert, den man erhält, wenn auf ihren Zustand erst die Projektion a und anschließend die Projektion $a1$ angewandt wird, also den Wert von x_1. Analog sind die weiteren Bezeichnungen zu interpretieren. Mit dem Initialsierungsprädikat wird verlangt, daß Instanzen unmittelbar nach ihrer Erzeugung einen Zustand $((x_1, x_2), (y_1, y_2))$ besitzen, der die Eigenschaft $x_1 + x_2 = y_1 - y_2$ hat.

Die Projektionen des Zustandes auf die Faktoren eines direkten Produktes werden als *Zustandskomponenten* bezeichnet

4. Der Wertevorrat W der direkten Summe aus W_1 bis W_n wird durch

$$\text{UNION } (W_1, W_2, ..., W_n)$$

bezeichnet. Dabei werden W_1 bis W_n als paarweise disjunkt vorausgesetzt.

Bei Wertevorräten W, die als direkte Summe von Wertevorräten W_1 bis W_n definiert sind, können die Prädikate davon abhängig gemacht werden, welcher der Mengen W_1 bis W_n ein zu betrachtender Wert $w \in W$ angehört. Dazu dient das Sprachkonstrukt

```
TYPECASE w OF
   W1: ...;
        .
        .
        .
   Wn: ...;
END_TYPECASE
```

5. Durch das Konstrukt

$$\mathrm{ARRAY}[W_1] \ \mathrm{OF} \ W_2$$

wird der Wertevorrat beschrieben, der aus der Menge der Funktionen $f\colon W_1 \to W_2$ besteht. Üblichen programmiersprachlichen Notationen entsprechend wird die Anwendung von f auf $w_1 \in W_1$ durch $f[w_1]$ dargestellt. Derartige Wertevorräte werden auch *Reihungen* oder *Vektoren* genannt.

6. Wertevorräte, die als Elemente Identifikatoren von Modulinstanzen enthalten, werden durch die Bezeichnung der zugehörigen Modulklasse mit vorangestelltem & beschrieben.

7. &MYSELF bezeichnet jeweils den Identifikator der Modulinstanz, in der diese Bezeichnung verwendet wird.

8. Bei Zustandskomponenten mit Identifikatoren als Wertebereich erhält man durch Nachstellen von & die durch die Zustandskomponente referenzierte Modulinstanz bzw. den Wert der entsprechenden Zustandskomponente.

9. Sequenzen werden durch SEQUENCE OF beschrieben. Die Operation *length* liefert die Länge der Sequenz, *first* das erste Element, *tail* den Rest nach Entfernung des ersten Elementes. Die Konkatenation wird durch • bezeichnet, die leere Sequenz durch λ.

10. Die Menge der Namen von Wertevorräten wird mit TYPE bezeichnet.

11. Die Operation MOD berechnet den Rest bei der Division ganzer Zahlen.

12. FORALL, FORSOME, AND, OR, IMPL (als Kürzel für IMPLIES), NOT und IF ... THEN ... ELSE ... haben die übliche (prädikatenlogische!) Bedeutung.

13. Es sei $'z$ bzw. z der Zustand einer Instanz unmittelbar vor bzw. nach Ausführung einer Aktivität und p eine Projektionsfunktion der äußersten (gemäß 3. nicht explizit angegebenen) Klammerung. Dann steht in NBL- und EFFECTS-Prädikaten p bzw. $'p$ abkürzend für $z.p$ bzw. $'z.p$.

14. In Anlehnung an die Notation für den Zugriff zu Komponenten von direkten Produkten durch Anwendung der Projektionsfunktionen werden Operationen von Modulinstanzen durch die Modulidentifikatoren und die Operationsbezeichnung, getrennt durch einen Punkt, angesprochen.

15. Operationsaufrufe in Effektbeschreibungen sind so zu verstehen, daß zum Effekt auch die vollständige Ausführung dieser Operationsaufrufe gehört.

16. NEW(Modulbezeichnung(Parameterliste)) liefert als Ergebnis den Identifikaktor einer neuen Modulinstanz, welche aus der Modulklasse erzeugt wurde, die durch die angegebene Modulbezeichnung charakterisiert ist. Die Parameterliste mit ihren Klammern kann auch fehlen. Bei Instantiierung aus parametrisierten Klassen muß sie vorhanden sein und liefert die aktuellen Parameter für die zu bildende Instanz.

17. Parameterübergabe erfolgt durch Wertübergabe.

Zur Vereinfachung der Schreibweise werden die NBL-Prädikate weggelassen, wenn sie für alle Zustände den Wert TRUE haben, und ebenso EFFECTS-Prädikate, wenn die entsprechende Aktivität keine Zustandsänderung bewirkt. Wertevorräte, die in mehreren Moduln eine Rolle spielen, können in einem Abschnitt TYPES zusammengefaßt werden.

Die Erzeugung von Modulinstanzen aus Modulklassen erfolgt implizit als Folge der Vereinbarungen oder explizit durch Aufruf der (vom Betriebssystem bereitzustellenden) Systemoperation NEW.

Die Erzielung des Effektes erfolgt in zwei Phasen:

1. In der ersten Phase werden alle Operationsaufrufe, die sich an andere Module richten, ausgeführt. Ergebnisparameter, die den Zustand der Modulinstanz beeinflussen, werden erst in der zweiten Phase wirksam. Verlangt die Effektbeschreibung die Ausführung zweier Operationen OP_1 und OP_2, wobei OP_1 einen Ergebnisparameter hat, der Eingabeparameter für OP_2 ist, so muß OP_1 vor OP_2 ausgeführt werden. Im übrigen werden keine weiteren Forderungen an die Ausführungsreihenfolge gestellt. Sind aufrufende und aufgerufene Modulinstanz auf verschiedenen Rechnern realisiert, so wird von einem *Fernaufruf* (*remote procedure call*) gesprochen.

2. In der zweiten Phase, die erst nach Abschluß aller in der Phase 1 aufgerufenen Operationen stattfindet, werden die erforderlichen Änderungen an den Variablen des Moduls in zeitlich unteilbarer Weise vorgenommen. Soweit diese Forderung nicht verletzt wird, ist auch gleichzeitige Bearbeitung von Aktivitäten möglich.

Als einfaches Beispiel folgt eine Spezifikation für eine Modulklasse *Puffer*.

Beispiel 1.1. Es sei ein *Puffer* zu spezifizieren, der bis zu zehn ganze Zahlen aufnimmt. Er stelle eine Operation *send* zur Verfügung, mit der eine ganze Zahl in den Puffer eingetragen werden kann. Ist der Puffer bereits voll, soll die Ausführung der Operation *send* solange verzögert werden, bis der Puffer wieder aufnahmefähig ist. Mit der Operation *receive* werde aus dem Puffer eine Zahl entnommen. Bei leerem Puffer werde die Ausführung verzögert, bis wieder Informationen in den Puffer eingetragen wurden. Das Abliefern der Zahlen erfolge in der Reihenfolge des Eintragens.

Als Lösung der Aufgabenstellung wäre folgende Spezifikation möglich:

MODULE puffer;

DECLARATIONS

inhalt: SEQUENCE OF INTEGER;

/* Gemäß 3. ist dadurch als Wertevorrat für die Instanzen
RECORD inhalt: SEQUENCE OF INTEGER; END
festgelegt. Er stellt sich als direktes Produkt mit nur einem Faktor dar, der aus der Menge aller endlichen Folgen von ganzen Zahlen besteht. Die (in diesem Fall einzige) Projektionsfunktion heißt *inhalt*. */

INITIALLY

inhalt = λ;

/* Zustand *w* ist als Anfangszustand zulässig, wenn *inhalt* angewandt auf *w* die leere Folge ist. */

OPERATIONS

/* Zur Beeinflussung des Zustandes von Instanzen dieser Klasse stehen die Operationen *send* und *receive* zur Verfügung */

send(sinf: INTEGER);

/* Die *send*-Operation hat den Eingabeparameter *sinf*. Er hat als Wertevorrat die Menge der ganzen Zahlen.*/

NBL

'inhalt.length() < 10;

/* Unmittelbar vor der Ausführung der *send*-Operation muß die Instanz einen Zustand '*w* haben, der die Eigenschaft

$$'w.inhalt.length() < 10$$

besitzt. */

EFFECTS

inhalt = 'inhalt $\bullet$ sinf;

/* Zwischen dem Zustand '*w* und dem Zustand *w*, der sich unmittelbar nach Ausführung der *send*-Operation einstellt, besteht der Zusammenhang

$$w.inhalt = 'w.inhalt \bullet sinf,$$

d. h. an die Sequenz '*w* wurde der als Parameter übergebene Wert angefügt. */

receive() → rinf: INTEGER;

/* Die *receive*-Operation hat keinen Eingabeparameter und liefert als Ergebnis eine ganze Zahl. */

NBL
    'inhalt.length() > 0;

/* Unmittelbar vor der Ausführung der *receive*-Operation muß die Instanz einen Zustand 'w haben, der die Eigenschaft

$$'w.inhalt.length() > 0$$

besitzt. */

EFFECTS
    rinf = 'inhalt.first()
    AND inhalt = 'inhalt.tail();

/* Zwischen dem Zustand 'w und dem Zustand w, der sich unmittelbar nach Ausführung der *receive*-Operation einstellt, besteht der Zusammenhang

$$w.inhalt = 'w.inhalt.tail(),$$

außerdem erfüllt der Ergebnisparameter das Prädikat

$$rinf = 'w.inhalt.first()$$

d. h. aus der Sequenz 'w wurde das erste Element entfernt und als Ergebnis zurückgegeben. */

END_MODULE $\square$

1.2.2   Abstraktionsebenen und ihr Zusammenhang

Bei großen Programmsystemen ist es zweckmäßig, den Schritt von der Spezifikation zum dokumentierten Programm in mehrere Stufen zu zerlegen. Im wesentlichen sprechen zwei Gründe für diese Vorgehensweise:

1. Durch eine allmähliche Anreicherung der Spezifikation mit Implementierungsdetails kann der einzelne Detaillierungsschritt übersichtlicher gestaltet werden.

2. Ein stufenweiser Übergang kann erheblich zur Untergliederung - und damit übersichtlicheren Beweisführung - beim Nachweis der Korrektheit des dokumentierten Programms bezüglich seiner Spezifikation beitragen.

Betrachtet man einen einzelnen Implementierungsschritt, so kann jeweils das Ausgangsprodukt als Spezifikation und das Ergebnis als dokumentiertes Programm hinsichtlich dieses Implementierungsschrittes angesehen werden. Damit wird sowohl der Begriff der Spezifikation als auch der des dokumentierten Programms relativiert. Eine Lösungsbeschreibung ist Spezifikation im Hinblick auf eine detaillreichere Beschreibung und sie ist dokumentiertes Programm im Hinblick auf eine weniger detaillierte Beschreibung. Das letztendlich zu erreichende, dokumentierte Programm stellt in dieser Sicht eine Lösungsbeschreibung dar, die ohne weitere Transformation durch eine Rechenanlage (unter Einbeziehung des Betriebssystems) verarbeitet werden kann.

Zweckmäßigerweise werden die verschiedenen Lösungsbeschreibungen hinsichtlich ihres Detaillierungsgrades linear geordnet. Jedem Detaillierungsgrad entspricht eine durch die definierten Operationen und die bei der Beschreibung der Modulzustände benutzten Grundelemente charakterisierte Abstraktionsebene. Auf der höchsten Abstraktionsebene findet sich die anfängliche Spezifikation, auf der niedrigsten das endgültige, dokumentierte Programm.

Die praktisch wichtigste Anwendung dieses Prinzips ist die Implementierung von Spezifikationen hohen Abstraktionsniveaus mit Hilfe von höheren Programmiersprachen, die immer noch auf einer deutlich höheren Abstraktionsebene liegen als Maschinensprachen. Programmiersprachen sind dabei so konstruiert, daß der Übergang von ihrer Abstraktionsebene zu der der Maschinensprache durch Compiler automatisch vollzogen werden kann.

Im Hinblick auf die Korrektheit von Implementationen bezüglich ihrer Spezifikation, erhebt sich die Frage, welcher Zusammenhang zwischen Spezifikation und Implementation bestehen muß. Für sequentielle Programme wurde er erstmals im Zusammenhang mit der Spezifikationssprache ALPHARD präzisiert [Wulf 76]. In [Kera 79] wurde diese Methode auf asynchrone Systeme übertragen.

Verhältnismäßig einfach ist die Situation, wenn bei der Implementierung lediglich die Darstellung der Zustände von Modulinstanzen geändert wird, man im übrigen aber die Struktur beibehält. Insbesondere heißt dies, daß jeder Aktivität der Spezifikation genau eine in der Implementation entspricht. Dabei wird die Beziehung zwischen zwei Lösungsbeschreibungen aufeinanderfolgender Abstraktionsebenen durch eine Abbildung *rep* hergestellt, die Zustände einer Modulinstanz der niederen Ebene solchen einer Modulinstanz der höheren zuordnet. Zur Darstellung des geforderten Zusammenhangs werden mit $N_h('y)$ bzw. $E_h('y, y)$ das NBL- bzw. EFFECTS-Prädikat einer Aktivität der höheren Abstraktionsebene bezeichnet und mit $N_n('x)$ bzw. $E_n('x, x)$ das NBL- bzw. EFFECTS-Prädikat der entsprechenden Aktivität auf der nächstniedrigen Abstraktionsebene. Dabei bezeichnet

$'x$ den Zustand einer Modulinstanz der niedrigeren Abstraktionsebene vor Ausführung der Aktivität,

x den Zustand einer Modulinstanz der niedrigeren Abstraktionsebene nach Ausführung der Aktivität,

'y den Zustand einer Modulinstanz der höheren Abstraktionsebene vor Ausführung der Aktivität,

y den Zustand einer Modulinstanz der höheren Abstraktionsebene nach Ausführung der Aktivität.

Neben den NBL- bzw. EFFECTS-Prädikaten spielen noch die Eigenschaften eine Rolle, die eine Modulinstanz nach ihrer Generierung besitzt. Sie seien für die höhere Ebene durch das Prädikat $INIT_h(y)$ und für die niedrigere durch $INIT_n(x)$ beschrieben. Dann bilden folgende Bedingungen eine Möglichkeit zu präzisieren, wann eine Implementation als korrekt angesehen wird [Kera 79]:

1. $\forall x, y \, (INIT_n(x) \wedge rep(x) = y \Rightarrow INIT_h(y))$

d. h., wenn in der Implementation x den Zustand y repräsentiert und x in der Implementation ein zulässiger Anfangszustand ist, dann ist y ein zulässiger Anfangszustand in der Spezifikation.

2. $\forall y \, (INIT_h(y) \Rightarrow \exists x \, (rep(x) = y \wedge INIT_n(x)) \,)$

d. h. zu jedem zulässigen Anfangszustand y der Spezifikation existiert ein zulässiger Anfangszustand x der Implementation, der y repräsentiert.

3. $\forall 'x, x, 'y, y \, (\, (rep('x) = \, 'y) \wedge (rep(x) = y) \wedge E_n('x, x) \Rightarrow E_h('y, y))$

d. h., wenn 'y bzw. y durch 'x bzw. x repräsentiert wird und eine Aktivität in der Implementation von 'x nach x führen kann, dann kann die zugerordnete Aktivität der Spezifikation von 'y nach y führen. Es wird aber nicht verlangt, daß jeder laut Spezifikation mögliche Übergang auch eine Entsprechung in der Implementation besitzt. Wegen der nachstehenden Bedingung 4 ist diese Umkehrung nur im Zusammenhang mit nichtdeterministischen Programmen von Interesse, die in Kapitel 2 noch näher untersucht werden.

4. $\forall x, y \, (\, (rep(x) = y) \Rightarrow (N_n(x) \Leftrightarrow N_h(y)) \,)$

d. h. die Nichtblockierungsbedingung einer Aktivität ist im Zustand x der Implementation genau dann erfüllt, wenn die Nichtblockierungsbedingung der entsprechenden Aktivität der Spezifikation im Zustand $rep(x)$ erfüllt ist.

Zu den Forderungen 3 und 4 ist zu bemerken, daß sie grundsätzlich auf Zustände beschränkt werden könnten, die vom Anfangszustand aus während der Abarbeitung erreicht werden. Da jedoch die Zustandsmengen im allgemeinen nicht statisch charakterisierbar sind, ist es sinnvoll, zur Vereinfachung von Beweisführungen auf den Forderungen in der obigen Form zu bestehen.

Beispiel 1.2. Eine maschinennähere Spezifikation der in Beispiel 1.1 behandelten Modulklasse könnte davon ausgehen, daß der Begriff der Sequenz nicht zur Verfügung steht und der Pufferinhalt durch eine als Ringpuffer betriebene Reihung der Länge 10 dargestellt wird. Eine Spezifikation, die dies berücksichtigt, ist z. B. die nachstehende:

MODULE puffer;

    DECLARATIONS

        ringpuffer   : ARRAY [0 .. 9] OF INTEGER;

        geschrieben : INTEGER;

            /* Die Komponente *geschrieben* zählt die ausgeführten *send*-Operationen */

        gelesen   : INTEGER;

            /* Die Komponente *gelesen* zählt die ausgeführten *receive*-Operationen */

    INITIALLY

        geschrieben = 0 AND gelesen = 0;

    OPERATIONS

        send(sinf: INTEGER);

        NBL

            'geschrieben - 'gelesen < 10;

        EFFECTS

            FORALL i (0 ≤ i < 10 AND i ≠ ('geschrieben MOD 10)

                IMPL ringpuffer[i] = 'ringpuffer[i])

            AND ringpuffer['geschrieben MOD 10] = sinf

            AND geschrieben = 'geschrieben + 1 AND gelesen = 'gelesen;

        receive() → rinf: INTEGER;

        NBL

            'geschrieben - 'gelesen > 0;

        EFFECTS

            rinf = 'ringpuffer['gelesen MOD 10]

            AND FORALL i(0 ≤ i < 10

                IMPL ringpuffer[i] = 'ringpuffer[i])

            AND geschrieben = 'geschrieben AND gelesen = 'gelesen + 1;

END_MODULE

Soll die zweite Spezifikation als Implementation der ersten aufgefaßt werden, so wird noch die Repräsentationsfunktion *rep* benötigt. Sie sei in folgender Weise definiert:

$$rep: (ARRAY\ [0 .. 9]\ OF\ INTEGER) \times INTEGER \times INTEGER$$
$$\rightarrow SEQUENCE\ OF\ INTEGER$$

mit

$$rep(ringpuffer,\ geschrieben,\ gelesen)$$
$$=_{Df}\ ringpuffer[gelesen\ MOD\ 10]$$
$$\bullet\ ringpuffer[(gelesen + 1)\ MOD\ 10]\ ...$$
$$\bullet\ ringpuffer[(geschrieben - 1)\ MOD\ 10]\ .$$

Die Zuordnung der Aktivitäten erfolge den Operationsbezeichnungen entsprechend. Für den Nachweis, daß mit diesen Definitionen die Bedingungen 1 bis 4 erfüllt sind, soll hier nur beispielhaft der Effekt der *send*-Operation betrachtet werden.

Es ist

$$E_h('inhalt,\ inhalt)$$

äquivalent zu

$$inhalt = 'inhalt \bullet sinf$$

und

$$E_n('ringpuffer,\ 'geschrieben,\ 'gelesen,\ ringpuffer,\ geschrieben,\ gelesen)$$

äquivalent

$$FORALL\ i\ (0 \leq i < 10\ AND\ i \neq 'geschrieben\ MOD\ 10$$
$$IMPL\ ringpuffer[i] = 'ringpuffer[i])$$
$$AND\ ringpuffer['geschrieben\ MOD\ 10] = sinf$$
$$AND\ geschrieben = 'geschrieben + 1$$
$$AND\ gelesen = 'gelesen;\ .$$

Für die Gültigkeit von Bedingung 3 ist demnach zu beweisen:

$$E_n('ringpuffer,\ 'geschrieben,\ 'gelesen,\ ringpuffer,\ geschrieben,\ gelesen)$$
$$\Rightarrow rep(ringpuffer,\ geschrieben,\ gelesen)$$
$$= rep('ringpuffer,\ 'geschrieben,\ 'gelesen) \bullet sinf\ ,$$

was man wie folgt nachrechnet:

$$rep(ringpuffer,\ geschrieben,\ gelesen)$$
$$= ringpuffer[gelesen\ MOD\ 10] \bullet ringpuffer[(gelesen + 1)\ MOD\ 10] \bullet$$
$$... \bullet ringpuffer[(geschrieben - 1)\ MOD\ 10]$$
$$= ringpuffer['gelesen\ MOD\ 10] \bullet ringpuffer[('gelesen + 1)\ MOD\ 10] \bullet$$
$$... \bullet ringpuffer[('geschrieben)\ MOD\ 10]$$

$$= \mathit{ringpuffer}['gelesen\ MOD\ 10] \bullet \mathit{ringpuffer}[('gelesen + 1)\ MOD\ 10] \bullet$$

$$\ldots \bullet \mathit{ringpuffer}[('geschrieben - 1)\ MOD\ 10] \bullet \mathit{sinf}$$

$$= \mathit{rep}('ringpuffer, 'geschrieben, 'gelesen) \bullet \mathit{sinf}\ . \qquad \square$$

Bei funktionaler Verfeinerung koordinierter Prozeßdatentypen, ist es wegen der NBL-Bedingungen wesentlich schwieriger, geeignete Korrektheitskriterien anzugeben. Wie die Überlegungen in Kapitel 2 noch zeigen werden, hängen sie teilweise von Forderungen an das dynamische Verhalten des Programmsystems ab, die ihre Begründung in Eigenschaften der Hardware oder des Betriebssystems haben.

1.3   Beispiel zur Spezifikation eines Anwendungssystems

Die bisherigen Überlegungen zeigen zwar die Grundideen auf, ihre syntaktische und semantische Ausgestaltung ist jedoch mit erheblichem Aufwand verbunden. Da für Betriebssystemüberlegungen die Kenntnis der grundsätzlichen Vorstellungen ausreicht, soll hier lediglich ihre Anwendung an einem anschaulichen Beispiel demonstriert werden, ohne auf alle Detailprobleme einzugehen.

1.3.1 Das Problem

Das Problem wurde in [Homm 80] als Basis für eine vergleichende Untersuchung von Spezifikationstechniken benutzt. Die Aufgabe besteht darin, eine Steuerung für ein Paketverteilsystem zu konzipieren, dessen technische Vorgaben bereits festliegen. Eine verbale Problembeschreibung ist in folgender Weise vorgegeben:

1. Bild 1.3 zeigt die Gesamtanordnung. Die in die Eingangsstation einlaufenden Pakete sind durch ein Codezeichen markiert, das die Zielstation angibt. Das Steuersystem liest das Codezeichen und steuert danach die einzelnen Verteilstationen, welche das Durchlaufen des Paketes melden.

2. Bild 1.4 zeigt die Anordnung der Eingangsstation. Sie besteht aus einem Freigabeorgan mit den Teilen *F1* und *F2*. Teil *F1* hält das einlaufende Paket so lange fest, bis das Meldeorgan die Ankunft an das Steuersystem gemeldet und dieses mit Hilfe des Leseorgans das Codezeichen aufgenommen hat. Danach gibt das Steuersystem einen Auftrag an das Freigabeorgan, die Sperre *F1* gibt den Weiterlauf für das Paket frei und das Beschleunigungsteil *F2* neigt sich. Dadurch gleitet das Paket weiter, gleichzeitig wird das nachfolgende Paket solange am Einlaufen gehindert, bis die Sperre *F1* wieder eingetreten ist. Bei der Behandlung des nachfolgenden Paketes ist zu prüfen, ob sich sein Ziel von dem des Vorläufers unterscheidet. In diesem Fall ist die Freigabe seines Weiterlau-

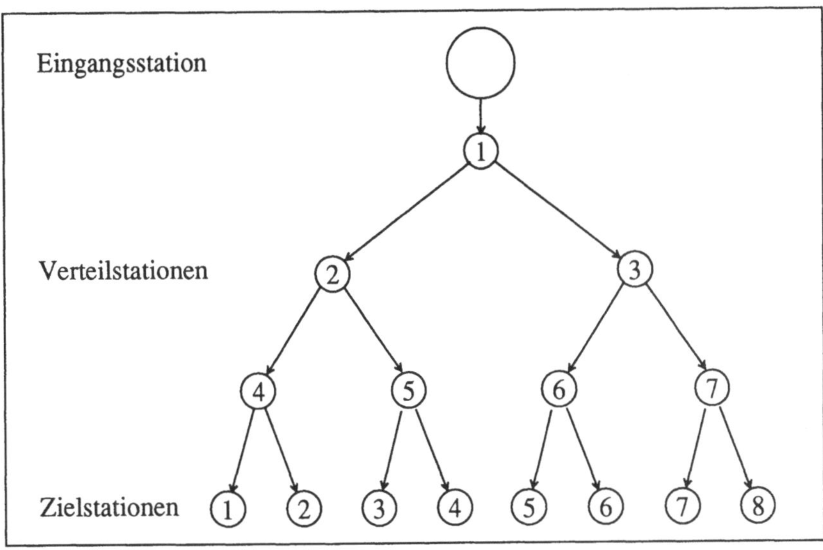

Bild 1.3 Gesamtanordnung

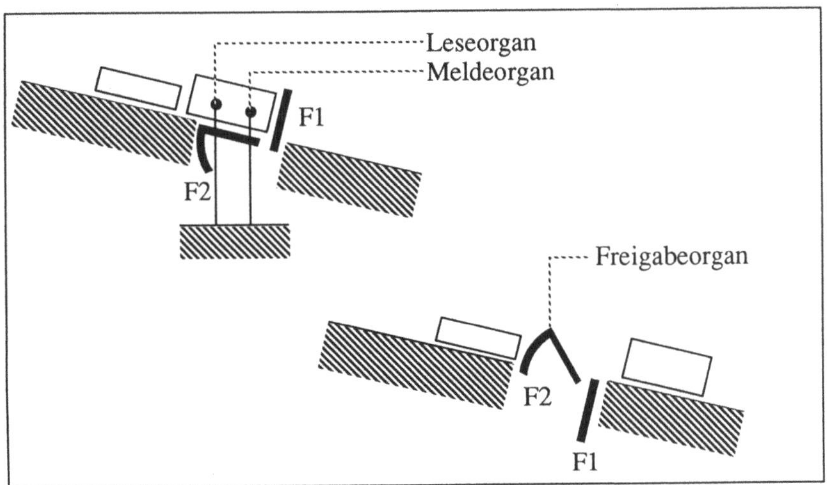

Bild 1.4 Eingangsstation

fes so zu verzögern, daß in der Zeitspanne, die dadurch zwischen dem Passieren der einzelnen Verteilstationen durch die Pakete entsteht, die Umstellung der Lenkorgane durchgeführt werden kann. Im anderen Fall können die Pakete unmittelbar aufeinander folgen.

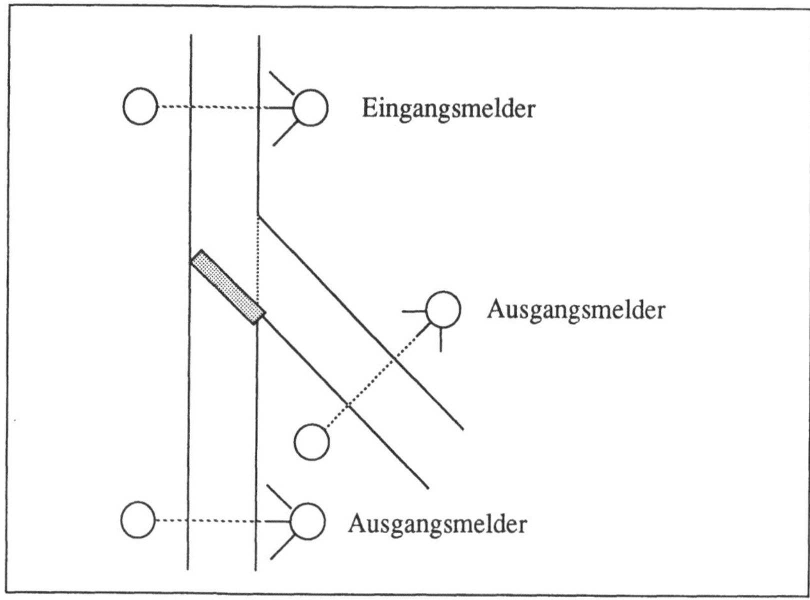

Bild 1.5 Verteilstation

3. Bild 1.5 zeigt die Verteilstation. Eingangs- und Ausgangspunkte jeder Verteilstation sind mit Lichtschranken versehen. Es wird vorausgesetzt, daß das Passieren der einzelnen Pakete mit Sicherheit erkannt werden kann, auch wenn diese dicht aufeinander folgen. Die Meldungen werden im Steuersystem zur Laufwegverfolgung jedes einzelnen Paketes ausgewertet. Dadurch kann in Verbindung mit dem bereits markierten Ziel der Steuerauftrag für das nächste Lenkorgan ermittelt und ausgegeben werden. Beim Ausgeben des Steuerauftrags ist darauf zu achten, daß alle Vorläufer die betreffende Verteilstation passiert haben. Die Verteilstation selbst muß frei sein, d. h. zwischen Eingangs- und Ausgangslichtschranke darf sich kein Paket befinden. Es ist jedoch unschädlich, wenn sich mehrere Pakete mit gleicher Auslaufrichtung in diesem Bereich befinden. Tritt aufgrund unterschiedlicher Geschwindigkeiten der Fall ein, daß ein Paket den Eingangsmeldepunkt erreicht, bevor ein Vorläufer mit anderer Auslaufrichtung diese verlassen hat, muß die Umstellung unterbleiben. Der Falschläufer bekommt das Ziel seines Vorläufers und der Vorgang wird protokolliert.

1.3.2 Strukturierungsüberlegungen

Die vorstehende Aufgabenstellung beschreibt einen typischen Vertreter der Klasse diskreter Systeme. In derartigen Fällen ist es zweckmäßig, die zu betrachtenden Module zu untergliedern in *Transaktionen*, die die durch das System zu schleusenden Einheiten darstellen, und in *Stationen*, mit denen die Transaktionen in Beziehung treten und von denen ihr weiteres Verhalten beeinflußt werden kann (Terminologie und Vorgehensweise entstammen der „Simulation diskreter Systeme" [Schm 80]; es sei besonders darauf hingewiesen, daß der Begriff der Transaktion im Zusammenhang mit Datenbanken in einem anderen Sinne verwendet wird.).

Im vorliegenden Beispiel bieten sich die Pakete als Transaktionen an. Die Transaktionen werden (als begleitende Informationsstrukturen) erzeugt, wenn ein Paket in die Eingangsstation gelangt, und ihre Verhaltensbeschreibung wird mit gewissen Parametern (Angabe der Zielstation) versorgt. Demzufolge operiert die Eingangsstation als transaktionsgenerierender Prozeß. Die Stationen, mit denen die Pakete in Wechselwirkung treten, sind die Verteil- und die Zielstationen. Damit ergeben sich für die Spezifikation folgende *Modulklassen*:

1. eine generierende Modulklasse *eingangsstation*,

2. Modulklassen *verteilstation* und *zielstation*, die die einzelnen Anlagenkomponenten beschreiben, sowie eine Modulklasse *system* zur Beschreibung der Zusammenhänge zwischen den Stationen und

3. eine Modulklasse *paket* zur Beschreibung und Manipulation der Paketzustände.

Als nächstes ist zu ermitteln, welche Modulklassen mit *Aktivitätsträgern* auszustatten sind und es ist eine erste Vorstellung über die gewünschten *Verhalten der Aktivitätsträger* zu entwickeln.

Zunächst kann festgehalten werden, daß die transaktionserzeugenden Modulklassen Aktivitätsträger enthalten müssen. Die Modulklasse *eingangsstation* muß demnach einen Aktivitätsträger besitzen, der in etwa folgendes Verhalten aufweist:

1. Warten bis ein Paket in der Eingangsstation ist.

2. Zielstation ermitteln.

3. Paket-Transaktion erzeugen und in das System einschleusen, d. h. Instantiierung eines Moduls der Klasse *paket*.

4. Nach einer aus dem Systemzustand zu bestimmenden Zeitspanne Freigabeorgan betätigen.

5. Wiederholen ab Schritt 1.

Des weiteren ist das Verhalten der *Transaktionen* durch einen Prozeß zu modellieren. Im vorliegenden Fall setzt sich sein Verhalten aus drei Aktivitäten zusammen:

1. Bei Verlassen der Eingangsstation ist eine Anmeldung bei der ersten Verteilstation vorzunehmen. Die Anmeldung besteht aus dem Paketidentifikator und der einzustellenden Richtung.

2. Beim Verlassen einer Verteilstation ist aus der eingestellten Richtung die Folgestation zu ermitteln und dort eine Anmeldung vorzunehmen.

3. Beim Erreichen der Zielstation ist die Ankunft zu notieren und evtl. die Paket-Instanz zu tilgen (falls es nicht automatisch durch das Betriebssystem erfolgt).

Die Modulklasse *verteilstation* stellt folgende Operationen zur Verfügung:

- *anmelden* (zur Benutzung durch die Modulklasse *paket*),
- *weiche_betreten* (zur Benutzung durch die Modulklasse *eingangsmelder*) und
- *weiche_verlassen* (zur Benutzung durch die Modulklasse *ausgangsmelder*).

Die Modulklasse *zielstation* muß lediglich eine Operation *ankommen* bereitstellen, die die Protokollierung vornimmt.

Besondere Aufmerksamkeit verdient noch der *Nachrichtenaustausch* zwischen der *realen Paketverteilanlage* und dem *Programmsystem* während des Paketdurchlaufs. Nachrichten können im wesentlichen auf zwei Arten von der Anlage an das Programmsystem gelangen, nämlich

1. durch *Unterbrechung* und

2. durch *Polling*.

Im ersten Fall wird bei Änderung des Sensorzustandes durch geeignete Hardware eine von einer Modulklasse bereitzustellende Operation aufgerufen. Im zweiten Fall überwacht die Modulinstanz Sensoren durch einen gesonderten Prozeß, der den Modulzustand (und damit die NBL-Bedingungen modulinterner Aktivitäten) beeinflußt. Voraussetzung ist dabei, daß dieser Prozeß genügend schnell ist, um alle relevanten Änderungen der Sensoren zu erfassen.

In der nachstehenden Lösungsbeschreibung wird für die Lichtschranken des Leseorgans das Unterbrechungsschema verwendet. Der Zustand der Lichtschranken bei den Verteilstationen und die Uhrzeit (für die Eingangsstation) werden durch Polling festgestellt. Um sicherzugehen, daß Anmeldungen bei der nächsten Verteilstation in derselben Reihenfolge entgegengenommen werden, wie die Abmeldungen erfolgen, wird beim Ausgang den Paketen eine Sequenznummer zugeordnet, die die Reihenfolge festlegt, in der die Anmeldungen bearbeitet werden. Es handelt sich dabei um ein Verfahren, das auch in Rechnernetzen benutzt wird, wenn die Empfangsreihenfolge von Nachrichten mit der Sendereihenfolge übereinstimmen muß [Opde 79].

In Bild 1.6 ist das Ergebnis der bisherigen Überlegungen graphisch veranschaulicht. Die Modulklassen sind durch Rechtecke charakterisiert, die als Überschrift den (abgekürzten) Namen der Klasse tragen. Die grau unterlegten Modulklassen werden im weiteren detailliert betrachtet. Mit einem Pfeil versehene Kreise sollen Aktivitätsträger symboli-

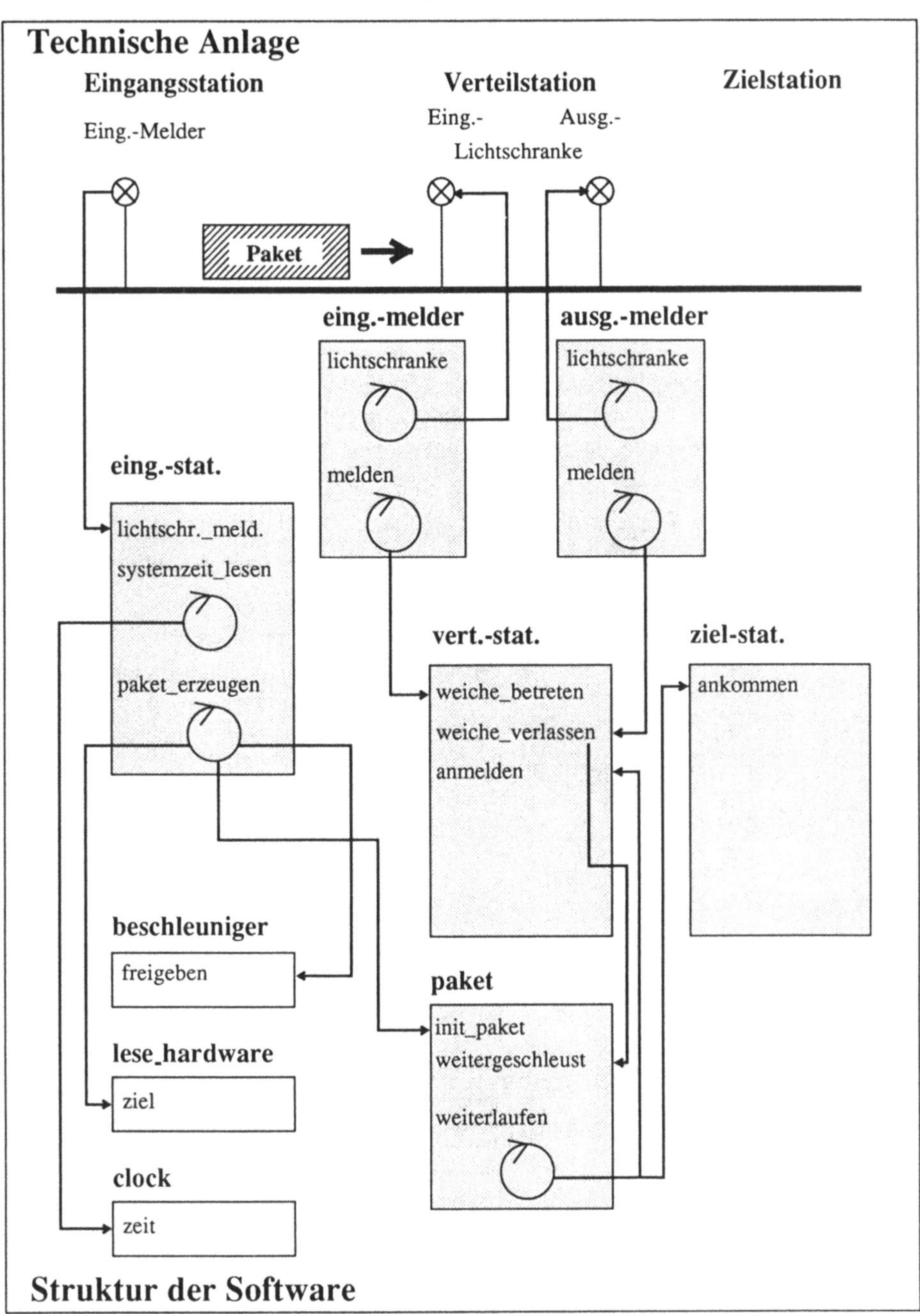

Bild 1.6 Klassenstruktur für den Paketverteiler

sieren, Operationen sind durch ihren Namen angedeutet. Pfeile zeigen an, daß die Durchführung der Operation oder der Aktivitäten des Aktivitätsträgers die Ausführung der Operation, auf die der Pfeil verweist, einschließen kann.

1.3.3   Darstellung der Module

Im Abschnitt TYPES werden Wertevorräte, die für mehrere Modulklassen bedeutsam sind, mit einer Bezeichnung versehen.

    TYPES

       richtung = {rechts, links};
            /* Dieser Wertevorrat wird benutzt, um die gewünschte oder tatsächliche Auslaufrichtung eines Paketes anzugeben. */
       position = UNION (&eingangsstation, &verteilstation, &zielstation);
            /* Dieser Wertevorrat wird verwendet, um zu charakterisieren, in welcher Station sich ein Paket befindet oder welche es als nächste erreichen wird. */
       wunsch = UNION (richtung, {egal});
            /* Den Werten *rechts* und *links* wird noch der Wert *egal* hinzugefügt. Er soll für ein Paket zum Ausdruck bringen, daß es gleichgültig ist, in welche Richtung es weitergeschleust wird. Dieser Zustand tritt ein, wenn ein Paket ein früheres eingeholt hat und deshalb nicht mehr zur gewünschten Zielstation gelenkt werden kann. */
       anmeldung = RECORD
            pak: &paket;
            soll: richtung
          END;
            /* Solche Tupel werden verwendet, um für ein Paket die gewünschte Auslaufrichtung bei der nächsten Verteilstation anzumelden. */

    END_TYPES

Die Modulklasse *weg* präzisiert den Begriff des Weges, den ein Paket durch die Anlage nehmen soll. Er wird dargestellt durch die Sequenz *seq* der Weichenstellungen, die der Reihe nach benötigt werden. Die Zustandskomponente *gleichgültig* hat den Wert TRUE, wenn es sich um einen Fehllauf handelt.

    MODULE weg;

    DECLARATIONS

       seq   : SEQUENCE OF richtung;
       gleichgültig : BOOLEAN;

INITIALLY seq = λ;

OPERATIONS

   richtg() → r: richtung;

      EFFECTS
         r = 'seq.first();

   egal() → b: BOOLEAN;

      EFFECTS
         b = 'gleichgültig;

   init_weg(plan: SEQUENCE OF richtung);

      EFFECTS
         seq = plan AND gleichgültig = FALSE;

   abschnitt_durchlaufen();

      EFFECTS
         seq = 'seq.tail();

   fehllauf();

      EFFECTS
         gleichgültig = TRUE;

END_MODULE

In der Modulklasse *system* wird dargestellt, wie sich das Gesamtsystem aus Instanzen der übrigen Modulklassen aufbaut und welche Zusammenhänge bestehen. Das zur Lösung der gestellten Steuerungsaufgabe benötigte Programmsystem ist als Instanz der Klasse *system* zu sehen. Die Operation *folgeposition* ermittelt bei vorgebbarer Auslaufrichtung zu einer Station die Nachfolgestation. Die Operation *planweg* ermittelt bei gegebener Zielstation den Weg, auf dem sie erreicht wird. Um noch einmal die Notation zu verdeutlichen, ist diese Modulklasse ausführlich kommentiert.

MODULE system;
     /* Die Modulklasse *system* ist folgendermaßen definiert: */

DECLARATIONS
     /* Der Systemzustand wird durch ein Tripel (*ein, ver, ziel*) beschrieben.
     Dabei ist die Zustandskomponente*/
  ein: &eingangsstation;
     /* *ein*   Identifikator einer Instanz der Klasse *eingangsstation* */

ver: ARRAY[1 .. 7] OF &verteilstation;

/* *ver*   ein Vektor $(ver_1, ver_2, ..., ver_7)$, dessen Komponenten jeweils Identifikatoren einer Instanz der Klasse *verteilstation* sind, */

ziel: ARRAY[1 .. 8] OF &zielstation;

/* *ziel*   ein Vektor $(ziel_1, ziel_2, ..., ziel_8)$, dessen Komponenten jeweils Identifikatoren einer Instanz der Klasse *zielstation* sind. */

INITIALLY

/* In einer neuen Instanz der Klasse *system* ist die Zustandskomponente */

ein = NEW(eingangsstation(&MYSELF, clock,

lese_meldeorgan, freigabeorgan))

/* *ein*   der Identifikator einer neuen Instanz der Klasse *eingangsstation* (die Instantiierung ist parametrisiert mit dem Identifikator der entstehenden Instanz der Klasse *system* sowie den Identifikatoren der Hardwareinstanzen *clock*, *lese_meldeorgan* und *freigabeorgan*; damit erhält die Instanz *eingangsstation* die Information darüber, welcher Instanz der Klasse *system* sie angehört und über welche Sensoren und Aktoren sie mit der physischen Anlage in Verbindung steht), */

AND FORALL $i(1 \leq i \leq 7$ IMPL ver[i] =

NEW(verteilstation(&MYSELF,

$stelleinrichtung_i,$

$eingangslichtschranke_i,$

$linke\_ausgangslichtschranke_i,$

$rechte\_ausgangslichtschranke_i))$

/* ver_1 bis ver_7

die Identifikatoren von sieben neuen Instanzen der Klasse *verteilstation* (parametrisiert analog oben) und */

AND FORALL $i(1 \leq i \leq 8$ IMPL ziel[i] = NEW(zielstation));

/* $ziel_1$ bis $ziel_8$

die Identifikatoren von acht neuen Instanzen der Klasse *zielstation* (parametrisiert analog oben). */

OPERATIONS

/* Auf Instanzen dieser Klasse können von außen (durch andere Instanzen, die eine Instanz dieser Klasse anhand eines ihnen bekannten Identifikators benennen können) folgende Operationen angewandt werden: */

folgeposition(p: position; r: richtung) → pneu: position;

/* Die Operation *folgeposition*:

Sie soll aus der Vorgabe einer *p* genannten Position (durch Angabe des

Identifikators der Eingabestation oder einer der Verteilstationen) und einer
r genannten (Auslauf-)Richtung den Identifikator *pneu* der Nachfolgestation ermitteln.

Die Operation ändert den Zustand nicht und ermittelt ein Ergebnis, das folgende Eigenschaft besitzt: */

EFFECTS
   FORALL i
     (1 ≤ i ≤ 7 IMPL
       ((p = 'ein IMPL pneu = 'ver[1])
         AND   (p = 'ver[i] AND i ≤ 3
             IMPL (IF r = rechts
                  THEN pneu = 'ver[2*i + 1]
                  ELSE pneu = 'ver[2*i]))
         AND   (p = 'ver[i] AND 4 ≤ i
             IMPL (IF r = rechts
                  THEN pneu = 'ziel[2*i - 6]
                  ELSE pneu = 'ziel[2*i - 7]))));

planweg(z: &zielstation) → w: &weg;
   /* Die Operation *planweg*:

Sie soll aus der Vorgabe eines *z* genannten Identifikators einer Zielstation
die Sequenz von Weichenstellungen ermitteln, die zum Erreichen der gewünschten Zielstation benötigt werden.

Die Operation ändert den Zustand nicht und ermittelt ein Ergebnis, das folgende Eigenschaft besitzt:*/

EFFECTS
   FORALL j, plan
     (1 ≤ j ≤ 8 AND plan ∈ SEQUENCE OF richtung IMPL
      (z = 'ziel[j] AND plan = ra • rb • rc
       AND (IF j ≤ 4 THEN ra = links ELSE ra = rechts)
       AND (IF (j = 1 MOD 4) OR (j = 2 MOD 4)
            THEN rb = links ELSE rb = rechts)
       AND (IF (j = 1 MOD 2)
            THEN rc = links ELSE rc = rechts)
       IMPL
         w = NEW(weg) AND w&.init_weg(plan)));
            /* Erzeugung einer Instanz der Modulklasse *weg* */

END_MODULE
   /* Damit ist die Definition der Klasse *system* abgeschlossen. */

Die Modulklasse *paket* beschreibt die möglichen Paketzustände und stellt die Operationen *init_paket* zur Initialisierung von Instanzen dieser Klasse und *weitergeschleust* zur Reaktion auf das Verlassen einer Verteilstation zur Verfügung. Außerdem enthält sie die Beschreibung eines Prozesses *weiterlaufen*, der das dynamische Verhalten eines Paketes darstellt, soweit es für die Lösung der Aufgabenstellung erforderlich ist.

MODULE paket;

DECLARATIONS

```
sys          : &system;
nummer       : INTEGER;
   /* Paketfolgenummer für die Anmeldung an der nächsten Station */
pos          : position;
ziel         : &weg;
restweg      : &weg;
unterwegs    : BOOLEAN;
   /* TRUE, falls sich das Paket zwischen zwei Stationen befindet. */
```

INITIALLY   unterwegs = FALSE;

OPERATIONS

init_paket(erz_sys: &system; erz_pos: position;
   gelesenes_ziel: &weg; abgangsnummer: INTEGER);

EFFECTS
```
sys = erz_sys AND pos = erz_pos AND ziel = gelesenes_ziel
AND restweg = NEW(weg)
AND restweg&.init_weg(gelesenes_ziel&)
AND unterwegs = TRUE
AND nummer = abgangsnummer;
```

weitergeschleust(tatsächliche_richtung: richtung;
   abgangsnummer: INTEGER);

EFFECTS
```
(IF 'restweg&.richtg()≠tatsächliche_richtung
   AND 'restweg&.egal() = FALSE
      THEN 'restweg&.fehllauf()
      ELSE 'restweg&.abschnitt_durchlaufen())
AND pos = 'sys&.folgeposition('pos,
                    tatsächliche_richtung)
AND unterwegs = TRUE AND nummer = abgangsnummer;
```

```
    weiterlaufen;
        CYCLIC
        NBL
            'unterwegs = TRUE;
        EFFECTS
            TYPECASE 'pos OF
                &eingangsstation:
                    (pos = 'sys&.folgeposition('pos)
                    AND pos&.anmelden
                        (&MYSELF, 'restweg&.richtg(), 'nummer))
                &verteilstation:
                    (IF 'restweg&.egal() = TRUE
                        THEN 'pos&.anmelden(&MYSELF,
                                        egal, 'nummer)
                        ELSE 'pos&.anmelden(&MYSELF,
                                'restweg&.richtg(), 'nummer))
                &zielstation:
                    'pos&.ankommen(&MYSELF)
            END_TYPECASE
            AND unterwegs = FALSE;
END_MODULE
```

Die Modulklasse *eingangsstation* enthält eine Operation *lichtschranken_meldung* für
die Meldung eines eingelaufenen Paketes. Hierbei wird vorausgesetzt, daß die Ein-
gangslichtschranken nach dem Anschlußschema Unterbrechung arbeiten. Die aktuelle
Zeit wird mittels Pollen durch den Prozeß *systemzeit_lesen* erfragt. Die Erzeugung der
Paket-Transaktionen erfolgt entsprechend den Überlegungen in 1.3.2 durch einen Prozeß *paket_erzeugen*.

MODULE eingangsstation(sys: &system, clock: &uhr,
**   eingabe: &lese_hardware,**
**   beschleuniger: &beschleuniger_hardware);**

/* Durch den Parameter *clock* wird bei Instantiierung der Identifikator einer Hardwa-
re-Uhr übergeben. Sie muß eine Operation *zeit* zur Verfügung stellen, die als Ergebnis die Uhrzeit liefert. Durch die Parameter *eingabe* bzw. *beschleuniger* wird der
Identifikator des Leseorgans bzw. des Freigabeorgans übergeben (siehe Bild 1.4).
Ersteres muß eine Operation *ziel* zur Verfügung stellen, die als Ergebnis einen Iden-

tifikator der Zielstation abliefert, die das Paket erreichen soll. Letzteres muß eine Operation *freigeben* bereitstellen, die den Weiterlauf freigibt und nach einer geeigneten Zeit den Einlauf eines neuen Paketes zuläßt.*/

DECLARATIONS

zielalt	: &zielstation;
zielneu	: &zielstation;
ankunftszeit	: time;
ankunft	: BOOLEAN;
aktuelle_zeit	: time;
nummer	: INTEGER;

    /* Abgangsnummer des nächsten Paketes. */
vorgegebene_verzoegerung: time;

INITIALLY

ankunft = FALSE AND zielneu = NIL AND nummer = 1
AND vorgegebene_verzoegerung = verzoegerungszeit;
    /* Es wird angenommen, daß *verzoegerungszeit* eine anderweitig definierte Konstante ist. */

OPERATIONS

lichtschranken_meldung();

    /* Operation zur Realisierung des Anschlußschemas Unterbrechung; sie muß durch die Instanz *Meldeorgan* aufgerufen werden (siehe Bild 1.4). */
EFFECTS
    ankunft = TRUE;

systemzeit_lesen;

CYCLIC

EFFECTS
    aktuelle_zeit = 'clock&.zeit();

paket_erzeugen;

CYCLIC

NBL
    'ankunft = TRUE;

EFFECTS
    ankunftszeit = 'clock&.zeit() AND zielalt = 'zielneu
    AND zielneu = 'eingabe&.ziel() AND ankunft = FALSE;

```
NBL
    'zielalt = 'zielneu
    OR 'aktuelle_zeit ≥ 'ankunftszeit + 'vorgegebene_verzögerung;
EFFECTS
    p = NEW(paket) AND pw = 'sys&.planweg('zielneu)
    AND p.init_paket('sys, &MYSELF, pw, 'nummer)
    AND 'beschleuniger&.freigeben()
        /* Auftrag an die Beschleunigerhardware, das Paket zum Lauf frei-
        zugeben */
    AND nummer = 'nummer + 1;
```

END_MODULE

Die Modellierung der Verteilstationen folgt den Überlegungen unter 1.3.2. Eine Verletzung der PRE-Bedingungen in den Operationen *weiche_betreten* bzw. *weiche_verlassen* würde bedeuten, daß sie aufgerufen wurden, bevor die entsprechenden Operationen *anmelden* bzw. *weiche_betreten* ausgeführt wurden. Dies wäre ein Zeichen dafür, daß die Realisierung des Programmsystems nicht schritthaltend mit der Verteilanlage arbeitet und somit ihre Aufgabe nicht erfüllen kann. Dabei spielt auch eine Rolle, in welcher Reihenfolge mehrere zur Ausführung anstehende Operationen abgewickelt werden. Diese Problematik wird in Kapitel 3 näher untersucht. Das Modul stellt eine Operation *anmelden* zur Verfügung, die von dem Modul *paket* aufgerufen wird.

MODULE verteilstation(hw_weiche: &weichen_hardware,
**   eingangs_lichtschranke: &hardware_melder,**
**   linke_ausgangs_lichtschranke: &hardware_melder,**
**   rechte_ausgangs_lichtschranke: &hardware_melder);**

/* Durch den Parameter *hw_weiche* wird bei Instantiierung der Identifikator der Hardwareinstanz übergeben, mit deren Hilfe die Weichenrichtung eingestellt wird. Die Identifikatoren der Instanzen, die die Lichtschranken der Ein- und Ausgänge überwachen, werden mit den Parametern *eingangs_lichtschranke, linke_ausgangs_lichtschranke* und *rechte_ausgangs_lichtschranke* übergeben (siehe auch Bild 1.5). Vorausgesetzt wird, daß die durch *hw_weiche* identifizierte Instanz die Operation *stellen(richtung)* verfügbar hat, mit der das Lenkorgan eingestellt wird.*/

DECLARATIONS

```
    eingang          : &eingangsmelder;
    ausgang_li       : &ausgangsmelder;
    ausgang_re       : &ausgangsmelder;
```

```
vor_weiche          : SEQUENCE OF anmeldung;
in_weiche           : SEQUENCE OF anmeldung;
weichenstellung     : richtung;
e_nummer            : INTEGER;
    /* Folgenummer des als nächstes erwarteten Paketes */
a_nummer            : ARRAY[richtung] OF INTEGER;
    /* Folgenummern der Abgänge */
```

INITIALLY

```
vor_weiche = λ AND in_weiche = λ
AND eingang =
      NEW(eingangsmelder(&MYSELF, eingangs_lichtschranke))
AND ausgang_li =
      NEW(ausgangsmelder(&MYSELF, linke_ausgangs_lichtschranke))
AND ausgang_re =
      NEW(ausgangsmelder(&MYSELF, rechte_ausgangs_lichtschranke))
AND e_nummer = 1 AND a_nummer[links] = 1
AND a_nummer[rechts] = 1;
```

OPERATIONS

anmelden(p: &paket; w: wunsch; nummer: INTEGER);

```
NBL
    nummer = 'e_nummer;
EFFECTS
    vor_weiche = 'vor_weiche • (p, w)
    AND ('vor_weiche.length() = 0
          AND 'in_weiche.length() = 0 AND w ≠ egal
          IMPL
          hw_weiche.stellen(w) AND weichenstellung = w)
    AND e_nummer = 'e_nummer + 1;
```

weiche_betreten();

```
PRE   vor_weiche.length() > 0;
EFFECTS
    in_weiche = 'in_weiche • 'vor_weiche.first()
    AND vor_weiche = 'vor_weiche.tail();
```

weiche_verlassen();

```
PRE   in_weiche.length() > 0;
```

```
EFFECTS
    in_weiche.first().pak&.weitergeschleust
            ('weichenstellung, 'a_nummer['weichenstellung])
    AND in_weiche = 'in_weiche.tail()
    AND   ( in_weiche.length() = 0 AND 'vor_weiche.length() > 0
            AND 'vor_weiche.first().soll ≠ egal
            IMPL
            weichenstellung = 'vor_weiche.first().soll
            AND hw_weiche&.stellen('vor_weiche.first().soll))
    AND a_nummer['weichenstellung]
            = 'a_nummer['weichenstellung + 1];
```

END_MODULE

Für die Eingangs- und Ausgangslichtschranken der Verteilstationen sind Modulklassen *eingangsmelder* und *ausgangsmelder* vorgesehen. Die Nachrichtenübergabe erfolgt durch Polling. In der Realität werden für die Polling-Prozesse wegen der einzuhaltenden Reaktionszeiten meist hochgradig spezialisierte Prozessoren verwendet, die an der Benutzerschnittstelle nicht mehr als solche beschrieben werden.

MODULE eingangsmelder(w: &verteilstation, sensor: &hardware_melder);

/* Der *hardware_melder* liefert über die Operation *wert* die Information, ob die Lichtschranke unterbrochen ist (= *dunkel*) oder nicht (= *hell*). */

DECLARATIONS

```
    licht   : (hell, dunkel);
```

OPERATIONS

lichtschränke;
/* Mit hier nicht beschriebenen Mitteln muß sichergestellt werden, daß dieser Aktivitätsträger keine Zustandswechsel der Lichtschranke „übersieht" */

```
    CYCLIC

    EFFECTS
        licht = sensor&.wert();
```

melden;

```
    CYCLIC

    NBL
        licht = hell;
```

```
NBL
    licht = dunkel;
EFFECTS
    w&.weiche_betreten();
```

END_MODULE

MODULE ausgangsmelder(w: &verteilstation, sensor: &hardware_melder);

/* Der *hardware_melder* liefert über die Operation *wert* die Information, ob die Lichtschranke unterbrochen ist (= *dunkel*) oder nicht (= *hell*). */

DECLARATIONS

```
licht   : (hell, dunkel);
```

OPERATIONS

lichtschranke;

/* Mit hier nicht beschriebenen Mitteln muß sichergestellt werden, daß dieser Aktivitätsträger keine Zustandswechsel der Lichtschranke „übersieht" */

```
CYCLIC
EFFECTS
    licht = sensor&.wert();
```

melden;

```
CYCLIC
NBL
    licht = hell;
NBL
    licht = dunkel;
EFFECTS
    w&.weiche_verlassen();
```

END_MODULE

Schließlich ist noch die Modulklasse *zielstation* erforderlich. In der vorliegenden Spezifikation wird statt der Protokollierung angekommener Pakete zur Vereinfachung lediglich ihr Identifikator in einer Variablen x festgehalten, da dies keinen wesentlichen Einfluß auf die entworfene Lösung der Aufgabenstellung hat.

```
MODULE zielstation;

    DECLARATIONS

        z: SET OF &paket;

    INITIALLY   z = Ø;

    OPERATIONS

        ankommen(p: &paket);
            EFFECTS
                z = 'z ∪ {p};

END_MODULE
```

1.3.4   Schlußbemerkung

Das Beispiel zeigt für einen nicht-trivialen Fall unter Benutzung der in 1.2.1 erläuterten Abstraktionsmechanismen die Zerlegung eines asynchronen Prozeßsystems in Module. Die Darstellung läßt offen, ob alle Module auf einer einzigen Rechenanlage realisiert werden oder auf einem Mehrrechnersystem.

In beiden Fällen muß die Spezifikation noch um Angaben ergänzt werden, die die Bearbeitungsreihenfolge der zur Ausführung anstehende Aktivitäten näher festlegen, da sie (wie bei manchen Klassen schon angemerkt) teilweise zeitkritisch sind. Dies ist vor allem dadurch bedingt ist, daß Komponenten der realen Anlage (Lichtschranken, Pakete) ein nicht beeinflußbares „Eigenleben" besitzen, aber auf Änderungen ihres Zustandes rechtzeitig reagiert werden muß. Diese Problematik soll jedoch hier nicht weiter vertieft werden.

Die Untersuchung der mit der korrekten Implementierung solcher Systeme zusammenhängenden Fragen, erfordert eine weitere Präzisierung der Vorstellungen und bildet unter anderem den Gegenstand des nächsten Kapitels.

1.4   Folgerungen für Betriebssysteme

Vor dem Hintergrund der vorangehenden Strukturüberlegungen kann man die Aufgaben, die sich bei der Entwicklung von Betriebssystemen stellen in zwei Klassen einteilen:

1. Das Betriebssystem muß Mechanismen anbieten, die eine möglichst uneingeschränkte und effiziente Realisierung von Softwaresystemen der dargestellten Struktur ermöglichen.

2. Das Betriebssystem sollte Klassen und Instanzen anbieten, die die Handhabung einzelner Komponenten eines Rechensystems deutlich erleichtern (z. B. dadurch, daß periphere Geräte im wesentlichen wie Dateien behandelt werden) oder die für häufig wiederkehrende Aufgaben eine Lösung darstellen (wie z. B. Dateien oder Nachrichtensysteme).

Ersteres impliziert die Verwaltung von Klassen und Instanzen und ihre Darstellung in der Speicherhierarchie eines Rechensystems. Aus Gründen der Wirtschaftlichkeit wird es ratsam sein, selten benötigte Klassen und Instanzen auf langsameren, aber billigeren Speichern, wie etwa Plattenspeicher, zu hinterlegen, sie aber vom Betriebssystem automatisch in den Arbeitsspeicher verlagern zu lassen, sobald sie angesprochen werden. Werden Klassen oder Instanzen künftig nicht mehr benötigt, so muß eine entsprechende Speicherbereinigung erfolgen. Das Kapitel *Arbeitsspeicherverwaltung* ist vorwiegend dieser Problematik gewidmet. Des weiteren müssen Mechanismen zur Bildung von Instanzen aus Klassen vorgesehen werden, die eine ökonomische Nutzung des Speichers ermöglichen. Wenn die objektbasierte Programmierung auch bei kleinen, häufig gebrauchten Modulklassen (wie etwa das Modul *weg* im vorangehenden Beispiel) ökonomisch sein soll, muß das Betriebssystem Instanzen so darstellen, daß die Befehlsteile, die die Operationen einer Instanz repräsentieren, für alle aus einer Klasse gebildeten Instanzen nur einmal im Speicher hinterlegt werden müssen (eine Vorgehensweise, die häufig als Codesharing bezeichnet wird). Es wird sich zeigen, daß bei geeigneter Hardwareunterstützung sehr effiziente Implementierungen möglich sind. Als weiterer wesentlicher Punkt ist die Realisierung von Aktivitätsträgern zu betrachten. Naheliegenderweise wird ein Aktivitätsträger durch einen Prozessor realisiert. Da jedoch häufig mehr Aktivitätsträger als Prozessoren vorhanden sind, müssen Mechanismen zum Multiplexen der Prozessoren entwickelt werden. Die wichtigsten damit zusammenhängenden Fragestellungen werden in den Kapiteln *Prozeßsysteme* und *Prozessorvergabestrategien* behandelt. Zusätzlich wird dort auf Probleme eingegangen, die die Implementierung von NBL-Prädikaten betreffen.

Bezüglich der Klassen und Instanzen, die ein Betriebssystem anbieten sollte, sind vor allem Dateisysteme zu erwähnen, denen das Kapitel *Dateien und Dateiverwaltung* gewidmet ist. Wenn in einem Rechensystem Klassen und Instanzen verschiedener Benutzer realisiert sind, so stellt sich die Frage nach einer geeigneten Benutzungskontrolle, um ungewollte (z. B. durch Programmierfehler verursachte) oder unbefugte gegenseitige Beeinflussung verhindern zu können. Grundlegende Fragestellungen dieses Problemkreises werden im Kapitel *Datensicherheit* behandelt. Im Kapitel *Betrieb der peri-*

pheren Geräte wird die Vorstellung erläutert, Geräte an der Benutzerschnittstelle des Betriebssystems in Form von Instanzen zur Verfügung zu stellen und dadurch eine einfache Einbindung der peripheren Geräte in Anwendungsprogramme zu ermöglichen.

Es sei noch angemerkt, daß heutige Betriebssysteme meist die dargelegten Strukturkonzepte nur in sehr eingeschränkter Form zulassen und insofern als Spezialfälle der vorangehenden Überlegungen zu betrachten sind. In prototypischen Systemen wie sie derzeit in der Forschung benutzt werden oder in Entwicklung sind, ist jedoch deutlich der Trend zu erkennen, bestehende Einschränkungen aufzulösen. Es erscheint daher zweckmäßig im weiteren bei der Darstellung der Grundkonzepte und Modellvorstellungen dieser Entwicklung Rechnung zu tragen.

2 Prozeßsysteme

Im vorangehenden Kapitel wurde bereits auf den Zusammenhang zwischen Spezifikation und Implementation eingegangen. Dabei wurde der spezielle Fall betrachtet, in dem lediglich die Zustandsdarstellung geändert wird, die Struktur der Modulklassen und ihrer Operationen aber bis auf die Formulierung der Initialisierungs-, PRE-, NBL- und EFFECTS-Prädikate unverändert bleibt. Damit kann die Spezifikation hinsichtlich der Zustandsdarstellung in eine maschinennahe Form gebracht werden. Im Rahmen einer Implementierung müssen darüber hinaus die NBL- und EFFECTS-Prädikate in eine Form gebracht werden, die den durch die Maschinenbefehle vorgegebenen Möglichkeiten entspricht. Im allgemeinen erfordert dies, einzelne Aktivitäten der Spezifikation in der Implementation durch mehrere zu ersetzen, die in geeigneter Reihenfolge auszuführen sind. Dadurch wird die funktionale Struktur verändert und man bezeichnet diese Vorgehensweise als funktionale Verfeinerung. Die Betrachtung der dabei auftretenden Probleme bildet den Schwerpunkt dieses Kapitels.

2.1 Grundlegende Vorstellungen

Generell wird im weiteren davon ausgegangen, daß es für Überlegungen im Zusammenhang mit Betriebssystemen ausreicht, sequentiell arbeitende Komponenten digitaler Systeme nur zu solchen Zeitpunkten zu betrachten, zu denen eine Aktivität abgeschlossen und die nächste noch nicht in Angriff genommen wurde. Dies impliziert, daß die Durchführung von Aktivitäten als zeitlich nicht weiter zerlegbar angesehen werden kann. Diese Annahme kann zwar bei der Untersuchung spezieller Algorithmen für Multiprozessoren und Mehrrechnerkonfigurationen nicht immer aufrecht erhalten werden, ist aber auch dort für Betriebssystemüberlegungen ausreichend. Die Durchführung einer Aktivität durch einen Aktivitätsträger wird als *Aktion* bezeichnet.

Damit man zu hinreichend präzisen Aussagen kommt, muß zunächst eine Reihe grundlegender Begriffe formal definiert werden.

Nach den bisherigen Vorstellungen kann die Auswirkung einer *Aktion* beschrieben werden durch:

1. die Beschreibung der Zustandsänderung, die sie - dem EFFECTS-Prädikat der Aktivität entsprechend - an den Modulinstanzen hervorruft,

2. die Bedingungen, unter denen sie - dem NBL-Prädikat entsprechend - ausführbar ist,

3. die Angabe des die Aktivität ausführenden Aktivitätsträgers und

4. die Angabe einer eventuellen Nachfolgeaktion.

Ein *Prozeß* ist nach diesen Vorstellungen bestimmt durch die Gesamtheit der Aktionen, die während seines Ablaufs möglicherweise zur Ausführung kommen. Man kann ihn demnach beschreiben durch ein Quadrupel $P = (A, D, adr, w)$, wobei die einzelnen Komponenten folgende Bedeutung haben:

1. A ist eine endliche Menge von Aktionen.

2. $D = D_1 \times D_2$ ist die Zustandsmenge. Dabei bezeichnet D_1 die Menge der *Aktionenidentifikatoren* (Ihre Werte entsprechen im programmiersprachlichen Bereich den Marken. Im allgemeinen werden sie dort allerdings nur dann explizit angegeben, wenn die Abarbeitungsfolge nicht mit der Reihenfolge übereinstimmt, in der die Anweisungen niedergeschrieben sind.). Die Aktionenidentifikatoren sind eine Abstraktion der Befehlsadressen, die bei maschinenorientierter Programmierung benutzt werden. Sie werden im wesentlichen zur Beschreibung der Ablaufstruktur benutzt.

D_2 ist das kartesische Produkt der Zustandsräume aller Modulinstanzen, auf die die Aktionen Bezug nehmen (Bei Programmiersprachen wird dieser Anteil durch die Variablenvereinbarungen festgelegt.).

3. $adr : A \to D_1$ ist eine injektive Abbildung, die jeder Aktion einen Identifikator zuordnet.

4. $w \in D$ ist der Anfangszustand des Prozesses.

Im weiteren werden zur formalen Darstellung noch folgende Konventionen getroffen:

1. Ein n-Tupel $(x_1, x_2, ..., x_n)$ wird *typisches Element* des kartesischen Produktes $M_1 \times M_2 \times ... \times M_n$ genannt, wenn x_i für alle i mit $1 \leq i \leq n$ eine Variable mit Wertebereich M_i ist.

2. Ist $y = (a_1, a_2, ..., a_n) \in M_1 \times M_2 \times ... \times M_n$ und $(x_1, x_2, ..., x_n)$ typisches Element von $M_1 \times M_2 \times ... \times M_n$, dann bezeichnet $x_i [y]$ den Wert a_i.

3. Die einzelnen Komponente einer Aktion und ihr Identifikator werden durch folgende Schreibweise festgelegt:

$$a: \text{WHEN } B_a(\text{'v}) \text{ DO } v = F_a(\text{'v}).$$

Dabei ist

a) a der Identifikator der Aktion,

b) v typisches Element von D und $'v$ der Wert, den v unmittelbar vor Ausführung der Aktion hatte,

c) $B_a : D \to \{\text{TRUE, FALSE}\}$ die *Ausführbarkeitsbedingung* der Aktion und

d) $F_a : D \to D$ die *Übergangsfunktion*. Ist $v = (L, G)$, so wird durch $G[F_a(\text{'v})]$ die Änderung an den Modulinstanzen charakterisiert und durch $L[F_a(\text{'v})]$ die Nachfolgeaktion festgelegt. Weiter wird vorausgesetzt, daß $L[F_a(\text{'v})] \neq L['v]$ ist für alle Werte von D. Dies entspricht der *generellen Annahme*, daß die Ausführung einer Aktion eine Änderung am Befehlszähler bewirkt.

5. Jeder Aktion a wird eine Abbildung $Z_a: D \to D$ zugeordnet durch die Vorschrift:

$$Z_a(v) = \begin{cases} F_a(v) & B_a(v) = \text{TRUE} \\ & \text{falls} \\ v & B_a(v) = \text{FALSE} \end{cases}$$

Betrachtet man heutige Rechensysteme, so stellt man fest, daß sie fast durchweg aus mehreren, bis zu einem gewissen Grad selbständigen, sequentiell agierenden Einheiten aufgebaut sind, die jedoch geeignet kooperieren müssen. Ein typisches Beispiel ist die Bearbeitung von Ein-/Ausgabevorgängen durch besondere E/A-Prozessoren. Zur formalen Erfassung solcher Gegebenheiten (durch koordinierte Prozeßdatentypen) ist es erforderlich, das Zusammenwirken mehrerer Prozesse zu modellieren, wobei über das gegenseitige zeitliche Verhalten keine generellen Annahmen gemacht werden können. Die einzige Forderung, die sinnvollerweise gestellt werden kann, besteht darin, daß zwei gleichzeitig in Ausführung befindliche Aktionen nicht auf die gleichen Zustandskomponenten Bezug nehmen dürfen. Es können daher Modelle benutzt werden, die von einer seriellen Abarbeitung der Aktionen ausgehen. Die Tatsache der möglicherweise gleichzeitigen Abarbeitung zweier Aktionen a und b schlägt sich dann darin nieder, daß das Modell die Ausführungsreihenfolgen $a \bullet b$ und $b \bullet a$ zuläßt und zwar mit gleichem neuem Zustand. Damit liegt folgende Definition für den Begriff des Prozeßsystems nahe [Lipt 74b]:

Definition 2.1. Das Quintupel $P = (A, D, bz, adr, w)$ heißt *Prozeßsystem*, wenn gilt:

1. $D = D_1 \times D_2 \times ... \times D_n \times H$ ist ein endliches, kartesisches Produkt und heißt Zustandsmenge. Im weiteren sei $(L_1, L_2, ..., L_n, G)$ typisches Element von D. L_1 bis L_n bezeichnen die *Befehlszähler* der n Prozesse, aus denen sich das Prozeßsystem zusammensetzt. G bezeichnet den Anteil, der die Zustände aller relevanten Modulinstanzen darstellt.

2. $w \in D$ ist der Anfangszustand des Systems.

3. A ist eine endliche Menge von Aktionen.

4. $bz: A \to \{1, 2, ..., n\}$ ordnet jede Aktion einem Prozeß (Befehlszähler) zu.

5. $adr: A \to \bigcup_{i=1}^{n} D_i$ ordnet jeder Aktion eine Aktionsadresse zu, wobei:

a) $adr(a) \in D_{bz(a)}$ ist und

b) aus $adr(a) = adr(b)$ und $bz(a) = bz(b)$ folgt, daß $a = b$ ist (d. h. eine Aktion ist durch Prozeßzugehörigkeit und Aktionsadresse eindeutig bestimmt).

6. Die Aktionen haben die Struktur

$$a_{i,j}: \text{WHEN } 'L_i = j \text{ AND } B_{i,j}('G)$$
$$\text{DO} \quad L_i = N_{i,j}('G)$$
$$\text{AND FORALL } k(1 \leq k \leq n \text{ AND } i \neq k \text{ IMPL } L_k = 'L_k)$$
$$\text{AND } G = F_{i,j}('G)$$

mit $i = bz(a_{i,j})$ und $j = adr(a_{i,j})$.

Außerdem wird $N_{i,j}('G) \neq j$ gefordert, d. h. jede Aktion bewirkt bei Ausführung eine Änderung des Befehlszählers. □

Die Definition von Aktionen spiegelt deutlich den Begriff der Aktivität von Kapitel 1 wider. Die Bedingung $B_{i,j}('G)$ entspricht der dortigen Nichtblockierungsbedingung, der Anteil $G = F_{i,j}('G)$ der Effektbeschreibung, wobei hier insofern eine Einschränkung vorliegt, als ein funktionaler Zusammenhang zwischen altem und neuem Zustand verlangt wird. Die Bestimmung der Nachfolgeaktivität ist dort einfach durch die Reihenfolge in der Niederschrift festgelegt. Gewisse Schwierigkeiten bereiten aus einer einzigen Aktivität bestehende, zyklische Prozesse. Solche Prozesse müssen durch zwei zyklisch ablaufende Aktionen dargestellt werden, von denen die erste bis auf die Behandlung des Befehlszählers der ursprünglichen Aktion entspricht und die zweite lediglich den Befehlszähler wieder auf die erste stellt (entsprechend einem Sprungbefehl, der in maschinensprachlichen Formulierungen von Schleifen zum Schleifenanfang zurückführt).

Definition 2.2

1. $TP_i = (A_i, D_i', adr_i', w_i')$ heißt i-ter *(Teil-)Prozeß* von $P = (A, D, bz, adr, w)$, wenn gilt:

a) $A_i = \{a \mid a \in A \land bz(a) = i\}$, $D_i' = D_i \times H$

b) $adr_i' = adr \mid A_i$ und

c) $w_i' = (L_i[w], G[w])$.

2. Die Elemente von A^* werden als *Aktionenfolgen* oder auch als *Abläufe* bezeichnet. Die leere Folge wird durch λ dargestellt.

3. Ist α ein Ablauf, so bezeichnet α_i das i-te Element der Aktionenfolge, $_i\alpha$ das Anfangsstück bis einschließlich dem i-ten Element. Des weiteren wird $_0\alpha$ als die leere Folge λ definiert.

4. Die *Konkatenation* in A^* wird durch einen Punkt ($\bullet$) dargestellt. □

Jeder Aktionenfolge wird durch nachstehende Definition 2.3 eine *Wirkung* zugeordnet.

Definition 2.3. Sei $P = (A, D, bz, adr, w)$ ein Prozeßsystem. Dann ist $val_P : A^* \to D$ definiert durch

$$val_P(\alpha) = \begin{cases} w & \alpha = \lambda \\ & \text{falls} \\ Z_{a_{i,j}}(val_P(\beta)) & \alpha = \beta \bullet a_{i,j} \end{cases}$$

$\square$

Erste grundlegende Begriffe für Betriebssystembetrachtungen legt Definition 2.4 fest.

Definition 2.4. Sei $P = (A, D, bz, adr, w)$ ein Prozeßsystem und $(L_1, L_2, ..., L_n, G)$ typisches Element von D. Dann bezeichnet:

1. $proc_P(f, g)$ das Prädikat $f, g \in A \wedge bz(f) = bz(g)$, also die Eigenschaft, daß f und g Aktionen des gleichen Prozesses sind,

2. $bef_P(\alpha)$ die Aktionenmenge $\{a \mid a \in A \wedge adr(a) = L_{bz(a)}[val_P(\alpha)]\}$, d. h. $bef_P(\alpha)$ ist die Menge der Aktionen, die nach Ablauf von α zur Ausführung anstehen, wobei in α nicht ausführbare Aktionen als wirkungslos betrachtet werden, und

3. $lf_P(\alpha)$ die Aktionenmenge $\{a \mid a \in A \wedge val_P(\alpha \bullet a) \neq val_P(\alpha)\}$, d. h. $lf_P(\alpha)$ ist die Menge der Aktionen, die nach Ablauf von α ausführbar sind, wobei in α nicht ausführbare Aktionen als wirkungslos betrachtet werden. $\square$

Soweit im weiteren aus dem Kontext ersichtlich ist, auf welches Prozeßsystem sich die Prädikate *proc*, *bef* und *lf* beziehen, wird auf den Index verzichtet.

Daß diese Begriffsdefinitionen für die Betriebsprogrammierung wichtige Grundkonzepte richtig widerspiegeln, zeigt Satz 2.1.

Satz 2.1. Es sei $P = (A, D, bz, adr, w)$ ein Prozeßsystem und $(L_1, L_2, ..., L_n, G)$ typisches Element von D. A_i sei die Aktionenmenge des i-ten Prozesses. Dann gilt:

1. $\forall \alpha \, (\alpha \in A^* \Rightarrow lf(\alpha) \subseteq bef(\alpha))$

2. $\forall i, \alpha \, (1 \leq i \leq n \wedge \alpha \in A^* \Rightarrow |bef(\alpha) \cap A_i| \leq 1)$

3. $\forall i, \alpha, \beta \, (1 \leq i \leq n \wedge \alpha \in A^* \wedge \beta \in (\bigcup_{\substack{1 \leq i \leq n \\ i \neq j}} A_j)^*$

$$\Rightarrow (bef(\alpha) \cap A_i = bef(\alpha \bullet \beta) \cap A_i))$$

Beweis:

1. Sei $a \in \mathit{lf}(\alpha)$. Dann ist $\mathit{val}_P(\alpha \bullet a) \neq \mathit{val}_P(\alpha)$. Nach Definition von val_P ist daher $adr(a) = L_{bz(a)}[\mathit{val}_P(\alpha)]$ und somit $a \in \mathit{bef}(\alpha)$.

2. Angenommen es gäbe zwei Aktionen a und b, die Elemente von $\mathit{bef}(\alpha) \cap A_i$ sind. Dann ist $bz(a) = bz(b) = i$, da a und b Elemente von A_i sind.

Wegen $a, b \in \mathit{bef}(\alpha)$ muß $adr(a) = adr(b) = L_i[\mathit{val}_P(\alpha)]$ gelten, womit $a = b$ folgt.

3. Gemäß Definition 2.1 und Definition 2.3 ist $L_i[\mathit{val}_P(\alpha)] = L_i[\mathit{val}_P(\alpha \bullet \beta)]$, woraus unmittelbar die Behauptung folgt. $\Box$

Besonders interessant sind solche Abläufe, deren Aktionen in der Reihenfolge ausgeführt werden können, in der sie im Ablauf stehen. Diese Abläufe entsprechen tatsächlich möglichen Verhaltensweisen des Prozeßsystems. Ihre genaue Charakterisierung erfolgt durch

Definition 2.5. Ein Ablauf heißt aktiv, wenn gilt:

$$\forall i \, (1 \leq i \leq \mathit{Länge}(\alpha) \Rightarrow \alpha_i \in \mathit{lf}_P(_{i-1}\alpha)) \, . \qquad \Box$$

Wichtige Folgerungen der bisherigen Definitionen sind in Satz 2.2 zusammengefaßt.

Satz 2.2. Sei $P = (A, D, bz, adr, w)$ ein Prozeßsystem, dann gilt:

1. Sind $\alpha \bullet \gamma$ und $\beta \bullet \gamma$ Abläufe mit $\mathit{val}_P(\alpha) = \mathit{val}_P(\beta)$, so ist $\mathit{val}_P(\alpha \bullet \gamma) = \mathit{val}_P(\beta \bullet \gamma)$. Das Ergebnis eines Ablaufs hängt also nur vom erreichten Zwischenzustand ab, nicht von dem Weg, auf dem er erreicht wurde. Es ist eine fundamentale Eigenschaft von Rechenanlagen, daß bei gegebenem Programm künftige Berechnungen nur vom Anfangszustand gespeicherter Daten abhängen, aber nicht davon, wie er hergestellt wurde.

2. Seien $\alpha \bullet f \bullet \beta$ und $\alpha \bullet \beta$ aktive Abläufe. Dann ist $bz(f) \neq bz(\beta_i)$ für alle i mit $1 \leq i \leq \mathit{Länge}(\beta)$. Letztlich ist dies eine Konsequenz aus der Forderung, daß jede Aktion den Befehlszähler des entsprechenden Prozesses ändert.

Beweis:

1. Der Nachweis der Behauptung erfolgt durch vollständige Induktion über die Länge von γ.

a) Für $\mathit{Länge}(\gamma) = 0$ ist die Aussage trivial.

b) Die Aussage sei für Abläufe γ mit $\mathit{Länge}(\gamma) < j$ bereits bewiesen. Sei j die Länge von γ und somit $\mathit{val}_P(\alpha \bullet {}_{i-1}\gamma) = \mathit{val}_P(\beta \bullet {}_{i-1}\gamma)$.

Mit der Definition von val_P folgert man unmittelbar $val_P(\alpha \bullet \gamma) = val_P(\beta \bullet \gamma)$.

2. Sei $bz(f) = k$ und es existiere ein i mit $k = bz(\beta_i)$. Es sei weiter i minimal gewählt. Da $\alpha \bullet f$ und $\alpha \bullet_{i-1}\beta \bullet \beta_i$ aktiv sind, muß $L_k[val_P(\alpha)] = adr(f)$ sein und $L_k[val_P(\alpha \bullet_{i-1}\beta)] = adr(\beta_i)$. Nach Definition von i und Satz 2.1 (3) ist somit $adr(f) = adr(\beta_i)$ und auf Grund der Definition 2.1 daher $f = \beta_i$.

Wegen der Definition von i, Satz 2.1 (3) und Definition 2.1 ist daher

$$L_k[val_P(\alpha \bullet f \bullet_{i-1}\beta)] = L_k[val_P(\alpha \bullet f)] \neq adr(f).$$

Da andererseits $\alpha \bullet f \bullet_{i-1}\beta \bullet \beta_i$ nach Voraussetzung aktiv ist, muß nach Definition von i und Satz 2.1 (3) $L_k[val_P(\alpha \bullet f \bullet_{i-1}\beta)] = adr(\beta_i)$ sein im Widerspruch zu $f = \beta_i$. Somit ist die Annahme falsch.   □

2.2   Der Begriff des Ablaufplans (schedule)

Das bisherige Konzept des Prozeßsystems läßt zu, daß ein solches System mehrere Möglichkeiten aktiver Abläufe besitzt. Bei der Implementierung steht man oft vor der Tatsache, daß die zur Implementierung benutzte Rechenanlage nur eine Teilmenge dieser Abläufe realisieren kann. Ein häufiger Fall sind Implementationen, die als Basis ein Betriebssystem benutzen, das auf einem Monoprozessor mehrere Prozesse durch zeitliches Multiplexen des Prozessors abwickelt. Das Betriebssystem muß in diesem Fall zu jedem Zeitpunkt eine Entscheidung darüber treffen, welche Aktion aus der Menge der lauffähigen tatsächlich als nächste bearbeitet werden soll. Bei einem Monoprozessor ist diese Entscheidung durch einen sequentiellen Algorithmus, also deterministisch, zu treffen. Zieht man aber noch durch eigene Prozessoren gesteuerte Ein-/Ausgabegeräte in Betracht, so gehen in diese Entscheidung die gegenseitigen Geschwindigkeiten von Zentralprozessor und peripheren Kanälen ein, da auch die Fertigstellungszeitpunkte von Ein-/Ausgabeaufträgen Einfluß haben. Diese Geschwindigkeitsverhältnisse sind im allgemeinen nicht exakt bekannt. Der Anwender muß also beim Entwurf seines Prozeßsystems davon ausgehen, daß diese Entscheidungen bezüglich der ihm zur Verfügung stehenden Kenntnisse nicht deterministisch erfolgen. Im Modell schlägt sich das darin nieder, daß die Menge der real möglichen Abläufe nicht mit der Gesamtheit der aktiven Abläufe übereinstimmt. Die Auswahl der tatsächlich möglichen Abläufe wird durch einen sogenannten *Ablaufplan* bestimmt.

Definition 2.6. Sei P ein Prozeßsystem. Unter einem *Ablaufplan* wird ein Prädikat S auf der Menge der Abläufe von P verstanden.

Die Menge der unter einem Ablaufplan S tatsächlich möglichen Abläufe ergibt sich dann als die Menge aller aktiven Abläufe in P, die S erfüllen.   □

Ein praktisch wichtiges Beispiel für einen solchen Ablaufplan ist dadurch charakterisiert, daß nur solche Abläufe $\alpha \bullet a$ zugelassen werden, bei denen die Aktion a zu dem lauffähigen Prozeß mit dem kleinsten Index gehört. Dieser Ablaufplan entspricht in üblicher Terminologie einer Abarbeitung nach statischen Prioritäten. Dabei sind (zur Vereinfachung) die Prioritäten mit den Prozeßnummern gleichgesetzt und im Einklang mit der gängigen Praxis entsprechen niedrigere Prioritätswerte stärkerer Bevorzugung (oder - bei anderem Betrachtungsstandpunkt - höherer Dringlichkeit).

Eine genauere Formulierung liefert Definition 2.7.

Definition 2.7. Unter einer Abarbeitung nach statischen Prioritäten wird der Ablaufplan

$$SPR(\alpha) \,=\, \forall i \,(1 \leq i \leq \textit{Länge}(\alpha) \Rightarrow (bz(\alpha_i) = \min \{ bz(a) \mid a \in \textit{lf}(_{i-1}\alpha) \}))$$

verstanden. $\Box$

Die Trennung von Prozeßsystem und Ablaufplan eröffnet die Möglichkeit, das Verhalten eines Prozeßsystems bei Verwendung verschiedener Ablaufpläne zu untersuchen, wie sie z. B. durch spezielle Betriebssystemeigenschaften vorgegeben sind.

Bei Spezifikationen auf den höheren Abstraktionsebenen wird man meist nach Lösungen suchen, die ohne spezielle Forderungen an die im Betriebssystem verankerten Ablaufpläne auskommen. Im allgemeinen hat dies zur Folge, daß Koordinierungsmaßnahmen ergriffen werden müssen, die bei genauer Kenntnis der Ablaufpläne des Betriebssystems nicht erforderlich wären. Andererseits befreit man sich damit von der Notwendigkeit, diese sehr genau zu kennen, und man erreicht eine gewisse Unabhängigkeit von den einschlägigen Betriebssystemeigenschaften.

Da die zusätzlichen Koordinierungsmaßnahmen jedoch mit einem deutlichen dynamischen Zusatzaufwand verbunden sind, wird in Echtzeitanwendungen häufig die Kenntnis der im Betriebssystem verankerten Ablaufpläne intensiv genutzt. Voraussetzung ist, daß die Ablaufpläne exakt beschrieben sind.

Satz 2.3. Sei P ein Prozeßsystem mit den Prozessen $P_1, P_2, ..., P_n$. Dann existiert zu jeder Folge $n_1, n_2, ..., n_k$ von Elementen der Menge $\{ 1, 2, ..., n \}$ höchstens ein aktiver Ablauf mit $bz(\alpha_i) = n_i$ für $1 \leq i \leq k$.

Beweis: Folgt unmittelbar aus Satz 2.1. $\Box$

Die in diesem Satz zum Ausdruck kommende Eigenschaft wird bei der Beschreibung von Ablaufplänen, wie sie in Betriebssystemen Verwendung finden, dahingehend genutzt, daß sie durch die Angabe charakterisiert werden, für welchen Prozeß jeweils die Ausführung einer Aktion zugelassen wird. Der Satz zeigt, daß beide Vorgehensweisen äquivalent sind, wenn man nur an aktiven Abläufen interessiert ist.

Bei der Untersuchung von Betriebssystemen für Monoprozessoren ist die alleinige Betrachtung aktiver Abläufe sowie daraus abgeleiteter Begriffe zuweilen nicht ausreichend. Wie später noch deutlich wird, muß nämlich gelegentlich unterschieden werden, ob die Ausführbarkeit einer Aktion bereits überprüft wurde oder nicht. Normalerweise betrachten Betriebssysteme einen nichtblockierten Prozeß solange als lauffähig, bis der Versuch, seine nächste Aktion auszuführen, zur Blockade führt. Als Folge davon ist $lf(\alpha)$ nicht immer identisch mit der Menge der Aktionen, die die im Sinne des Betriebssystems lauffähigen Prozesse zur Ausführung anstehen haben. Für den Anwender wird dadurch eine zuverlässige Beschreibung der Ablaufpläne des Betriebssystems deutlich erschwert, wenn nicht unmöglich.

Zur Untersuchung von Sachverhalten, bei denen dies eine Rolle spielt, muß zum Ausdruck gebracht werden können, ob bereits ein Versuch zur Ausführung einer Aktion unternommen wurde (und infolgedessen ihre NBL-Bedingung dem Betriebssystem bekannt ist). Eine Möglichkeit zur Bildung entsprechender Modellvorstellungen zeigen Definition 2.8 und Definition 2.9 auf.

Definition 2.8. Ein Ablauf heißt *semiaktiv*, wenn $\alpha_i \in bef_P({}_{i-1}\alpha)$ ist für alle i mit $1 \leq i \leq L\ddot{a}nge(\alpha)$. $\qquad\qquad\square$

Ist α semiaktiv und $\alpha_i \notin lf_P({}_{i-1}\alpha)$, so wird dies als versuchte Ausführung der Aktion α_i gedeutet, d. h. es wird nur die Ausführbarkeitsbedingung - mit negativem Ergebnis - überprüft. Die Definition läßt zu, daß die Ausführung einer Aktion unter Umständen wiederholt versucht wird.

Definition 2.9. Die Menge $bl_P(\alpha)$ sei für beliebige Abläufe α und Prozeßsysteme P induktiv definiert durch

1. $bl_P(\lambda) = \varnothing$,

2. $bl_P(\alpha \bullet a) = bl_P(\alpha) \cup \{a\}$, falls $a \notin lf_P(\alpha)$,

3. $bl_P(\alpha \bullet a) = bl_P(\alpha) - \{a\}$, falls $a \in lf_P(\alpha)$.

Ein Ablaufplan heißt *R-Ablaufplan*, wenn er die Eigenschaft

$$\forall \alpha, i \, (\alpha \; semiaktiv \wedge 1 \leq i \leq L\ddot{a}nge(\alpha) \wedge bl_P({}_{i-1}\alpha) \cap lf_P({}_{i-1}\alpha) \neq \varnothing$$
$$\Rightarrow \alpha_i \in bl_P({}_{i-1}\alpha) \cap lf_P({}_{i-1}\alpha) \,)$$

besitzt. $\qquad\qquad\square$

Bei *R*-Ablaufplänen wird der Fall 2 als versuchte, aber vorläufig blockierte Ausführung betrachtet. Die charakteristische Eigenschaft von *R*-Ablaufplänen besteht darin, daß blockierte Aktionen, sobald ihre Ausführbarkeitsbedingung erfüllt ist, vorrangig vor anderen Aktionen ausgeführt werden. Eine Konsequenz ist, daß eine einmal hergestellte Ausführbarkeit nicht wieder zurückgenommen werden kann, bevor bislang blockierte Aktionen ausgeführt wurden. R-Ablaufpläne liegen (unausgesprochen) wichtigen theoretischen Arbeiten zugrunde (z. B. [Habe 72]). Außerdem ermöglichen Betriebssysteme für Monoprozessoren häufig nur R-Ablaufpläne.

2.3   Der Begriff der Implementation

Der Weg zur Realisierung eines Programmsystems führt im allgemeinen über eine Reihe von Abstraktionsebenen. Im weiteren wird vorausgesetzt, daß sich die einzelnen Abstraktionsebenen einer Formalisierung bedienen, der die hier eingeführten Vorstellungen über Prozeßsysteme zugrunde liegen. Es entsteht dann die Frage, welcher Zusammenhang zwischen zwei Prozeßsystemen P und $\bar{P}$ bestehen muß, damit man $\bar{P}$ als eine Implementation von P ansehen kann. Wie in Kapitel 1 bereits dargelegt wurde, werden beim Übergang von einer höheren zu einer niedrigeren Abstraktionsebene verschiedene Mechanismen verwendet.

Im weiteren wird nur die *funktionale Verfeinerung* als Umkehrung der funktionalen Abstraktion näher betrachtet werden. Es wird also davon ausgegangen, daß der Datenteil von P sich unmittelbar in dem von $\bar{P}$ wiederfindet. $\bar{P}$ kann allerdings über zusätzliche Instanzen verfügen, die zu *Buchhaltungszwecken* benötigt werden. Da Betriebssysteme als reaktive Programme (siehe Seite 12) angesehen werden müssen, wird ein Implementierungsbegriff gewählt, der diesem Umstand in besonderem Maße Rechnung trägt.

Definition 2.10. P und $\bar{P}$ seien Prozeßsysteme.

1. $\bar{P}$ ist bezüglich r eine *Implementation* von P, wenn r eine Funktion ist, die Abläufe von $\bar{P}$ so in die Menge der Abläufe von P abbildet, daß für alle (auch nicht aktiven) Abläufe $\bar{\alpha} \bullet \bar{\beta}$ von $\bar{P}$ die Beziehung $r(\bar{\alpha} \bullet \bar{\beta}) = r(\bar{\alpha}) \bullet r(\bar{\beta})$ erfüllt ist. r wird in der üblichen Weise auf die Potenzmenge von $\bar{A}^*$ ausgedehnt.

2. Sei $\bar{P}$ eine Implementation von P bezüglich r. Eine Aktion $\bar{a}$ aus $\bar{A}$ heißt *beobachtbar*, wenn $r(\bar{a}) \neq \lambda$ ist, sonst heißt sie *nicht-beobachtbar*. Aktionen $\bar{a}$ mit $r(\bar{a}) = \lambda$ werden auch als *Buchhaltungsaktionen* bezeichnet.

3. Sei $\bar{P}$ bezüglich r eine Implementation von P. Weiter sei S ein Ablaufplan für P und $\bar{S}$ ein Ablaufplan für $\bar{P}$. Dann heißt $(\bar{P}, \bar{S})$ eine *sichere* Implementation von (P, S) bezüglich r, wenn für alle Abläufe $\bar{\alpha}$ von $\bar{P}$ aus $\bar{S}(\bar{\alpha})$ die Gültigkeit von $S(r(\bar{\alpha}))$ folgt.

4. Eine Implementation $(\bar{P}, \bar{S})$ von (P, S) bezüglich r heißt *vollständig*, wenn $r(\{\bar{\alpha} \mid \bar{\alpha} \in \bar{A}^* \wedge \bar{S}(\bar{\alpha})\}) \supseteq \{\beta \mid \beta \in A^* \wedge S(\beta)\}$ erfüllt ist.

5. Wenn $(\bar{P}, \bar{S})$ eine (sichere und/oder vollständige) Implementation von (P, S) bezüglich r ist, so heißt (P, S) eine *Abstraktion* von $(\bar{P}, \bar{S})$ bezüglich r.

6. Eine Implementation $\bar{P}$ von P bezüglich r heißt *vollständig*, wenn $(\bar{P}, \bar{\alpha}\ aktiv\ in\ \bar{P})$ eine vollständige Implementation von $(P, \alpha\ aktiv\ in\ P)$ bezüglich r ist.

7. Eine Implementation $\bar{P}$ von P bezüglich r heißt *sicher*, wenn $(\bar{P}, \bar{\alpha}\ aktiv\ in\ \bar{P})$ bezüglich r eine sichere Implementation von $(P, \alpha\ aktiv\ in\ P)$ ist. $\qquad\square$

Satz 2.4. Eine Implementation von P durch $\bar{P}$ bezüglich r ist sicher genau dann, wenn gilt:

$$\forall \bar{a}, \alpha\, (\bar{\alpha} \in \bar{A}^* \wedge \bar{\alpha}\ aktiv \wedge \bar{a} \in \bar{A} \wedge r(\bar{a}) \neq \lambda \wedge \bar{a} \in \mathit{lf}(\bar{\alpha}) \Rightarrow r(\bar{a}) \in \mathit{lf}(r(\bar{\alpha}))) \ .$$

Beweis: Die Behauptung folgt unmittelbar aus den Definitionen. $\qquad\square$

Definition 2.11. Eine Implementation $\bar{P}$ von P bezüglich r wird *verklemmungsfrei* genannt, wenn $(\bar{P}, \mathit{lf}(\bar{\alpha}) = \varnothing)$ bezüglich r eine sichere Implementation von $(P, \mathit{lf}(\alpha) = \varnothing)$ ist. $\qquad\square$

Mit anderen Worten, falls ein aktiver Ablauf $\bar{\alpha}$ in $\bar{P}$ nicht fortsetzbar ist, so ist auch $r(\bar{\alpha})$ in P nicht fortsetzbar.

Die Verklemmungsfreiheit stellt eine Abschwächung der Umkehrung von sicher dar. Nach Satz 2.4 ist eine Implementation bezüglich r genau dann sicher, wenn gilt:

$$(1) \qquad \forall \bar{a}, \alpha\, (\bar{\alpha} \in \bar{A}^* \wedge \bar{\alpha}\ aktiv \wedge \bar{a} \in \bar{A} \wedge r(\bar{a}) \neq \lambda \wedge \bar{a} \in \mathit{lf}(\bar{\alpha}) \Rightarrow r(\bar{a}) \in \mathit{lf}(r(\bar{\alpha}))) \ .$$

Die Verklemmungsfreiheit ist äquivalent zu

$$\forall \bar{a}, \bar{\alpha}\, (\bar{\alpha} \in \bar{A}^* \wedge \bar{\alpha}\ aktiv \wedge \bar{a} \in \bar{A} \wedge r(\bar{a}) \neq \lambda \wedge\ (\mathit{lf}(\bar{\alpha}) = \varnothing)$$

$$(2) \qquad\qquad\qquad\qquad\qquad\qquad \Rightarrow r(\bar{a}) \notin \mathit{lf}(r(\bar{\alpha}))) \ ,$$

was seinerseits äquivalent ist zu

$$(3) \qquad \forall \bar{a}, \bar{\alpha}\, (\bar{\alpha} \in \bar{A}^* \wedge \bar{\alpha}\ aktiv \wedge \bar{a} \in \bar{A} \wedge r(\bar{a}) \neq \lambda \wedge r(\bar{a}) \in \mathit{lf}(r(\bar{\alpha}))$$

$$\Rightarrow \mathit{lf}(\bar{\alpha}) \neq \varnothing) \ .$$

Die umgekehrte Richtung von (1) lautet

$$(4) \qquad \forall \bar{a}, \bar{\alpha}\, (\bar{\alpha} \in \bar{A}^* \wedge \bar{\alpha}\ aktiv \wedge \bar{a} \in \bar{A} \wedge r(\bar{a}) \neq \lambda \wedge r(\bar{a}) \in \mathit{lf}(r(\bar{\alpha}))$$

$$\Rightarrow \bar{a} \in \mathit{lf}(\bar{\alpha})) \ ,$$

was offensichtlich eine Verschärfung von (3) ist. Zu fordern, daß eine Implementation (4) erfüllt, ist im Hinblick auf funktionale Verfeinerungen sicherlich nicht sinnvoll, da hierdurch Verfeinerungen in Prozessen nicht möglich wären.

Einige weitere wichtige Eigenschaften, die vor allem bei der Realisierung von Echt-zeitsystemen eine Rolle spielen, präzisiert nachstehende Definition.

Definition 2.12. Das Prozeßsystem $\bar{P}$ sei bezüglich r eine Implementation von P.

1. Die Implementation heißt *verklemmungskonsistent*, wenn sie die Eigenschaft

$$\forall \bar{\alpha}\, (\bar{\alpha} \in \vec{\bar{A}}^{\,*} \wedge \bar{\alpha}\ aktiv$$
$$\Rightarrow (\forall \bar{\beta}\, (\bar{\beta} \in \vec{\bar{A}}^{\,*} \wedge \bar{\alpha} \bullet \bar{\beta}\ aktiv \Rightarrow r\,(\bar{\beta}) = \lambda) \Rightarrow (lf\,(r\,(\bar{\alpha})) = \varnothing))$$
$$\wedge\ \exists c\, (c \in I\!N \wedge \forall \bar{\alpha}(\bar{\alpha} \in \vec{\bar{A}}^{\,*} \wedge \bar{\alpha}\ aktiv \wedge lf\,(r\,(\bar{\alpha})) = \varnothing$$
$$\Rightarrow \forall \bar{\beta}\, (\bar{\beta} \in \vec{\bar{A}}^{\,*} \wedge \bar{\alpha} \bullet \bar{\beta}\ aktiv \Rightarrow r\,(\bar{\beta}) = \lambda \wedge L\ddot{a}nge(\bar{\beta}) < c)\,)\,)$$

besitzt.

2. Die Implementation heißt *prompt*, wenn sie die Eigenschaft

$$\exists c\, (c \in I\!N \wedge$$
$$\forall \bar{\alpha}, \bar{\beta}\, (\bar{\alpha}, \bar{\beta} \in \vec{\bar{A}}^{\,*} \wedge \bar{\alpha} \bullet \bar{\beta}\ aktiv \wedge r\,(\bar{\beta}) = \lambda \Rightarrow L\ddot{a}nge(\bar{\beta}) < c)\,)$$

besitzt.

Die Eigenschaft prompt besagt, daß in aktiven Abläufen die Zahl nicht-beobachtbarer Aktionen, die zwischen zwei beobachtbaren ausgeführt werden, eine generelle obere Schranke besitzt. Unter anderem besagt dies, daß kein potentiell unendliches aktives Warten (busy wait) auftritt.

3. Die Implementation heißt *prozeßtreu*, wenn sie die Eigenschaft

$$\forall \bar{a}, \bar{b}\, (\bar{a}, \bar{b} \in \bar{A} \wedge r(\bar{a}) \neq \lambda \wedge r(\bar{b}) \neq \lambda \Rightarrow (proc_{\bar{P}}(\bar{a}, \bar{b}) \Leftrightarrow proc_P(r(\bar{a}), r(\bar{b}))))$$

besitzt.

Prozeßtreue besagt, daß die Implementierung die Prozeßstruktur der Spezifikation nicht verändert. Es können höchstens weitere Prozesse hinzukommen, die reine Buchhaltungsaufgaben wahrnehmen.

4. Die Implementation heißt *schwach prozeßtreu*, wenn sie die Eigenschaft

$$\forall \bar{a}, \bar{b}\, (\bar{a}, \bar{b} \in \bar{A} \wedge ((r(\bar{a}) = r(\bar{b}) \neq \lambda) \Rightarrow proc_{\bar{P}}(\bar{a}, \bar{b}))$$
$$\wedge\ (proc_{\bar{P}}(\bar{a}, \bar{b}) \wedge r(\bar{a}) \neq \lambda \wedge r(\bar{b}) \neq \lambda \Rightarrow proc_P(r(\bar{a}), r(\bar{b})))\,)$$

besitzt.

Diese Eigenschaft läßt zu, Prozesse der Spezifikation bei der Implementierung in mehrere Prozesse zu zerlegen. Von Compilern für Programmiersprachen, die Sprachkonstrukte zur Formulierung von NBL-Bedingungen enthalten (z. B. ADA [Nagl 82] und PEARL [Kapp 79]) wird man erwarten, daß die erzeugten Implementationen zumindest schwach prozeßtreu sind (auch wenn Compilerbauer dazu keine Angaben machen).

Meist wird man davon ausgehen können, daß sie sogar prozeßtreu sind.

5. Die Implementation heißt *behinderungsfrei*, wenn sie die Eigenschaft

$$\forall \bar{\alpha}, \bar{P}' \, (\bar{\alpha} \in \bar{A}^* \wedge \bar{P}' \text{ Teilprozeß von } \bar{P} \wedge (lf_P(\bar{\alpha}) \cap \bar{A}' = \varnothing)$$

$$\Rightarrow (lf_P(r(\bar{\alpha})) \cap r(\bar{A}') = \varnothing) \,)$$

besitzt (gemäß Definition ist $\bar{A}'$ die Aktionenmenge von $\bar{P}'$).

Im Zusammenhang mit Prozeßtreue hat Behinderungsfreiheit zur Folge, daß die Frage, ob ein beobachtbarer Prozeß lauffähig ist, anhand der Spezifikation entschieden werden kann. Dies ist für Echtzeitanwendungen dann von Bedeutung, wenn Eigenschaften der Ablaufpläne des benutzten Betriebssystems zur Koordinierung genutzt werden (was bei Implementierungen für Monoprozessoren mit Betriebssystemen, die nach statischen Prioritäten arbeiten, eine gängige Vorgehensweise ist). □

Die nachfolgenden Beispiele dienen einmal der Veranschaulichung der bisherigen Begriffsbildungen und zum anderen der Erläuterung zweier Fragestellungen, die häufig bei der Implementierung von Prozeßsystemen auftreten und infolge inkorrekter Implementierung oft die Ursache für das Fehlverhalten solcher Systeme sind.

Beispiel 2.1. Das Prozeßsystem P bestehe aus drei zyklischen Prozessen, von denen der erste die Variable Z bei jedem Durchlauf um 1 erhöht, der zweite die Variable Z bei jedem Durchlauf um 1 erniedrigt und der dritte nur dann einen Durchlauf beginnen kann, wenn $Z = 1$ ist.

Formale Darstellung:

1. $D = \{1, 2\} \times \{1, 2\} \times \{1, 2\} \times \{..., -1, 0, 1, ...\}$

2. (L_1, L_2, L_3, Z) sei typisches Element von D.

3. $A =$

$\{ \quad a_{1,1}$: WHEN $'L_1 = 1 \qquad\qquad$ DO $L_1 = 2$ AND $Z = 'Z + 1$;

$\qquad a_{1,2}$: WHEN $'L_1 = 2 \qquad\qquad$ DO $L_1 = 1$;

$\qquad a_{2,1}$: WHEN $'L_2 = 1 \qquad\qquad$ DO $L_2 = 2$ AND $Z = 'Z - 1$;

$\qquad a_{2,2}$: WHEN $'L_2 = 2 \qquad\qquad$ DO $L_2 = 1$;

$$a_{3,1}: \text{WHEN } 'L_3 = 1 \text{ AND } 'Z = 1 \quad \text{DO } L_3 = 2;$$

$$a_{3,2}: \text{WHEN } 'L_3 = 2 \qquad\qquad\quad \text{DO } L_3 = 1$$

}

4. $w = (1, 1, 1, 0)$

Implementierungsversuch mit Hilfe üblicher Rechenprozessoren:

Grundlage der Implementierung bilde eine Rechenanlage, die aus drei Prozessoren mit je einem Akkumulator Ri $(1 \leq i \leq 3)$ und einem gemeinsamen Arbeitsspeicher besteht. Wie üblich sollen die Prozessoren bezüglich des gemeinsamen Speichers nur die Fähigkeit besitzen, Daten zwischen dem eigenen Akkumulator und dem Speicher zu transferieren. Damit liegt für eine Implementation der Prozesse P_1 und P_2 folgender Ansatz nahe:

1. $\overline{D} = \{1, 2, 3, 4\} \times \{1, 2, 3, 4\} \times \{1, 2\} \times \{..., -1, 0, 1, ...\}^4$

2. $(\overline{L}_1, \overline{L}_2, \overline{L}_3, R1, R2, R3, Z)$ sei typisches Element von $\overline{D}$

3. $\overline{A} =$

    { $\overline{a}_{1,1}:$ WHEN $'\overline{L}_1 = 1$ DO $\overline{L}_1 = 2$ AND $R1 = 'Z;$

          $\overline{a}_{1,2}:$ WHEN $'\overline{L}_1 = 2$ DO $\overline{L}_1 = 3$ AND $R1 = 'R1 + 1;$

          $\overline{a}_{1,3}:$ WHEN $'\overline{L}_1 = 3$ DO $\overline{L}_1 = 4$ AND $Z = 'R1;$

          $\overline{a}_{1,4}:$ WHEN $'\overline{L}_1 = 4$ DO $\overline{L}_1 = 1;$

          $\overline{a}_{2,1}:$ WHEN $'\overline{L}_2 = 1$ DO $\overline{L}_2 = 2$ AND $R2 = 'Z;$

          $\overline{a}_{2,2}:$ WHEN $'\overline{L}_2 = 2$ DO $\overline{L}_2 = 3$ AND $R2 = 'R2 - 1;$

          $\overline{a}_{2,3}:$ WHEN $'\overline{L}_2 = 3$ DO $\overline{L}_2 = 4$ AND $Z = 'R2;$

          $\overline{a}_{2,4}:$ WHEN $'\overline{L}_2 = 4$ DO $\overline{L}_2 = 1;$

          $\overline{a}_{3,1}:$ WHEN $'\overline{L}_3 = 1$ AND $'Z = 1$ DO $\overline{L}_3 = 2;$

          $\overline{a}_{3,2}:$ WHEN $'\overline{L}_3 = 2$ DO $\overline{L}_3 = 1$

    }

4. $\overline{w} = (1, 1, 1, 0, 0, 0, 0)$

5. $r(\bar{a}_{1,1}) = r(\bar{a}_{1,2}) = r(\bar{a}_{2,1}) = r(\bar{a}_{2,2}) = \lambda;$

$\quad r(\bar{a}_{1,3}) = a_{1,1}; \quad r(\bar{a}_{1,4}) = a_{1,2};$

$\quad r(\bar{a}_{2,3}) = a_{2,1}; \quad r(\bar{a}_{2,4}) = a_{2,2};$

$\quad r(\bar{a}_{3,1}) = a_{3,1}; \quad r(\bar{a}_{3,2}) = a_{3,2}.$

Mit diesen Definitionen ist $\bar{\alpha} = \bar{a}_{1,1} \bullet \bar{a}_{2,1} \bullet \bar{a}_{2,2} \bullet \bar{a}_{1,2} \bullet \bar{a}_{2,3} \bullet \bar{a}_{1,3} \bullet \bar{a}_{3,1}$ aktiv in $\bar{P}$, aber $r(\bar{\alpha}) = a_{2,1} \bullet a_{1,1} \bullet a_{3,1}$ nicht aktiv in P.

Somit ist die Implementation offensichtlich vollständig, aber nicht sicher. Der Grund ist darin zu suchen, daß sich die Verfeinerungen von $a_{1,1}$ und $a_{2,1}$ im Ablauf zeitlich durchmischen können. Man überzeugt sich leicht, daß auch andere Definitionen von r zu keiner vollständigen und sicheren Implementation führen. $\qquad\square$

Aktionenfolgen von Prozessen, die sich für eine korrekte Arbeitsweise in aktiven Abläufen nicht durchmischen dürfen, werden als *kritische Abschnitte* bezeichnet, die Aufgabe, solche Durchmischungen zu verhindern, als das Problem des *gegenseitigen Ausschlusses*. Da - wie in 2.2 dargelegt - Prozeßsysteme viele aktive Abläufe besitzen können, von denen bei jeder realen Abarbeitung auf einem Rechensystem einer in unvorhersagbarer Weise ausgewählt wird, ist Fehlverhalten infolge Durchmischung von Verfeinerungen nur in seltenen Fällen reproduzierbar. Derartige Programmierfehler sind deshalb nicht mit üblichen Testmethoden (z. B. wiederholtes Ausführen mit Ausgabe von Zwischenergebnissen) lokalisierbar.

Es bietet sich an, zur Erzielung des gegenseitigen Ausschlusses nach zwei Aktionstypen zu suchen, mit denen man kritische Abschnitte „klammern" kann. Selbstverständlich wird man anstreben, dies ohne Beeinträchtigung der Vollständigkeit der Implementation zu erreichen. Bevor die Existenz solcher klammernden Aktionen detaillierter untersucht wird, ist noch der bislang vage Begriff des *Aktionstyps* zu präzisieren.

Definition 2.13. Eine Aktion $a_{i,j}$ heißt vom *Typ* (B, N, F), wobei B ein Prädikat und N sowie F Funktionen sind, wenn $B_{i,j}$ bzw. $N_{i,j}$ bzw. $F_{i,j}$ aus B bzw. N bzw. F dadurch hervorgehen, daß freie Variable durch Ausdrücke (im üblichen Sinne) ersetzt werden. $\qquad\square$

Zur Vereinfachung der Untersuchung soll zunächst der Vorgang der Verfeinerung nur für solche Aktionen $a_{i,j}$ betrachtet werden, bei denen $B_{i,j}$ identisch *true* ist. Sie sollen bei der Implementierung ersetzt werden durch

$$P_{i,j} \bullet \bar{a}_{i,j_1} \bullet \bar{a}_{i,j_2} \bullet ... \bullet \bar{a}_{i,j_{s(i,j)}} \bullet V_{i,j}.$$

Dabei sollen die Aktionen $P_{i,j}$ und $V_{i,j}$ den gegenseitigen Ausschluß der Verfeinerungen gewährleisten. Weiter sollen für alle $P_{i,j}$ bzw. $V_{i,j}$ die Prädikate $B_{i,j}$ und $F_{i,j}$ identisch sein. Zur Erleichterung der Darstellung wird vorausgesetzt, daß für die zu verfeinernden Aktionen sich $N_{i,j}$ durch eine (partielle) Funktion $succ_i(j)$ darstellen läßt, d. h. die Fortsetzadresse einer zu verfeinernden Aktion hängt nur vom erreichten Befehlszählerstand ab, nicht vom Zustand der Instanzen. Die obige Fragestellung läuft darauf hinaus, Aktionstypen $P_1 = (B_{P_1}, N_{P_1}, F_{P_1})$ und $V_1 = (B_{V_1}, N_{V_1}, F_{V_1})$ zu finden derart, daß N_{P_1} und N_{V_1} nur vom Befehlszählerstand abhängen und die $P_{i,j}$ vom Typ P_1 und die $V_{i,j}$ vom Typ V_1 gewählt werden können. An diese Aktionstypen sind offenbar mindestens folgende Forderungen zu stellen:

(Im weiteren bezeichnet $Anz(T, x)$ die Anzahl von Aktionen des Typs T in der Aktionenfolge x, wenn der zweite Parameter eine Aktionenfolge darstellt, bzw. in der Aktionenmenge x, wenn der zweite Parameter eine Aktionenmenge ist.)

1. In aktiven Abläufen können Aktionen vom Typ P_1 nur alternierend mit solchen vom Typ V_1 auftreten, wobei mit einer vom Typ P_1 begonnen werden muß. Formal:

$$\forall \alpha\, (\alpha \in A^* \wedge \alpha\ aktiv \Rightarrow Anz(V_1, \alpha) \leq Anz(P_1, \alpha) \leq Anz(V_1, \alpha) + 1)$$

2. Wenn α aktiv ist und in α gleichviele P_1- und V_1-Aktionen vorkommen und in $bef(\alpha)$ sich P_1-Aktionen befinden, dann gehören diese auch zu $lf(\alpha)$. Formal:

$$\forall \alpha\, (\alpha \in A^* \wedge \alpha\ aktiv \wedge Anz(V_1, \alpha) = Anz(P_1, \alpha)$$
$$\Rightarrow Anz(P_1, bef(\alpha)) = Anz(P_1, lf(\alpha)))$$

3. Die Ausführbarkeit von Aktionen des Typs V_1 soll keinen weiteren Beschränkungen unterliegen. Formal:

$$\forall \alpha\, (\alpha \in A^* \wedge \alpha\ aktiv \wedge Anz(V_1, \alpha) \leq Anz(P_1, \alpha)$$
$$\Rightarrow Anz(V_1, bef(\alpha)) = Anz(V_1, lf(\alpha)))$$

Satz 2.5. Es existiert (bis auf äquivalente Umformungen) genau ein solches Paar von Aktionstypen.

Beweis:

1. Sei s eine ganzzahlige Variable, die nach Ablauf von α den Wert

$$1 + Anz(V_1, \alpha) - Anz(P_1, \alpha)$$

besitzt.

Wegen Forderung 1 ist $0 \leq s \leq 1$ für alle aktiven Abläufe.

Nach Definition muß offenbar bezüglich s

- P_1 den Effekt $s = {}'s - 1$ besitzen und

- V_1 den Effekt $s = {}'s + 1$.

Weiterhin muß wegen $0 \leq s \leq 1$ für geeignete Prädikate B'_{P_1} und B'_{V_1}

- B_{P_1} äquivalent ${}'s > 0 \wedge B'_{P_1}$ und

- B_{V_1} äquivalent ${}'s < 1 \wedge B'_{V_1}$ sein.

Aus $s > 0$ folgt nach obigem $Anz(V_1, \alpha) = Anz(P_1, \alpha)$, also muß wegen Forderung 2 in diesem Fall $Anz(P_1, bef(\alpha)) = Anz(P_1, lf(\alpha))$ sein, d. h. B'_{P_1} muß aus $s > 0$ folgen und kann deshalb weggelassen werden. Aufgrund von Forderung 3 darf B'_{V_1} keine echte Einschränkung bedeuten, kann also ebenfalls entfallen.

Damit sind die Aktionstypen, formuliert in Abhängigkeit von s, bestimmt durch

$$F_{P_1}(s) = s - 1, \; B_{P_1} = ({}'s > 0), \; F_{V_1}(s) = s + 1 \text{ und } B_{V_1} = ({}'s < 1).$$

2. Man zeigt leicht, daß die so festgelegten Aktionstypen die Forderungen 1 bis 3 erfüllen, wenn zu D die Variable s mit Wertebereich $\{0, 1\}$ hinzugenommen, ihr Anfangswert mit 1 festgelegt und sie nur von P_1- und V_1-Aktionen modifizifiziert wird. $\square$

Zur Lösung der im Beispiel 2.1 aufgezeigten Problematik genügt es also, dem Implementierer die Aktionstypen P_1 und V_1 (durch die Hardware oder durch das Betriebssystem) zur Verfügung zu stellen.

Der Beweis des Satzes legt es nahe, P_1- und V_1-Aktionen mit Hilfe einer (zweiwertigen) Variablen s zu beschreiben. Diese Konstruktion wurde von Dijkstra erstmals in die Literatur eingeführt [Dijk 68] und er prägte für s die inzwischen übliche Bezeichnung *Semaphor*. Man sieht hier sofort, daß durch Verwendung verschiedener Semaphore und entsprechende Parametrisierung der P_1- und V_1-Aktionstypen unabhängig voneinander arbeitende Paare von Aktionstypen geschaffen werden, von denen jedes die oben verlangten Eigenschaften besitzt. Der Nutzen dieser Vorgehensweise wird im nächsten Beispiel deutlich.

Beispiel 2.2 (Erzeuger-Verbraucher-System). Das System bestehe aus einem Erzeugerprozeß und einem Verbraucherprozeß, der über einen Puffer mit k Plätzen Nachrichten vom Erzeugerprozeß erhält. Das System sei folgendermaßen beschrieben (spezifiziert):

1. $D = \{1, 2\}^2 \times \{0, 1, ..., k\}^2 \times \bigcup_{i=0}^{k} T^i \times T \times Z_1 \times T \times Z_2$

Dabei sei T der Wertevorrat der zu übergebenden Nachrichten und Z_1 bzw. Z_2 der Wertevorrat der (lokalen) Zustände des Erzeuger- bzw. Verbraucherprozesses.

2. Typisches Element von D sei $(L_1, L_2, b, f, p, q_1, z_1, q_2, z_2)$, mit der Intention, daß

L_1 den Befehlszählerstand des Erzeugerprozesses enthält,

L_2 den Befehlszählerstand des Verbraucherprozesses,

b die Zahl der belegten Pufferplätze,

f die Zahl der freien Pufferplätze,

p den Pufferinhalt,

q_1 die zu sendende Nachricht,

q_2 die empfangene Nachricht,

z_1 den (lokalen) Zustand des Erzeugerprozesses,

z_2 den (lokalen) Zustand des Verbraucherprozesses.

3. Die Aktionenmenge A besteht aus den vier Aktionen

$a_{1,1}$: WHEN $'L_1 = 1$ DO $L_1 = 2$ AND $(q_1, z_1) = F_{1,1}('z_1)$

$a_{1,2}$: WHEN $'L_1 = 2$ AND $'f \neq 0$ DO $L_1 = 1$ AND $b = 'b + 1$ AND $f = 'f - 1$
         AND $p =$ concatenation$('p, 'q_1)$

$a_{2,1}$: WHEN $'L_2 = 1$ AND $'b \neq 0$ DO $L_2 = 2$ AND $b = 'b - 1$ AND $f = 'f + 1$
         AND $q_2 =$ first$('p)$ AND $p =$ tail$('p)$

$a_{2,2}$: WHEN $'L_2 = 2$ DO $L_2 = 1$ AND $z_2 = F_{2,2}('q_2, 'z_2)$

Die Operation *concatenation*(x, y) soll als Ergebnis die durch Anfügen von y an x entstehende Sequenz liefern, *first*(x) das erste Element der Sequenz x und *tail*(x) die Sequenz, die übrig bleibt, wenn aus x das erste Element entfernt wird.

4. $w = (1, 1, 0, k, \lambda, q_1^{(0)}, z_1^{(0)}, q_2^{(0)}, z_2^{(0)})$

Man beachte, daß dieses System auch unter dem Ablaufplan *SPR* ein sinnvolles Ergebnis produziert, wobei sich allerdings $k > 1$ eher hinderlich auswirkt. Unter *SPR* wird nämlich der Erzeugerprozeß den Puffer füllen, bis er an $a_{1,2}$ blockiert wird. Darauf wird der Verbraucherprozeß eine Nachricht entnehmen und der Erzeugerprozeß sofort wieder eine eintragen. Dieses Wechselspiel wiederholt sich ständig, d. h. nach der Anlaufphase wird abwechselnd eine Nachricht in den Puffer eingetragen und eine entnommen.

Zu konstruieren sei eine Implementation, die $P_1(s)$ als einzigen Aktionstyp mit Ausführbarkeitsbedingung besitzt und $V_1(s)$ als einzigen weiteren Aktionstyp zur Manipulation des Semaphors s.

Es liegt nahe, die nicht direkt darstellbaren Ausführbarkeitsbedingungen durch Verwendung bedingter Verzweigungen zu realisieren. Im vorliegenden Beispiel könnte man an folgende Implementation denken:

Lösungsversuch 1:

1. $\overline{D} = \{1, 2, ..., 8\}^2 \times \{0, 1, ..., k\}^2 \times T^* \times T \times Z_1 \times T \times Z_2 \times \{0, 1\}$

2. $(\overline{L}_1, \overline{L}_2, b, f, p, q_1, z_1, q_2, z_2, s)$ sei typisches Element von $\overline{D}$.

Die in der Implementation zusätzlich vorhandene Variable s bezeichnet einen Semaphor, der zur Erzielung des gegenseitigen Ausschlusses von Verfeinerungen benutzt wird.

3. Die Aktionenmenge $\overline{A}$ besteht aus den 15 Aktionen:

(Aktionen vom Typ P_1 bzw. V_1 sind am rechten Rand in üblicher Notation kenntlich gemacht.)

$\overline{a}_{1,1}$: WHEN $'L_1 = 1$
    DO $\overline{L}_1 = 2$ AND $(q_1, z_1) = F_{1,1}('z_1)$

$\overline{a}_{1,2}$: WHEN $'L_1 = 2$ AND $'s > 0$
    DO $\overline{L}_1 = 3$ AND $s = 's - 1$ $\hspace{3cm}(\equiv P_1(s))$

$\overline{a}_{1,3}$: WHEN $'L_1 = 3$
    DO $\overline{L}_1 = $ (IF $'f > 0$ THEN 6 ELSE 4)

$\overline{a}_{1,4}$: WHEN $'L_1 = 4$ AND $'s < 1$
    DO $\overline{L}_1 = 5$ AND $s = 's + 1$ $\hspace{3cm}(\equiv V_1(s))$

$\overline{a}_{1,5}$: WHEN $'L_1 = 5$
    DO $\overline{L}_1 = 2$

$\overline{a}_{1,6}$: WHEN $'L_1 = 6$
    DO $\overline{L}_1 = 7$ AND $b = 'b + 1$ AND $f = 'f - 1$
        AND $p = $ concatenation$('p, 'q_1)$

$\overline{a}_{1,7}$: WHEN $'L_1 = 7$ AND $'s < 1$
    DO $\overline{L}_1 = 8$ AND $s = 's + 1$ $\hspace{3cm}(\equiv V_1(s))$

$\overline{a}_{1,8}$: WHEN $'L_1 = 8$
    DO $\overline{L}_1 = 1$

$\overline{a}_{2,1}$: WHEN $'L_2 = 1$ AND $'s > 0$
    DO $\overline{L}_2 = 2$ AND $s = 's - 1$ $\hspace{3cm}(\equiv P_1(s))$

$\bar{a}_{2,2}$: WHEN $'L_2 = 2$
    DO $\bar{L}_2 = ($IF $'b \neq 0$ THEN 5 ELSE 3$)$

$\bar{a}_{2,3}$: WHEN $'L_2 = 3$ AND $'s < 1$
    DO $\bar{L}_2 = 4$ AND $s = 's + 1$ $(\equiv V_1(s))$

$\bar{a}_{2,4}$: WHEN $'L_2 = 4$
    DO $\bar{L}_2 = 1$

$\bar{a}_{2,5}$: WHEN $'L_2 = 5$
    DO $\bar{L}_2 = 6$ AND $b = 'b - 1$ AND $f = 'f + 1$
        AND $q_2 = $ first$('p)$ AND $p = $ tail$('p)$

$\bar{a}_{2,6}$: WHEN $'L_2 = 6$ AND $'s < 1$
    DO $\bar{L}_2 = 7$ AND $s = 's + 1$ $(\equiv V_1(s))$

$\bar{a}_{2,7}$: WHEN $'L_2 = 7$
    DO $\bar{L}_2 = 1$ AND $z_2 = F_{2,2}('q_2, 'z_2)$

4. $w = (1, 1, 0, k, \lambda, q_1^{(0)}, z_1^{(0)}, q_2^{(0)}, z_2^{(0)}, 1)$

5. $r(\bar{a}_{1,1}) = a_{1,1}$; $r(\bar{a}_{1,7}) = a_{1,2}$; $r(\bar{a}_{2,6}) = a_{2,1}$; $r(\bar{a}_{2,7}) = a_{2,2}$.

Alle übrigen Elemente von $\bar{A}$ werden durch r auf die leere Folge λ abgebildet.

Man sieht leicht, daß diese Implementation vollständig, sicher, verklemmungsfrei und prozeßtreu ist. Die Implementation von (P, SPR) durch $(\bar{P}, SPR)$ ist jedoch nicht vollständig. Ursache hierfür ist die Umwandlung von Ausführbarkeitsbedingungen in bedingte Verzweigungen, was in diesem speziellen Fall zur Folge hat, daß SPR in $\bar{P}$ nur noch solche Abläufe zuläßt, die sich ausschließlich aus Aktionen des Prozesses $\bar{P}_1$ zusammensetzen. Offensichtlich rührt dieses unerwünschte Verhalten daher, daß die Implementation nicht prompt ist.

Lösungsversuch 2:

Wie der vorangehende Versuch deutlich macht, muß dafür gesorgt werden, daß eine nicht erfüllte Ausführbarkeitsbedingung eines aktiven Ablaufs in P in der Implementation ebenfalls zu einer Blockierung des entsprechenden Prozesses führt.

Für jeden Prozeß $\bar{P}_i$ $(1 \leq i \leq n)$ wird deshalb ein *privater* Semaphor s_i mit Anfangswert 0 vorgesehen, an dem sich der Prozeß gegebenenfalls blockiert. Des weiteren wird jedem Prozeß eine Datenkomponente ok_i zugeordnet mit dem Wertevorrat { *ausführbar*, *blockiert*, *unsynchronisiert* } und eine Datenkomponente n_i mit Wertevorrat D_i. Jede Aktion $a_{i,j}$ mit einer Ausführbarkeitsbedingung $B_{i,j}$ wird nach folgendem Muster verfeinert:

$\overline{a}_{i,(j,1)}$: WHEN $'L_i = (j,1)$ AND $'s > 0$

       DO $\overline{L}_i = (j,2)$ AND $s = 's - 1$ $(\equiv P_1(s))$

$\overline{a}_{i,(j,2)}$: WHEN $'L_i = (j,2)$

       DO $\overline{L}_i = (j,3)$ AND $ok_i = ($IF $B_{i,j}('G)$

                      THEN ausführbar

                      ELSE blockiert)

$\overline{a}_{i,(j,3)}$: WHEN $'L_i = (j,3)$

       DO $\overline{L}_i = ($IF $'ok_i =$ ausführbar

             THEN $(j,4)$ ELSE $(j,5))$

$\overline{a}_{i,(j,4)}$: WHEN $'L_i = (j,4)$ AND $'s_i < 1$

       DO $\overline{L}_i = (j,5)$ AND $s_i = 's_i + 1$ $(\equiv V_1(s_i))$

$\overline{a}_{i,(j,5)}$: WHEN $'L_i = (j,5)$ AND $'s < 1$

       DO $\overline{L}_i = (j,6)$ AND $s = 's + 1$ $(\equiv V_1(s))$

$\overline{a}_{i,(j,6)}$: WHEN $'L_i = (j,6)$ AND $'s_i > 0$

       DO $\overline{L}_i = (j,7)$ AND $s_i = 's_i - 1$ $(\equiv P_1(s_i))$

$\overline{a}_{i,(j,7)}$: WHEN $'L_i = (j,7)$ AND $'s > 0$

       DO $\overline{L}_i = (j,8)$ AND $s = 's - 1$ $(\equiv P_1(s))$

$\overline{a}_{i,(j,8)}$: WHEN $'L_i = (j,8)$

       DO $\overline{L}_i = ($IF $'ok_i =$ ausführbar

               THEN $(j,11)$

               ELSE $(j,9))$

$\overline{a}_{i,(j,9)}$: WHEN $'L_i = (j,9)$ AND $'s < 1$

       DO $\overline{L}_i = (j,10)$ AND $s = 's + 1$ $(\equiv V_1(s))$

$\overline{a}_{i,(j,10)}$: WHEN $'L_i = (j,10)$

       DO $\overline{L}_i = (j,1)$

$\overline{a}_{i,(j,11)}$: WHEN $'L_i = (j,11)$

       DO $\overline{L}_i = (j,12)$ AND $n_i = N_{i,j}('G)$ AND $G = F_{i,j}('G)$

$\overline{a}_{i,(j,12)}$: WHEN $'L_i = (j,12)$

       DO $\overline{L}_i = (j,13)$ AND

            FORALL $k(1 \leq k \leq n$ AND $'ok_k =$ blockiert

                  IMPL $s_k = 's_k + 1)$ $(\equiv V_1(s_k))$

$\overline{a}_{i,(j,13)}$: WHEN $'L_i = (j,13)$
DO $\overline{L}_i = (j,14)$ AND
FORALL $k(1 \leq k \leq n$ IMPL $ok_k = $ unsynchronisiert)

$\overline{a}_{i,(j,14)}$: WHEN $'L_i = (j,14)$ AND $'s < 1$
DO $\overline{L}_i = (j,15)$ AND $s = 's + 1$ $\hspace{2cm} (\equiv V_1(s))$

$\overline{a}_{i,(j,15)}$: WHEN $'L_i = (j,15)$
DO $\overline{L}_i = ('n_i,1)$

Beobachtbar ist nur die Aktion $\overline{a}_{i,\,(j,\,11)}$.

Aktionen ohne Ausführbarkeitsbedingung werden verfeinert durch:

$\overline{a}_{i,(j,1)}$: WHEN $'L_i = (j,1)$ AND $'s > 0$
DO $\overline{L}_i = (j,2)$ AND $s = 's - 1$ $\hspace{2cm} (\equiv P_1(s))$

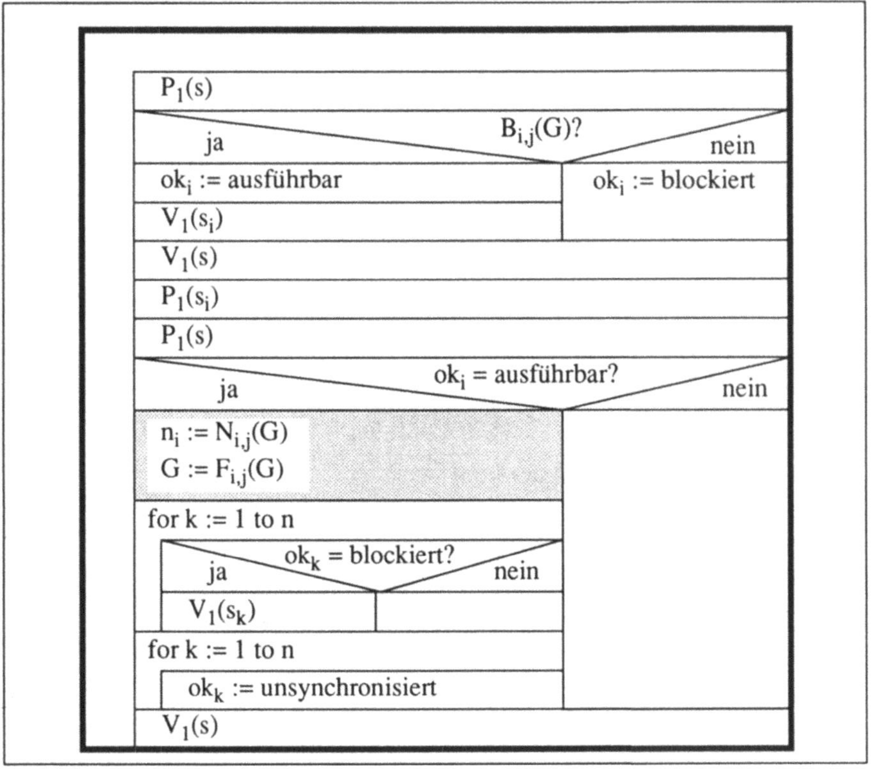

Bild 2.1 Implementation von Aktionen mit NBL-Bedingung

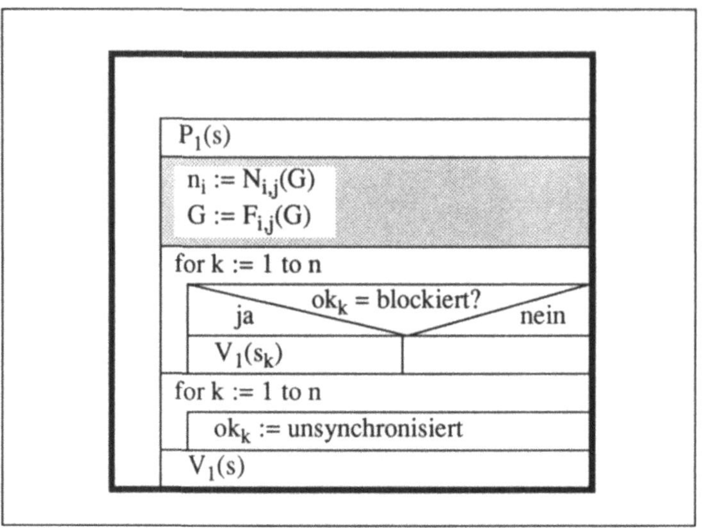

Bild 2.2 Implementation von Aktionen ohne NBL-Bedingung

$a_{i,(j,2)}$: WHEN $'L_i = (j,2)$
DO $\overline{L}_i = (j,3)$ AND $n_i = N_{i,j}('G)$ AND $G = F_{i,j}('G)$

$\overline{a}_{i,(j,3)}$: WHEN $'\overline{L}_i = (j,3)$
DO $\overline{L}_i = (j,4)$ AND
FORALL $k(1{\leq}k{\leq}n$ AND $'ok_k = $ blockiert
IMPL $s_k = 's_k + 1)$ $\qquad\qquad (\equiv V_1(s_k))$

$\overline{a}_{i,(j,4)}$: WHEN $'\overline{L}_i = (j,4)$
DO $\overline{L}_i = (j,5)$ AND
FORALL $k(1{\leq}k{\leq}n$ IMPL $ok_k = $ unsynchronisiert$)$

$\overline{a}_{i,(j,5)}$: WHEN $'\overline{L}_i = (j,5)$ AND $'s < 1$
DO $\overline{L}_i = (j,6)$ AND $s = 's + 1$ $\qquad\qquad (\equiv V_1(s))$

$\overline{a}_{i,(j,6)}$: WHEN $'\overline{L}_i = (j,6)$
DO $\overline{L}_i = ('n_i,1)$

Beobachtbar ist nur die Aktion $\overline{a}_{i,\,(j,\,2)}$.

Anhand der programmiersprachlichen Darstellung in Form von Struktogrammen (Bild 2.1 und Bild 2.2) kann man sich leicht überzeugen, daß so gewonnene Implementationen vollständig, sicher, verklemmungskonsistent, prompt und prozeßtreu sind. Allerdings sind sie nicht behinderungsfrei, da alle Verfeinerungen mit $P_1(s)$ eingeleitet werden und somit während der Abarbeitung von Verfeinerungen anderer Aktionen nicht lauffähig sind.

Dieses Ergebnis ist insofern von besonderer Bedeutung, als es eine automatische Rückführung allgemeiner Ausführbarkeitsbedingungen auf die Verwendung der beiden einfachen Aktionstypen P_1 und V_1 gestattet, wenn die Implementation nicht behinderungsfrei sein muß. (Zur Erzeugung effizienter Implementationen müssen selbstverständlich eine Reihe von Optimierungen vorgenommen werden.)   □

In den vorangehenden Beispielen wurden nur prozeßtreue Implementationen verwendet. Hinsichtlich der Möglichkeiten für die Wahl der Prozeßstruktur bei schwach prozeßtreuen Implementationen ist nachstehendes Ergebnis aufschlußreich.

Satz 2.6. Das Prozeßsystem $P = (A, D_1 \times D_2 \times ... \times D_n \times H, bz, adr, w)$ sei gegeben. Weiter sei $(L_1, L_2, ..., L_n, G)$ typisches Element von $D = D_1 \times D_2 \times ... \times D_n \times H$. Die Implementation $\overline{P}$ sei definiert durch:

1. $\overline{D} = \{1, 2\}^{|A|} \times D_1 \times D_2 \times ... \times D_n \times H$

2. $(\overline{L}_{(i_1, j_1)}, ..., \overline{L}_{(i_{|A|}, j_{|A|})}, L_1, ..., L_n, G)$ ist typisches Element von $\overline{D}$;

3. $\overline{A} = \{\overline{a}_{(i,j),1}$: WHEN $'L_{(i,j)} = 1$ AND $\overline{B}_{i,j}('L_i, 'G)$

$$\text{DO } \overline{L}_{(i,j)} = 2 \text{ AND } (L_i, G) = (N_{i,j}('G), F_{i,j}('G))$$

$\qquad | \ a_{i,j} \in A\}$

$\qquad \cup \{\overline{a}_{(i,j),2}$: WHEN $'L_{(i,j)} = 2$ DO $\overline{L}_{(i,j)} = 1 | \ a_{i,j} \in A\}$

mit $\overline{B}_{i,j}('L_i, 'G) = (('L_i = j) \wedge B_{i,j}('G))$

4. $\overline{bz}(\overline{a}_{(i,j),k}) = (i, j)$;

5. $\overline{adr}(\overline{a}_{(i,j),k}) = k$;

6. $\overline{w} = \underbrace{(1, 1, ..., 1}_{|A|\text{-mal}}, w)$

7. $r(\overline{a}_{(i,j),1}) = a_{i,j}$; $r(\overline{a}_{(i,j),2}) = \lambda$.

Dann ist $\overline{P}$ bezüglich r eine vollständige, sichere, verklemmungskonsistente, prompte, behinderungsfreie und schwach prozeßtreue Implementation von P, in der jede Aktion aus A durch einen eigenen Prozeß implementiert wird.

Beweis: Der Beweis folgt unmittelbar aus den Definitionen.   □

Dieser Satz zeigt, daß die Gliederung einer Implementation in Prozesse weitgehend eine Frage der Darstellung und nicht probleminhärent ist. Bemerkenswert ist, daß diese Implementation den synchronisierenden Charakter der in der Spezifikation verwendeten Befehlszähler deutlich werden läßt. Befehlszähler stellen unter diesem Blickwinkel eine spezielle (nämlich sequentielle) Synchronisation von Aktionen dar, die sehr effizient mit Hilfe üblicher Rechenanlagen realisiert werden kann.

2.4   Synchronisationssysteme

Wie Beispiel 2.2 vermuten läßt, kann der bei alleiniger Verwendung von P_1 und V_1 auftretende, dynamische Zusatzaufwand unerwünscht groß werden. Es wurden daher immer wieder Vorschläge zur Reduktion dieses Aufwandes gemacht. Zu unterscheiden ist dabei zwischen Vorschlägen, die ihr Hauptaugenmerk auf gute spezifikations- oder programmiersprachliche Konstrukte legen, und den implementierungsnahen, die vom Betriebssystem an der Benutzerschnittstelle zur Verfügung gestellt werden sollen. Im weiteren werden ausschließlich die letzteren näher betrachtet.

Nahezu allen Vorschlägen ist gemeinsam, daß sie versuchen, zumindest nur dann eine Überprüfung von Ausführbarkeitsbedingungen vorzunehmen, wenn sich wenigstens eine der darin vorkommenden Variablen seit der letzten Überprüfung geändert hat. Dies wiederum erfordert, daß solche Situationen leicht erkennbar sein müssen. Erreicht werden kann dieses Ziel, indem man die Zustandsmenge aufspaltet in einen Anteil, auf den in Ausführbarkeitsbedingungen nicht Bezug genommen wird, und in einen Synchronisationsanteil, von dem die Ausführbarkeitsbedingungen abhängig sind und der nur von speziellen Aktionstypen verändert wird. Eine wiederholte Überprüfung von Ausführbarkeitsbedingungen ist dann lediglich nach der Ausführung von Aktionen dieser speziellen Typen erforderlich wird. Normalerweise unternimmt ein Prozeß nur selten Koordinierungsmaßnahmen, sodaß auf diese Weise der dynamische Aufwand wesentlich reduziert wird.

Eine Präzisierung dieser Vorstellungen liefert die

Definition 2.14. Ein Prozeßsystem $P = (A, D, bz, adr, w)$ ist ein (Φ, Θ)-*Synchronisationssystem*, wenn es folgende zusätzlichen Eigenschaften besitzt:

1. D hat die Gestalt $D_1 \times D_2 \times ... \times D_n \times Z^m \times E$. Das zugehörige typische Element habe die Form $(L_1, L_2, ..., L_n, S_1, S_2, ..., S_m, H)$, wobei Z die Menge der ganzen Zahlen bezeichnet.

$S_1, S_2, ..., S_m$ heißen Semaphore, der Semaphorvektor $(S_1, S_2, ..., S_m)$ wird mit S bezeichnet.

2. $\Phi = \{\Phi_1, ..., \Phi_r\}$ ist eine Menge von Prädikaten über Semaphoren und

$\Theta = \{\Theta_1, ..., \Theta_r\}$ eine Menge von Zuweisungen, die nur von Semaphoren abhängen und nur Semaphore ändern.

3. Alle Aktionen haben entweder die Form

$$a_{i,j}: \text{WHEN } 'L_i = j \text{ DO } L_i = N_{i,j}('H) \text{ AND } H = F_{i,j}('H)$$

und heißen nichtsynchronisierend

oder die Form

$$a_{i,j}: \text{WHEN } 'L_i = j \text{ AND } \Phi_{k_{i,j}} \text{ DO } L_i = succ_i(j) \text{ AND } \Theta_{k_{i,j}}$$

und heißen synchronisierend (dabei hat $succ_i(j)$ die gleiche Bedeutung wie in Definition 2.13).

Die wichtigsten (Φ, Θ)-Synchronisationssysteme sind in Tabelle 2.1 und Tabelle 2.2 zusammengestellt.

Als erste Synchronisationssysteme wurden von Dijkstra die PV-Systeme entwickelt und in die Literatur eingeführt [Dijk 68]. Ausgangspunkt war die Suche nach Möglichkeiten zur Erzielung des gegenseitigen Ausschlusses beim Zugriff verschiedener Prozesse zu gemeinsamen Daten, also die in Beispiel 2.1 untersuchte Problematik. Man überzeugt sich leicht, daß die dort gewünschte Koordinierung auch erreicht wird, wenn man statt des Aktionstyps V_1 den Aktionstyp V verwendet. Bei korrekter Klammerung der kritischen Abschnitte kann nämlich die in Beispiel 2.1 formulierte Forderung 1 abgeschwächt werden zu

$$\forall \alpha \, (\alpha \in A^* \wedge \alpha \; aktiv \Rightarrow Anz(P, \alpha) \leq Anz(V, \alpha) + 1) \, ,$$

da $Anz(V, \alpha) \leq Anz(P, \alpha)$ eine triviale Folgerung der Klammerung der kritischen Abschnitte ist und deshalb nicht durch Ausführbarkeitsbedingungen überprüft werden muß. Damit entfällt für die V-Operation die Notwendigkeit einer Ausführbarkeitsbedingung.

Die V-Operation hat überdies im Vergleich zur V_1-Operation den Vorteil, daß sie geringeren dynamischen Aufwand verursacht und auch zur Koordinierung andersartiger Fragestellungen herangezogen werden kann. Das nachfolgende Beispiel 2.3 macht dies deutlich, indem die im Beispiel 2.2 dargelegte Erzeuger-Verbraucher-Situation bei potentiell unendlichem Puffer als PV-System spezifiziert wird.

Systemname	Φ	Θ	Operationsbezeichnung
PV $j \in \{1, ..., m\}$	$'S_j > 0$	$S_j = \,'S_j - 1$	$P(S_j)$
	$true$	$S_j = \,'S_j + 1$	$V(S_j)$
PV *two way* *bounded* $k > 0$	$'S_j > 0$	$S_j = \,'S_j - 1$	$P_k(S_j)$
	$'S_j < k$	$S_j = \,'S_j + 1$	$V_k(S_j)$
PV *chunk* $t > 0$	$'S_j \geq t$	$S_j = \,'S_j - t$	$P(S_j : t)$
	$true$	$S_j = \,'S_j + t$	$V(S_j : t)$
PV *multiple* $J \subseteq \{1, ..., m\}$	$\forall j\,(j \in J \Rightarrow$ $('S_j > 0))$	$\forall j\,(j \in J \Rightarrow$ $(S_j = \,'S_j - 1))$	$P(\{S_j \mid j \in J\})$
	$true$	$\forall j\,(j \in J \Rightarrow$ $(S_j = \,'S_j - 1))$	$V(\{S_j \mid j \in J\})$
PV *general* $J = \{1, ..., k\}$ $\forall j\,(j \in J \Rightarrow t_j > 0)$	$\forall j\,(j \in J \Rightarrow$ $('S_j > t_j))$	$\forall j\,(j \in J \Rightarrow$ $(S_j = \,'S_j - t_j))$	$P(\{S_j : t_j \mid j \in J\})$
	$true$	$\forall j\,(j \in J \Rightarrow$ $(S_j = \,'S_j + t_j))$	$V(\{S_j : t_j \mid j \in J\})$
$up/down$	$\sum_{r=1}^{k} 'S_{i_r} \geq 0$	$S_j = \,'S_j + 1$	$\{S_{i_r} \mid (1 \leq r \leq k)\} : up(S_j)$
	$\sum_{r=1}^{k} 'S_{i_r} \geq 0$	$S_j = \,'S_j - 1$	$\{S_{i_r} \mid (1 \leq r \leq k)\} : down(S_j)$

Tabelle 2.1 Für die Realisierung von Betriebssystemen wichtige (Φ, Θ)-Synchronisationssysteme

Beispiel 2.3 (Erzeuger-Verbraucher-System bei potentiell unendlichem Puffer). Das System bestehe aus einem Erzeugerprozeß und einem Verbraucherprozeß, der über einen Puffer mit potentiell unendlich vielen Plätzen Nachrichten vom Erzeugerprozeß erhält. Dieses System kann folgendermaßen beschrieben (spezifiziert) werden:

1. $D = \{1, 2, 3, 4\}^2 \times Z \times T^* \times T \times Z_1 \times T \times Z_2$

Systemname	Φ	Θ	Operationsbezeichnung
Vektorersetzung $e_1, e_2 \in Z^m$	$'S + e_1 \geq 0$	$S = \,'S + e_2$	$\langle e_1 \vert e_2 \rangle$
Vektoraddition $e \in Z^m$	$'S + e \geq 0$	$S = \,'S + e$	$\langle e \rangle$
Petrinetz $I, J, R \subseteq \{1, ..., m\}$ $I \cap R = \varnothing; J \subseteq I$ Die Wahl von I, J und R er- folgt aktions- spezifisch.	$\forall i\, (i \in I \Rightarrow$ $\qquad ('S_i > 0))$	$\forall j\, (j \in J \Rightarrow$ $\qquad (S_j = \,'S_j - 1))$ $\wedge\, \forall r\, (r \in R \Rightarrow$ $\qquad (S_r = \,'S_r + 1))$	

Die Operationsbezeichnung wird nach Beispiel 2.7 näher erläutert.

Tabelle 2.2   Für theoretische Untersuchungen wichtige (Φ, Θ)-Synchronisationssysteme

Dabei sei Z die Menge der ganzen Zahlen, T der Wertevorrat der zu übergebenden Nachrichten und Z_1 bzw. Z_2 der Wertevorrat der (lokalen) Zustände des Erzeuger- bzw. Verbraucherprozesses.

2. Typisches Element von D sei $(L_1, L_2, S, p, q_1, z_1, q_2, z_2)$, mit der Intention, daß

L_1 den Befehlszählerstand des Erzeugerprozesses enthält,

L_2 den Befehlszählerstand des Verbraucherprozesses,

S (als Semaphor verwendet) den Füllstand des Puffers,

p den Pufferinhalt,

q_1 die zu sendende Nachricht,

q_2 die empfangene Nachricht,

z_1 den (lokalen) Zustand des Erzeugerprozesses und

z_2 den (lokalen) Zustand des Verbraucherprozesses.

3. Die Aktionenmenge A besteht aus den Aktionen

$a_{1,1}$: WHEN 'L$_1$ = 1   DO L$_1$ = 2 AND $(q_1, z_1) = F_{1,1}('z_1)$

$a_{1,2}$: WHEN 'L$_1$ = 2   DO L$_1$ = 3 AND p = concatenation('p,'q$_1$)

$a_{1,3}$: V(S)

$a_{1,4}$: WHEN 'L$_1$ = 4   DO L$_1$ = 1

$a_{2,1}$: P(S)

$a_{2,2}$: WHEN 'L$_2$ = 2   DO L$_2$ = 3 AND q$_2$ = first('p) AND p = tail('p)

$a_{2,3}$: WHEN 'L$_2$ = 3   DO L$_2$ = 4 AND $z_2 = F_{2,2}('q_2, 'z_2)$

$a_{2,4}$: WHEN 'L$_2$ = 4   DO L$_2$ = 1 .

Dabei sollen $F_{1,1}$ bzw. $F_{2,2}$ die (hier nicht näher spezifizierte) Erzeugung bzw. Verarbeitung von Nachrichten beschreiben.

4. $w = (1, 1, 0, \lambda, q_1^{(0)}, z_1^{(0)}, q_2^{(0)}, z_2^{(0)})$ □

Der Wunsch mit wenigen Aktionstypen für eine große Klasse häufig auftretender Koordinierungsaufgaben Lösungen angeben zu können, die übersichtlich und effizient realisierbar sind, führte neben anderen zu den in Tabelle 2.1 zusammengefaßten Synchronisationssystemen.

So wurden von der in Beispiel 2.2 beschriebenen Koordinierungsaufgabe ausgehend die *PV-two-way-bounded*-Systeme entwickelt. Sie gestatten die in Beispiel 2.4 formulierte Lösung.

Beispiel 2.4 (Erzeuger-Verbraucher-Problem mit einem Puffer der Größe $k + 2$ $(k > 0)$). Die Aufgabenbeschreibung erfolgte bereits in Beispiel 2.2. Unter Verwendung von *PV-two-way-bounded*-Systemen ist folgende Lösung möglich:

1. und 2. wie in Beispiel 2.3.

3. Die Aktionenmenge A besteht aus den Aktionen

$a_{1,1}$: WHEN 'L$_1$ = 1   DO L$_1$ = 2 AND $(q_1, z_1) = F_{1,1}('z_1)$

$a_{1,2}$: WHEN 'L$_1$ = 2   DO L$_1$ = 3 AND p = concatenation('p,'q$_1$)

$a_{1,3}$: V$_k$(S)

$a_{1,4}$: WHEN 'L$_1$ = 4   DO L$_1$ = 1

$a_{2,1}$: P$_k$(S)

$a_{2,2}$: WHEN 'L$_2$ = 2   DO L$_2$ = 3 AND q$_2$ = first('p) AND p = tail('p)

$a_{2,3}$: WHEN 'L$_2$ = 3   DO L$_2$ = 1 AND z$_2$ = F$_{2,2}$('q$_2$, 'z$_2$)

4. $w = (1, 1, 0, \lambda, q_1^{(0)}, z_1^{(0)}, q_2^{(0)}, z_2^{(0)})$ $\square$

Die beiden Varianten des *Leser-Schreiber*-Problems, wie sie nachfolgend in Beispiel 2.5 und Beispiel 2.6 beschrieben werden, gaben den Anstoß zur Betrachtung der *PV-chunk*- und der *up/down*-Systeme.

Beispiel 2.5 (Erstes Leser-Schreiber-Problem [Cour 71]). Das System besteht aus zwei Klassen von Prozessen, den Lese- und den Schreibprozessen. Sämtliche Prozesse haben Zugriff auf ein gemeinsames Datenobjekt (z. B. eine Informationseinheit in einer Datenbank). Eine beliebige Zahl von Leseprozessen kann gleichzeitig zur Inspektion des Datenobjektes zugelassen werden. Schreibprozesse dürfen nur dann Zugriffe ausüben, wenn weder Leseprozessen (da während eines Schreibvorgangs vorübergehend inkonsistente Objektzustände auftreten können) noch anderen Schreibprozessen (um Durchmischungen von Schreibvorgängen zu vermeiden) bereits Zugriff erlaubt ist. Zusätzlich sollen

1. keine Leseprozesse blockiert werden, solange keinem Schreibprozeß Zugriffe erlaubt sind, und

2. Leseprozesse nicht deshalb blockiert werden, weil ein Schreibprozeß auf Zugriffserlaubnis wartet.

Formale Darstellung einer Lösung der Aufgabenstellung als *PV-chunk*-System, wobei die Prozesse P_1 bis P_k Leseprozesse sind und die Prozesse P_{k+1} bis P_n Schreibprozesse [Vant 72]:

1. $D = \{1, 2, 3, 4\}^n \times Z \times Q_1 \times ... \times Q_n \times G$

2. $(L_1, L_2, ..., L_n, S, q_1, ..., q_n, g)$ ist typisches Element von D. Dabei bezeichnet

    S einen Semaphor,

    q_i die lokalen Variablen des i-ten Prozesses und

    g das gemeinsame Datenobjekt.

3. Die Aktionenmenge A besteht aus den Aktionen der Leseprozesse $(1 \le i \le k)$:

    $a_{i,1}$: P(S:1)

    $a_{i,2}$: WHEN 'L$_i$ = 2   DO L$_i$ = 3 AND (q$_i$, g) = F$_{i,2}$('q$_i$, 'g)

$a_{i,3}$: V(S:1)

$a_{i,4}$: WHEN 'L$_i$ = 4   DO L$_i$ = 1

und den Aktionen für die Schreibprozesse $(k < i \le n)$:

$a_{i,1}$: P(S:k)

$a_{i,2}$: WHEN 'L$_i$ = 2   DO L$_i$ = 3 AND (q$_i$, g) = F$_{i,2}$('q$_i$, 'g)

$a_{i,3}$: V(S:k)

$a_{i,4}$: WHEN 'L$_i$ = 4   DO L$_i$ = 1

4. $w = (1, ..., 1, k, q_1^{(0)}, ..., q_n^{(0)}, g^{(0)})$ □

Lösungen, die als *PV-* oder *PV-two-way-bounded*-Systeme formuliert sind, erfordern die Einführung weiterer Variablen.

Beispiel 2.6 (Zweites Leser-Schreiber-Problem [Cour 71]). Die Aufgabenstellung ist ähnlich der in Beispiel 2.5. Lediglich die dortigen Bedingungen 1 und 2 werden ersetzt durch die Forderung, Zugriffe von Schreibprozessen vorrangig zu befriedigen und sobald Schreibanforderungen vorliegen, keine neuen Lesezugriffe zu gewähren.

Die nachstehende Lösung verwendet drei Semaphore S_1, S_2 und S_3. S_1 wird benutzt, um den gegenseitigen Ausschluß zwischen Schreibprozessen zu erzielen. S_2 zählt die zugreifenden Leseprozesse und zwar negativ, da dann die Abfrage, ob keine Lesezugriffe gewährt sind, durch die Bedingung $S_2 \ge 0$ dargestellt werden kann. S_3 schließlich wird benutzt, um jederzeit die Anmeldung von Schreibwünschen zu ermöglichen und gegebenenfalls Leseprozesse blockieren zu können.

Formale Darstellung einer Lösung der Aufgabenstellung als *up/down*-System, wobei die Prozesse P_1 bis P_k Leseprozesse und die Prozesse P_{k+1} bis P_n Schreibprozesse sind:

1. $D = \{1, 2, 3, 4\}^k \times \{1, ..., 6\}^{n-k} \times Z^3 \times Q_1 \times ... \times Q_n \times G$

2. $(L_1, L_2, ..., L_n, S_1, S_2, S_3, q_1, ..., q_n, g)$ ist typisches Element von D.

S_1 bis S_3 sind die oben erläuterten Semaphore, die übrigen Variablen haben die gleiche Bedeutung wie in Beispiel 2.5.

3. Die Aktionenmenge A besteht aus den Aktionen der Leseprozesse $(1 \le i \le k)$:

$a_{i,1}: \{S_3\}$: down(S_2)

$a_{i,2}:$ WHEN '$L_i = 2$ DO $L_i = 3$ AND $(q_i, g) = F_{i,2}('g)$

$a_{i,3}: \{\}$: up(S_2)

$a_{i,4}:$ WHEN '$L_i = 4$ DO $L_i = 1$

und den Aktionen für die Schreibprozesse $(k < i \leq n)$:

$a_{i,1}: \{\}$: down(S_3)

$a_{i,2}: \{S_1, S_2\}$: down(S_1)

$a_{i,3}:$ WHEN '$L_i = 3$ DO $L_i = 4$ AND $(q_i, g) = F_{i,3}('q_i, 'g)$

$a_{i,4}: \{\}$: up(S_1)

$a_{i,5}: \{\}$: up(S_3)

$a_{i,6}:$ WHEN '$L_i = 6$ DO $L_i = 1$.

4. $w = (1, ..., 1, 0, 0, 0, q_1^{(0)}, ..., q_n^{(0)}, g^{(0)})$. $\square$

Die Formulierung einer Lösung mit angenähert gleichem Verhalten unter Verwendung von *PV*-Systemen ist wesentlich komplizierter und dementsprechend schwerer durchschaubar [Cour 71].

Verallgemeinerungen beim gegenseitigen Ausschluß führten zur Betrachtung der *PV-multiple*-Systeme.

Beispiel 2.7 (Gegenseitiger Ausschluß bei mehreren gemeinsamen Objekten). Ein System bestehe aus zwei Prozessen, die zwei Objekte (z. B. zwei Datensätze einer Datenbank) unter gegenseitigem Ausschluß benutzen. Ein solches System könnte als *PV*-System (auf funktional hohem Abstraktionsniveau betrachtet) folgende Struktur haben:

1. $D = \{1, ..., 5\}^2 \times Z^2 \times S\ddot{a}tze^2 \times G_1 \times G_2$

2. $(L_1, L_2, S_1, S_2, Satz_1, Satz_2, g_1, g_2)$ ist typisches Element von D.

S_1 und S_2 sind Semaphore zur Steuerung des gegenseitigen Ausschlusses beim Zugriff zu $Satz_1$ bzw. $Satz_2$.

Die Gesamtheit der weiteren Objekte, die Prozeß P_1 bzw. P_2 benutzt, ist in g_1 bzw. g_2 zusammengefaßt.

3. Die Aktionenmenge A besteht aus den Aktionen

$a_{1,1}:$ P(S_1)

$a_{1,2}:$ P(S_2)

$a_{1,3}$: WHEN $'L_1 = 3$

   DO $L_1 = 4$ AND $(Satz_1, Satz_2, g_1) = F^{(1)}('Satz_1, 'Satz_2, 'g_1)$

$a_{1,4}$: $V(S_2)$

$a_{1,5}$: $V(S_1)$

$a_{2,1}$: $P(S_2)$

$a_{2,2}$: $P(S_1)$

$a_{2,3}$: WHEN $'L_2 = 3$

   DO $L_3 = 4$ AND $(Satz_1, Satz_2, g_2) = F^{(2)}('Satz_1, 'Satz_2, 'g_2)$

$a_{2,4}$: $V(S_1)$

$a_{2,5}$: $V(S_2)$

4. $w = (1, 1, 1, 1, Satz_1^{(0)}, Satz_2^{(0)}, g_1^{(0)}, g_2^{(0)})$

In diesem Prozeßsystem würde der Ablauf $\alpha = a_{1,1} \bullet a_{2,1}$ aktiv sein, aber es wäre $lf(\alpha) = \varnothing$ und $bef(\alpha) \neq \varnothing$, eine zweifellos unerwünschte Möglichkeit. Sie könnte allerdings nicht mehr auftreten, wenn beide Prozesse die Semaphore mit ihren P-Operationen in der gleichen Reihenfolge bearbeiten würden. Dies würde jedoch bedeuten, daß P_1 und P_2 nicht unabhängig voneinander formuliert werden können. Der Zwang zu einer solchen Absprache wird nicht notwendig, wenn man sich der *PV-multiple*-Systeme bedient, wie folgende Darstellung zeigt:

1. $D = \{1, 2, 3\}^2 \times Z^2 \times Sätze^2 \times G_1 \times G_2$

2. Wie oben.

3. Die Aktionenmenge besteht aus den Aktionen

  $a_{1,1}$: $P(S_1, S_2)$

  $a_{1,2}$: WHEN $'L_1 = 2$

     DO $L_1 = 3$ AND $(Satz_1, Satz_2, g_1) = F^{(1)}('Satz_1, 'Satz_2, 'g_1)$

  $a_{1,3}$: $V(S_1, S_2)$

  $a_{2,1}$: $P(S_2, S_1)$

  $a_{2,2}$: WHEN $'L_2 = 2$

     DO $L_2 = 3$ AND $(Satz_1, Satz_2, g_2) = F^{(2)}('Satz_1, 'Satz_2, 'g_2)$

  $a_{2,3}$: $V(S_2, S_1)$

4. Wie oben.   □

Die Zusammenfassung der *PV-chunk*- und der *PV-multiple*-Systeme führt unmittelbar auf die *PV-general*-Systeme.

Vektoradditionssysteme stellen eine Verallgemeinerung der *PV*-Systeme und ihrer Varianten dar. Da sie theoretisch gut handhabbar sind, spielen sie vor allem als Hilfsmittel beim Beweis von Synchronisationseigenschaften eine wichtige Rolle. Vektorersetzungssysteme stellen eine weitere Verallgemeinerung dar, die zudem den in Beispiel 2.6 betrachteten Fall eines *up/down*-Systems als Spezialfall erfaßt. Sie eignen sich gut zur Formulierung von Aufgabenstellungen, bei denen die Prozesse für den Zugriff zu gemeinsamen Objekten in Dringlichkeitsklassen eingeteilt sind und zu jedem Zeitpunkt nur Prozessen einer Klasse Zugriff gewährt werden darf [Pres 75].

Petrinetz-Systeme sind theoretisch gut untersucht und ermöglichen eine sehr anschauliche, graphische Darstellung, was sie insbesondere auf den hohen Abstraktionsebenen interessant macht. Wenn es sich um ein System handelt, bei dem generell $N_{i,j}$ unabhängig vom Systemzustand den Wert $n_{i,j}$ besitzt (was auf hohen Abstraktionsebenen häufig der Fall ist), dann konstruiert man zu einem Systemzustand $d \in D$ einen zugehörigen, markierten Digraphen nach folgender Vorschrift (vgl. Bild 2.3 als Darstellung von Beispiel 2.2):

1. Jeder Semaphor und jeder mögliche Befehlszählerstand eines jeden Prozesses (d. h. jedes Paar $(bz(a), adr(a))$ mit $a \in A$) wird durch einen als Kreis gezeichneten Knoten dargestellt. Diese Knoten heißen Stellen.

2. Jede Aktion $a_{i,j}$ wird durch einen als kurzen Balken gezeichneten Knoten dargestellt. Diese Knoten werden Transitionen genannt.

3. Für jede Aktion $a_{i,j}$ führt eine gerichtete Kante von der dem Befehlszählerstand (i, j) entsprechenden Stelle zu der $a_{i,j}$ darstellenden Transition und von dieser zu der $(i, n_{i,j})$ entsprechenden Stelle.

4. Für synchronisierende Aktionen $a_{i,j}$ führen zusätzlich gerichtete Kanten von den Stellen, die Semaphoren mit einem Index aus I entsprechen (siehe Tabelle 2.2), zu der zugeordneten Transition und von dieser zu allen Stellen, die Semaphoren mit einem Index aus R oder $I - J$ entsprechen.

5. Der Wert der Semaphore wird durch die entsprechende Anzahl von Marken (Punkten) repräsentiert, die in die Stellen eingezeichnet werden.

6. Die jeweiligen Befehlszählerstände werden durch eine Marke in den $(i, L_i[d])$ zugeordneten Stellen charakterisiert.

Die so gewonnene Darstellung wird als Petrinetz bezeichnet.

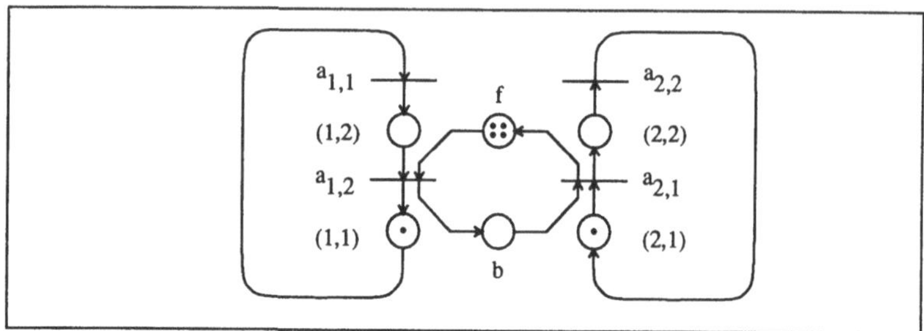

Bild 2.3 Anfangszustand von Beispiel 2.2 als Petrinetz mit $k = 4$

Berücksichtigt man, daß $P(S_{i_1}, S_{i_2}, ..., S_{i_k})$ identisch ist mit einer *Petrinetz*-Aktion, bei der $I = J = \{i_1, i_2, ..., i_k\}$ und $R = \emptyset$ ist, und daß $V(S_{i_1}, S_{i_2}, ..., S_{i_k})$ als *Petrinetz*-Aktion mit $I = J = \emptyset$ und $R = \{i_1, i_2, ..., i_k\}$ aufgefaßt werden kann, so gewinnt man zum Anfangszustand des in Beispiel 2.2 entwickelten Systems das in Bild 2.3 gezeichnete Petrinetz.

In einem gegebenen Systemzustand ist eine Aktion genau dann ausführbar, wenn im zugeordneten Petrinetz sämtliche Stellen, von denen Kanten zu der entsprechenden Transition führen, wenigstens eine Marke tragen. Die Ausführung der Aktion führt zu einem Folgenetz, das aus dem gegebenen dadurch hervorgeht, daß aus allen Stellen, von denen Kanten zur Transition führen eine Marke entfernt wird, und anschließend in allen Stellen, zu denen eine Kante von dieser Transition führt, zu den vorhandenen Marken eine weitere hinzugefügt wird. Bild 2.4 enthält einige mögliche Folgezustände zu dem Petrinetz von Bild 2.3.

Dabei sind zwei Petrinetze PN_1 und PN_2 durch einen von PN_1 nach PN_2 führenden Doppelpfeil mit Beschriftung α verbunden, wenn PN_2 durch Ausführung der Aktionenfolge α aus PN_1 hervorgeht.

Es ist unmittelbar ersichtlich, daß bei obiger Konstruktion das *Petrinetz*-System die gleichen aktiven Aktionenfolgen besitzt, wie das ursprüngliche Prozeßsystem.

Die Forderung, daß die Funktionen $N_{i,j}$ einen vom Systemzustand unabhängigen Wert $n_{i,j}$ besitzen, stellt für die Anwendung eine deutliche Einschränkung dar. Es zeigt sich nämlich, daß bedingte Verzweigungen, die nicht von Semaphoren abhängen, für die Lösung mancher Koordinierungsprobleme unverzichtbar sind. Für den Nachweis von Koordinierungseigenschaften folgt daraus als unangenehme Konsequenz, daß mitunter auch Variable, die keine Semaphore sind, dabei eine wesentliche Rolle spielen. Ein Beispiel für diese Aussage liefert der nächste Satz.

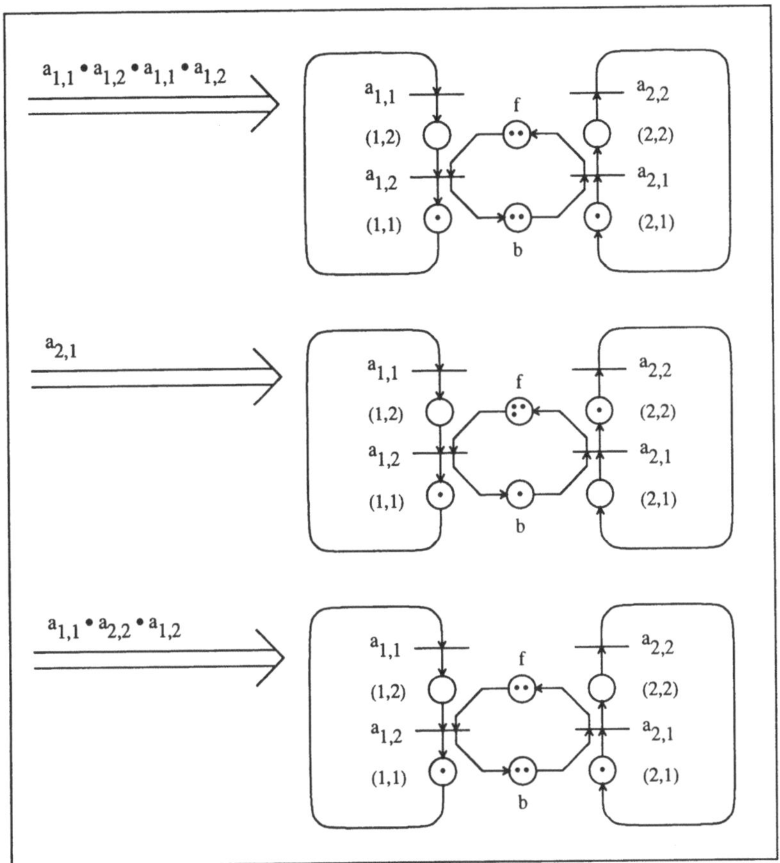

Bild 2.4 Folgenetze zu dem Petrinetz von Bild 2.3

Satz 2.7 ([Kosa 73]). Es sei $K = (A, D, bz, adr, w)$ definiert durch:

1. $D = \{1, 2\}^4 \times Z^2$ mit typischem Element $(L_1, L_2, L_3, S_1, S_2)$

2. A besteht aus den Aktionen

$a_{1,1}$: WHEN $'L_1 = 1$ DO $L_1 = 2$ AND $S_1 = 'S_1 + 1$

$a_{1,2}$: WHEN $'L_1 = 2$ DO $L_1 = 1$

$a_{2,1}$: WHEN $'L_2 = 1$ DO $L_2 = 2$ AND $S_2 = 'S_2 + 1$

$a_{2,2}$: WHEN $'L_2 = 2$ DO $L_2 = 1$

$a_{3,1}$: WHEN $'L_3 = 1$ AND $'S_1 > 0$ DO $L_3 = 2$ AND $S_1 = 'S_1 - 1$

$a_{3,2}$: WHEN $'L_3 = 2$ DO $L_3 = 1$

$a_{4,1}$: WHEN $'L_4 = 1$ AND $'S_1 = 0$ AND $'S_2 > 0$ DO $L_4 = 2$ AND $S_2 = 'S_2 - 1$

$a_{4,2}$: WHEN $'L_4 = 2$ DO $L_4 = 1$

3. $w = (1, 1, 1, 1, 0, 0)$

Dann gibt es kein nur aus synchronisierenden Aktionen bestehendes *Petrinetz*-System, das K vollständig und sicher implementiert.

Beweis: Angenommen $\overline{K}$ sei ein *Petrinetz*-System mit Semaphor-Vektor S, das nur synchronisierende Aktionen enthält und bezüglich r eine vollständige und sichere Implementation von K ist. Dann existieren zu jedem i Abläufe $\alpha_i^{(1)}$ und $\alpha_i^{(2)}$ in $\overline{K}$ so, daß

$$r(\alpha_i^{(1)}) = a_{2,1} \bullet a_{2,2} \bullet (a_{1,1} \bullet a_{1,2})^i,$$

$$r(\alpha_i^{(2)}) = (a_{3,1} \bullet a_{3,2})^i \bullet a_{4,1} \bullet a_{4,2} \text{ und}$$

$\alpha_i^{(1)} \bullet \alpha_i^{(2)}$ aktiv in $\overline{K}$ ist.

Setzt man $Z_i = val_{\overline{K}}(\alpha_i^{(1)})$, dann existieren nach dem Lemma von König Indizes i und j für die gilt:

1. $i < j$ und

2. $\overline{S}[Z_i] \leq \overline{S}[Z_j]$.

Aus 2. folgt, daß mit $\alpha_i^{(1)} \bullet \alpha_i^{(2)}$ auch $\alpha_j^{(1)} \bullet \alpha_i^{(2)}$ aktiv ist.

Also ist in K der Ablauf

$$r(\alpha_j^{(1)} \bullet \alpha_i^{(2)}) = a_{2,1} \bullet a_{2,2} \bullet (a_{1,1} \bullet a_{1,2})^j \bullet (a_{3,1} \bullet a_{3,2})^i \bullet a_{4,1} \bullet a_{4,2}$$

aktiv und damit die Implementation nicht sicher im Widerspruch zur Annahme.   □

Der Lösungsversuch 2 von Beispiel 2.2 zeigt dagegen, daß sogar eine vollständige und sichere Implementation als PV_1-*System* möglich ist, wenn bedingte Verzweigungen zugelassen werden. Diese Tatsache hat ihren Niederschlag in verschiedenen Erweiterungen von Petri-Netzen gefunden.

Deutliche Unterschiede in der Ausdrucksfähigkeit der verschiedenen Synchronisationssysteme bestehen, wenn man Implementationen betrachtet, die zusätzlich zu vollständig, sicher, prompt und schwach prozeßtreu noch behinderungsfrei sind, wie beispielhaft Satz 2.9 zeigt, dessen Beweis auf dem grundlegenden Satz 2.8 beruht.

Satz 2.8 (Fundamentaltheorem [Lipt 74a]). Es sei Q bezüglich r eine vollständige, sichere, schwach prozeßtreue, prompte und behinderungsfreie Implementation von P. Weiter sei β aktiv in P und $\{g_1, g_2, ..., g_m\} = lf_P(\beta)$. Dann existieren in Q ein aktiver

Ablauf α und Aktionen $h_1, h_2, ..., h_m$ derart, daß gilt:

1. $r(\alpha) = \beta$ und $r(h_i) = g_i$ für $1 \leq i \leq m$,

2. $\{h_1, h_2, ..., h_m\} = \mathit{lf}_Q(\alpha)$.

Beweis: Da die Implementation vollständig ist, gibt es zu jedem $g_i \in \mathit{lf}_P(\beta)$ einen aktiven Ablauf $\gamma_i f_i$ in Q mit $r(\gamma_i) = \beta$ und $r(f_i) = g_i$.

Mit der Voraussetzung $\{g_1, g_2, ..., g_m\} = \mathit{lf}_P(\beta)$ und Satz 2.1, Aussage 1, folgert man $\{g_1, g_2, ..., g_m\} \subseteq \mathit{bef}_P(\beta)$ und daraus mit Satz 2.1, Aussage 2, $i \neq j \Rightarrow \neg proc_P(g_i, g_j)$. Wegen der schwachen Prozeßtreue der Implementation gilt dann auch $i \neq j \Rightarrow \neg proc_Q(f_i, f_j)$.

O. B. d. A. gehöre die beobachtbare Aktion f_i zur Aktionenmenge A_{Q_i} des i-ten Teilprozesses Q_i. Bezeichnet man mit A_Q die Aktionenmenge von Q, so bedeutet dies wegen der schwachen Prozeßtreue

$$(1) \qquad \forall f (f \in A_Q \wedge (r(f) = g_i) \Rightarrow f \in A_{Q_i}) .$$

Da die Implementation prompt ist, existiert nach Definition 2.12 eine Konstante $c > 0$, sodaß für jeden in Q aktiven Ablauf α die Beziehung $(1 + \mathit{Länge}(r(\alpha)))\, c \geq \mathit{Länge}(\alpha)$ gilt. Insbesondere bedeutet dies $(r(\alpha) = \beta) \Rightarrow \mathit{Länge}(\alpha) \leq (1 + \mathit{Länge}(\beta))\, c$.

Also gibt es für die Länge einer in Q aktiven Folge α mit $r(\alpha) = \beta$ eine obere Schranke $(1 + \mathit{Länge}(\beta))\, c$. In Q kann deshalb ein aktiver Ablauf α maximaler Länge gewählt werden, für den $r(\alpha) = \beta$ ist. Dann besitzt α folgende Eigenschaft:

$(2) \qquad$ Ist $\alpha \bullet h$ aktiv in Q, so muß h eine beobachtbare Aktion sein.

Wäre nämlich h nicht beobachtbar, so würde $r(\alpha \bullet h) = \beta$ gelten und es wäre $\mathit{Länge}(\alpha \bullet h) > \mathit{Länge}(\alpha)$ im Widerspruch zur Annahme, α habe unter allen aktiven Abläufen γ in Q mit $r(\gamma) = \beta$ maximale Länge.

Als nächstes wird gezeigt, daß $\mathit{lf}_Q(\alpha) \cap A_{Q_i} \neq \varnothing$ ist für $1 \leq i \leq m$.

Angenommen es sei $\mathit{lf}_Q(\alpha) \cap A_{Q_i} = \varnothing$. Da die Implementation behinderungsfrei ist und $r(\alpha) = \beta$, muß auch $\mathit{lf}_P(\beta) \cap r(A_{Q_i}) = \varnothing$ sein. Nun ist aber wegen (1) $g_i \in r(A_{Q_i})$ für alle $g_i \in \mathit{lf}_P(\beta)$ und daher $\mathit{lf}_P(\beta) \cap r(A_{Q_i}) = g_i$ im Widerspruch zur Annahme.

Sei $h_i = \mathit{lf}_Q(\alpha) \cap A_{Q_i}$. Wegen (2) ist h_i beobachtbar. Da die Implementation sicher ist, folgt $r(\{h_1, h_2, ..., h_m\}) \subseteq \{g_1, g_2, ..., g_m\}$ und da $\neg proc_Q(h_i, h_j)$ gilt für $i \neq j$, muß wegen der Prozeßtreue $r(h_i) \neq r(h_j)$ sein.

Also muß $r(\{h_1, h_2, ..., h_m\}) = \{g_1, g_2, ..., g_m\}$ sein, womit der erste Teil der Behauptung bewiesen ist.

Es bleibt noch $\{h_1, h_2, ..., h_m\} = lf_Q(\alpha)$ zu zeigen.

Angenommen es wäre $h \in lf_Q(\alpha) \wedge h \notin \{h_1, h_2, ..., h_m\}$. Da die Implementation sicher und h wegen (2) beobachtbar ist, gibt es eine Aktion g_i in P mit $r(h) = g_i$. Andererseits ist $r(h_i) = g_i$ und somit wegen der Prozeßtreue $proc_Q(h, h_i)$. Wegen Satz 2.1 wäre demnach im Widerspruch zur Annahme $h = h_i$. Damit ist auch die Gültigkeit des zweiten Teils der Behauptung nachgewiesen. $\qquad\square$

Satz 2.9. Gegeben sei das Prozeßsystem $P = (A, D, bz, adr, w)$ mit:

1. $D = \{1, 2\}^3 \times Z$,

2. für D typischem Element (L_1, L_2, L_3, S),

3. $A = \{a_{i,1}: P(S) \mid i = 1, 2, 3\} \cup \{a_{i,2}: \text{WHEN 'L}_i = 2 \text{ DO L}_i = 1! \mid i = 1, 2, 3\}$,

4. $adr(a_{i,j}) = j$, $bz(a_{i,j}) = i$,

5. $w = (1, 1, 1, 2)$.

Dann existiert kein $PV_1\text{-}System$ Q, das P vollständig, sicher, schwach prozeßtreu, prompt und behinderungsfrei implementiert.

Beweis: Nach Definition von P ist $\{a_{1,1}, a_{2,1}, a_{3,1}\} = lf_P(\lambda)$.

Angenommen Q sei bezüglich r eine Implementation von P mit den geforderten Eigenschaften. Dann muß es nach Satz 2.8 bei geeigneter Numerierung der Prozesse in Q einen aktiven Ablauf β geben sowie Aktionen b_{1,j_1}, b_{2,j_2} und b_{3,j_3} in der Aktionenmenge A_Q von Q mit $r(b_{i,j_i}) = a_{i,1}$ derart, daß $\{b_{1,j_1}, b_{2,j_2}, b_{3,j_3}\} = lf_Q(\beta)$ ist.

Da nach Konstruktion von P $\{a_{1,2}, a_{2,1}, a_{3,1}\} = lf_P(a_{1,1})$ ist, muß wegen Satz 2.1 und der Behinderungsfreiheit $\{b_{2,j_2}, b_{3,j_3}\} \subseteq lf_Q(\beta \bullet b_{1,j_1})$ gelten. Analog erschließt man wegen der Sicherheit der Implementation $b_{3,j_3} \notin lf_Q(\beta \bullet b_{1,j_1} \bullet b_{2,j_2})$. Wenn Q ein $PV_1\text{-}System$ ist, heißt dies aber, daß b_{2,j_2} und b_{3,j_3} beide die Form $P_1(\bar{s})$ bzw. die Form $V_1(\bar{s})$ haben müssen.

Ähnlich erschließt man $\{b_{1,j_1}, b_{3,j_3}\} \subseteq lf_Q(\beta \bullet b_{2,j_2})$ und $b_{3,j_3} \notin lf_Q(\beta \bullet b_{2,j_2} \bullet b_{1,j_1})$, was heißt, daß auch b_{1,j_1} die Form $P_1(\bar{s})$ bzw. die Form $V_1(\bar{s})$ besitzt. Dann ist aber $b_{3,j_3} \notin lf_Q(\beta \bullet b_{1,j_1})$, was im Widerspruch zur Behinderungsfreiheit der Implementation steht. Also kann die angenommene Implementation Q nicht existieren. $\qquad\square$

Eine Reihe weiterer derartiger Ergebnisse ist in Tabelle 2.3 zusammengefaßt. Sie enthält am Kreuzungspunkt von Spalte K_s und K_z das Zeichen

N,   wenn es ein K_s-Synchronisationssystem gibt, das durch kein K_z-Synchronisationssystem vollständig, sicher, prompt, schwach prozeßtreu und behinderungsfrei implementiert werden kann,

J,   wenn jedes K_s-Synchronisationssystem durch ein K_z-Synchronisationssystem vollständig, sicher, prompt, schwach prozeßtreu und behinderungsfrei implementiert werden kann, und

?,   wenn dem Verfasser ein einschlägiges Ergebnis nicht bekannt ist.

Da die Beweise langwierig sind, im wesentlichen aber auf der Idee der beiden vorangehenden Sätze beruhen, sei auf die Literatur (z. B. [Bath 82]) verwiesen.

2.5   Implementierung von Prozeßsystemen für Monoprozessoren

Die hier näher zu untersuchende Aufgabenstellung, besteht darin, zu einem gegebenen Prozeßsystem $P = (A, D, bz, adr, w)$ eine Implementation $\overline{P} = (\overline{A}, \overline{D}, \overline{bz}, \overline{adr}, \overline{w})$ zu konstruieren, bei der $\overline{bz}$ die Abbildung von $\overline{A}$ in die einelementige Menge $\{1\}$ ist. Hieraus ist sofort ersichtlich, daß Implementationen von Prozeßsystemen mit Hilfe von Monoprozessoren im allgemeinen nicht vollständig sein können, da sie nur einen einzigen aktiven Ablauf zulassen. Um dem Benutzer die Möglichkeit zu geben, sich einen Eindruck von dem Verhalten seines Prozeßsystems auf einem bestimmten Monoprozessor zu machen, bleibt nur die Möglichkeit, in Form eines Ablaufplans zu beschreiben, welcher Ablauf aus der Gesamtheit der aktiven Abläufe seines Prozeßsystems von dem Rechensystem realisiert wird. Die einzige sinnvolle, weitergehende Forderung besteht darin, daß dieser Ablaufplan verklemmungsfrei und prompt sein sollte.

Am einfachsten lassen sich die in Frage kommenden Ablaufpläne induktiv dadurch definieren, daß für jeden aktiven Ablauf α angegeben wird, welche Aktion aus $lf(\alpha)$ als nächste ausgeführt wird. Dies ist nach Satz 2.3 gleichwertig zu der Aussage, daß zu jedem Zeitpunkt entschieden wird, welcher lauffähige Prozeß als nächster seine Aktion ausführen darf. Ein typischer derartiger Ablaufplan ist z. B. durch SPR gegeben.

Die Implementation muß jeweils $lf(\alpha)$ bestimmen, aus dieser Menge eine Aktion auswählen und sie zur Ausführung bringen. Diese Überlegungen führen zu folgender Implementationsstruktur (zur Vereinfachung der Schreibweise wird angenommen, daß der Wert nil in keiner der Mengen $D_1, ..., D_n$ vorkommt und $B_{i,\,nil}$ für alle i mit $1 \leq i \leq n$ ein nicht erfüllbares Prädikat ist):

	alle	VRS	PN	VAS	U/D	PV_g PV_m	PV_c	PV	PV_1	PV_i (i>1)
alle	J	J	J	J	J	J	J	J	J	J
VRS	N	J	J	J	?	J	J	J	J	J
PN	N	?	J	?	?	?	?	J	?	?
VAS	N	N	N	J	N	J	J	J	J	J
U/D	N	N	N	N	J	N	N	J	?	N
PV_g, PV_m	N	N	N	N	N	J	J	J	?	N
PV_c	N	N	N	N	N	N	J	J	?	N
PV	N	N	N	N	N	N	N	J	?	N
PV_1	N	N	N	N	N	N	N	N	J	N
PV_j (j>1)	N	N	N	N	N	N	N	N	?	$i \neq j$ $\rightarrow$ N

Bedeutung der Zeilen- und Spaltenbezeichnungen:

alle	Klasse aller Prozeßsysteme	
VRS	" "	Vektorersetzungssysteme
PN	" "	Petrinetzsysteme
VAS	" "	Vektoradditionssysteme
U/D	" "	up/down-Systeme
PV_g	" "	PV-general-Systeme
PV_m	" "	PV-multiple-Systeme
PV_c	" "	PV-chunk-Systeme
PV	" "	PV-Systeme
PV_1	" "	PV-two-way-bounded-Systeme mit k=1
PV_i, PV_j	" "	PV-two-way-bounded-Systeme mit k=i bzw. k=j

Tabelle 2.3   Vergleich der Ausdrucksfähigkeit verschiedener Synchronisationssysteme bei behinderungsfreien Implementationen

1. Die Datenbasis wird ergänzt um eine Funktion *sdb* (Systemdatenbasis), die jedem Prozeß den Identifikator seiner zur Ausführung anstehenden Aktion zuordnet oder *nil*, wenn eine solche nicht vorgemerkt ist. In formaler Darstellung:

$$\overline{D} = \overline{D}_1 \times H \times (D_1 \cup \{nil\}) \times ... \times (D_n \cup \{nil\}) \text{ mit typischem Element}$$

$$(\overline{L}_1, G, sdb(1), ..., sdb(n)).$$

Dabei ist $\overline{D}_1 = \{(i, j, k) \mid 1 \le i \le n \wedge j \in D_i \wedge 1 \le k \le 3\} \cup \{nil\}$

2. $\overline{w} = ((1, L_t[w], 1), G[w], L_1[w], ..., L_n[w])$,

wobei der Index t im Bereich $1 \le t \le n$ beliebig gewählt werden kann.

3. Für jede Aktion $a_{i,j}$ aus A enthält $\overline{A}$ die drei Aktionen:

$\overline{a}_{1,(i,j,1)}$: WHEN $'L_1 = (i, j, 1)$ DO $\overline{L}_1 = (i, j, 2)$ AND sdb(i) = j

$\overline{a}_{1,(i,j,2)}$: WHEN $'L_1 = (i, j, 2)$ DO $\overline{L}_1 = (k, sdb(k), 3)$

$\qquad$ Wenn die Möglichkeit besteht, ist k so zu wählen, daß $B_{k,\,sdb(k)}('G) = true$ gilt. Die Auswahl erfolgt algorithmisch und charakterisiert den Ablaufplan des Betriebssystems. Existiert kein j mit $B_{k,\,sdb(k)}('G) = true$, so wird $k = nil$ gesetzt.

$\overline{a}_{1,(i,j,3)}$: WHEN $'L_1 = (i, j, 3)$ DO $\overline{L}_1 = (i, N_{i,j}('G), 1)$ AND $G = F_{i,j}('G)$

$\qquad\qquad\qquad\qquad\qquad\qquad$ AND sdb(i) = nil

4. Für alle $j \in D_i$ derart, daß kein $a_{i,j} \in A$ existiert, werden zwei nicht-beobachtbare Aktionen eingeführt:

$\overline{a}_{1,(i,j,1)}$: WHEN $'L_1 = (i, j, 1)$ DO $\overline{L}_1 = (i, j, 2)$

$\overline{a}_{1,(i,j,2)}$: Wie unter a).

5. Die Abbildung r ist definiert durch

$$r(\overline{a}_{1,\,(i,j,k)}) = \begin{cases} \lambda & k \in \{1, 2\} \\ & \text{falls} \\ a_{i,j} & k = 3 \end{cases}.$$

Die Gesamtheit der nichtbeobachtbaren Aktionen macht den sogenannten Prozeßumschalter des Betriebssystems aus.

Derartige Implementationen sind offensichtlich sicher und prompt.

Die Vorgehensweise läßt sofort die Frage aufkommen, ob durch geeignete Wahl des Ablaufplans auf einen Teil der nichtbeobachtbaren Aktionen verzichtet werden kann.

Eine Möglichkeit besteht darin, nach Abarbeitung von α nur dann k von i verschieden zu wählen, wenn

$$\{x \mid a \in \mathit{lf}(\alpha) \wedge (x = bz(a))\} \neq \{a \in \mathit{lf}(_{\mathit{L\ddot{a}nge}(\alpha)-1}\alpha) \wedge (x = bz(a))\}$$

ist. Dadurch wird es nicht mehr für alle Aktionen erforderlich, sie in der Implementation durch eine Folge von (zum Teil nichtbeobachtbaren) Aktionen zu ersetzen.

Im allgemeinen ist die obige Eigenschaft gemeint, wenn davon gesprochen wird, daß durch das Betriebssystem Prozeßumschaltungen nur an Synchronisationsstellen vorgenommen werden. Ein Beispiel hierfür ist wiederum *SPR*.

Eine weitere Reduktion des Buchführungsaufwandes ist bei den (Φ, Θ)-Synchronisationssystemen möglich, woraus sich auch ihre Bedeutung erklärt.

In diesem Falle bedürfen zur Realisierung von Ablaufplänen, die nur bei synchronisierenden Aktionen Prozeßumschaltungen verursachen, lediglich diese einer Ergänzung durch Buchhaltungsaktionen. Eine typische Vorgehensweise beschreibt folgende Methode, wobei zur Vereinfachung der Darstellung angenommen wird, daß alle Prozesse zyklisch sind:

1. Die Zustandsmenge wird um eine Komponente zur Aufnahme von *Anforderungselementen* ergänzt, die im typischen Element mit *sdb* bezeichnet wird. Ein Anforderungselement besteht dabei aus der Angabe einer Operationsbezeichnung und einer Liste von Semaphoreidentifikatoren. Seine Struktur ist gegeben durch

TYPE anforderungselement

= RECORD

adr: $\{nil\} \cup \bigcup\limits_{i=1}^{n} D_i;$

opt: Aktionstypnummer $\cup \{0\};$
/* Zur Vereinfachung der Schreibweise wird angenommen, daß die Aktionstypen numeriert sind und Φ_r bzw. Θ_r Ausführungsbedingung bzw. Effektbeschreibung des r-ten Aktionstyps sind. Der Wert 0 als Aktionstypnummer soll zum Ausdruck bringen, daß keine Anforderung vorliegt. Φ_0 sei ein nicht erfüllbares Prädikat. */

opd: SEQUENCE OF $\{S_1, S_2, ..., S_m\};$
/* Folge der Identifikatoren der Semaphore, die als Parameter für Φ_r und Θ_r dienen. */

END

Der Wertevorrat von *sdb* besteht aus den Abbildungen, die jeder Nummer eines Prozesses ein Anforderungselement zuordnen.

Weiter setzt man

$$\overline{D} = \overline{D}_1 \times H \times anforderungselement^n$$

mit typischem Element

$$(\overline{L}_1, G, sdb(1), ..., sdb(n)) \,.$$

Dabei ist $\overline{D}_1 = \{\, (i, j, k) \,|\, 1 \le i \le n \wedge j \in D_i \wedge 1 \le k \le 3 \} \cup \{ nil \}\,.$

2. $\overline{w} = (\,(1, L_1[w], 1), G[w], (L_1[w], 0, \lambda), ..., (L_n[w], 0, \lambda)\,)$

3. Synchronisierende Aktionen der Form

$$a_{i,j}\colon \text{WHEN } {}'L_i = j \text{ AND } \Phi_r(S_{i_1}, ..., S_{i_k})$$
$$\text{DO } L_i = succ(j) \text{ AND } \Theta_r(S_{i_1}, ..., S_{i_k})$$

werden verfeinert durch

$$\overline{a}_{1,(i,j,1)}\colon \text{WHEN } {}'\overline{L}_1 = (i, j, 1)$$
$$\text{DO } \overline{L}_1 = (i, j, 2) \text{ AND } sdb(i) = (j, r, (S_{i_1}, ..., S_{i_k}))$$

$$\overline{a}_{1,(i,j,2)}\colon \text{WHEN } {}'\overline{L}_1 = (i, j, 2)$$
```
        DO    lfd = Zuordnung('S, 'sdb)
              AND (   (   'sdb(lfd).opt = 0
                      AND L̄₁ = (lfd, 'sdb(lfd).adr), 1) )
                  OR   ( 'sdb(lfd).opt≠0
                      AND Φ'sdb(lfd).opt('sdb(lfd).opd)
                      AND L̄₁ = (lfd, 'sdb(lfd).adr, 3) )
                  OR   (FORALL k(1≤k≤n
                      IMPL NOT Φ'sdb(k).opt('sdb(k).opd))
                      AND L̄₁ = nil ) )
```

/* Die Funktion *Zuordnung* muß als Ergebnis die Nummer eines Prozesses liefern so, daß eine der drei aufgeführten Alternativen erfüllt ist. Sie bestimmt den Ablaufplan und soll hier nicht näher festgelegt werden. */

$$\overline{a}_{1,(i,j,3)}\colon \text{WHEN } {}'\overline{L}_1 = (i, j, 3)$$
```
        DO    L̄₁ = (i, j, 2) AND sdb(i).opt = 0
              AND sdb(i).adr = succᵢ(j)
              AND Θ'sdb(i).opt('sdb(i).opd)
```

4. Nichtsynchronisierende Aktionen $a_{i,j}$ werden ersetzt durch

$\bar{a}_{1,(i,j,1)}$: WHEN $\overline{L}_1 = (i, j, 1)$ DO $\overline{L}_1 = (i, N_{i,j}('G), 1)$ AND $G = F_{i,j}('G)$.

5. Die Abbildung r wird definiert durch

$$r(\bar{a}_{1,\ (i,j,1)}) = \begin{cases} a_{i,j} & \text{falls } a_{i,j} \text{ nichtsynchronisierend ist und } k = 1 \text{ oder} \\ & \text{falls } a_{i,j} \text{ synchronisierend ist und } k = 3 \\ \lambda & \text{sonst} \end{cases}$$

In üblicher Terminologie entspricht bei den synchronisierenden Aktionen

a) $\bar{a}_{1,\ (i,j,1)}$ einem Supervisorcall mit $(r, (S_{i_1}, ..., S_{i_k}))$ als Parameterblock,

b) $\bar{a}_{1,\ (i,j,2)}$ einer Aktivierung des Prozeßumschalters und

c) $\bar{a}_{1,\ (i,j,3)}$ der Ausführung eines Programmstücks, das den Effekt der entsprechenden Synchronisationsoperation bewirkt.

2.6   Verklemmungen

2.6.1   Erläuterung der Fragestellung

Zur Veranschaulichung der Fragestellungen betrachte man ein aus zwei Prozessen P_1 und P_2 bestehendes PV-Synchronisationssystem der Gestalt

$$P = (A_1 \cup A_2, \{0, 1, ..., n_1\} \times (0, 1, ..., n_2) \times \{0, 1\}^2, bz, adr, (0, 0, 1, 1))$$

mit typischem Element (L_1, L_2, S_1, S_2), wobei S_1 und S_2 Semaphore sind und die Nachfolgefunktionen $N_{i,j}$ für $0 \le j \le n_i$ jeweils den Wert $j + 1$ besitzen. Faßt man für einen aktiven Ablauf die Paare $(L_1[{}_t\alpha], L_2[{}_t\alpha])$ mit $0 \le t \le L\ddot{a}nge(\alpha)$ als Punkte der kartesischen Ebene auf und verbindet jeweils die Punkte, die aufeinanderfolgenden Befehlszählerständen entsprechen, so entsteht ein im Nullpunkt beginnender, monoton steigender Treppenzug.

Weiter seien $a_{i,p_{i,1}}$ bzw. $a_{i,p_{i,2}}$ P-Operationen und $a_{i,v_{i,1}}$ bzw. $a_{i,v_{i,2}}$ V-Operationen bezüglich S_1 bzw. S_2 mit $0 < p_{1,2} < p_{1,1} < v_{1,2} < v_{1,1} < n_1$ und $0 < p_{2,1} < p_{2,2} < v_{2,1} < v_{2,2} < n_2$.

Alle übrigen Aktionen seien nichtsynchronisierend. Dann muß dieser Treppenzug außerhalb der in Bild 2.5 schraffiert dargestellten Bereiche verlaufen, da dort S_1 bzw. S_2 negativ sein müßten, im Gegensatz zur Definition von P-Operationen. Das hat insbesondere die Konsequenz, daß ein aktiver Ablauf α, der zu dem Befehlszählerstand

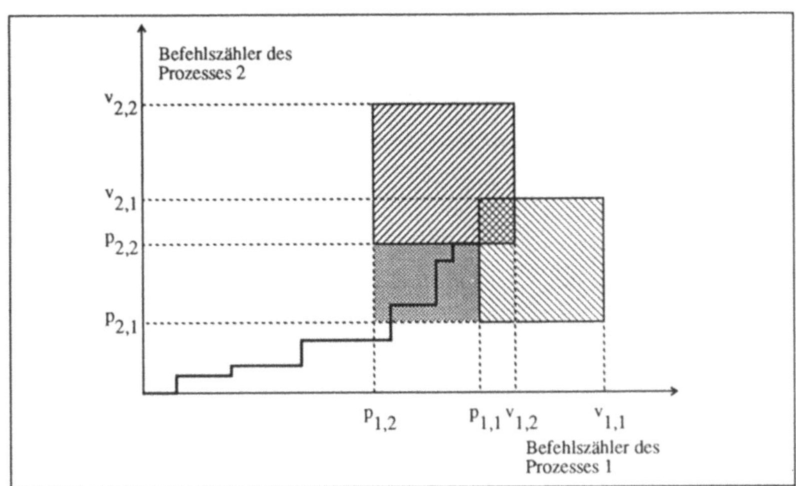

Bild 2.5 Mögliche Ablaufsituation in einem Vektoradditionssystem mit zwei Prozessen und zwei Semaphoren

$(p_{1,1}, p_{2,2})$ führt, keine aktive Fortsetzung besitzt (d. h. $lf(\alpha) = \varnothing$), obwohl $bef(\alpha) \neq \varnothing$ ist. Eine derartige Situation wird als (System-)*Verklemmung* bezeichnet.

Bild 2.5 macht zudem deutlich, daß diese Verklemmung unausweichlich ist, sobald der Treppenzug das Innere des punktierten Gebietes betreten hat. Es entsteht daher im Zusammenhang mit Verklemmungen der Wunsch, algorithmisch zu bestimmen, ob die Ausführung einer bestimmten Aktion im weiteren Ablauf zwangsläufig zu einer Verklemmung führt.

Da für die Fragestellung in dieser allgemeinen Form keine solchen Algorithmen existieren können, soll hier lediglich der für Betriebssystemüberlegungen wichtige Spezialfall der Betriebsmittelvergabe näher betrachtet werden.

Die Überlegungen dieses Abschnitts beruhen im wesentlichen auf [Habe 69], [Habe 76a], [Holt 72] und [Tosh 82].

2.6.2 Verhinderung von Verklemmungen in Betriebsmittelsystemen

Definition 2.15

1. Unter einem *Betriebsmittelsystem* wird ein Vektoradditionssystem verstanden, das folgenden zusätzlichen Bedingungen genügt:

a) Ist $a_{i,j}$ eine synchronisierende Aktion mit der Operationsbezeichnung $\langle e_{i,j} \rangle$, so ist $e_{i,j} \in \mathbb{N}_0^m$ oder $-e_{i,j} \in \mathbb{N}_0^m$.

Im ersten Fall wird $a_{i,j}$ eine Freigabe genannt, im zweiten eine Belegung.

b) Setzt man $e_{i,j}$ für nichtsynchronisierende Aktionen gleich dem Nullvektor und definiert für alle Abläufe α den Zuteilungsvektor $z_i(\alpha)$ durch

$$z_i(\alpha) = \sum_{\substack{1 \le j \le (L\ddot{a}nge(\alpha)) \\ bz(\alpha_j) = i}} (-e_{i, adr(\alpha_j)}) \ ,$$

so muß $z_i(\alpha) \ge 0$ sein für alle Prozesse P_i und alle aktiven Abläufe α, d. h. ein Prozeß kann zu keinem Zeitpunkt mehr Betriebsmittel freigeben als er insgesamt noch belegt hat.

c) Falls $bef(\alpha) \cap A_i = \varnothing$ ist, so ist $z_i(\alpha) = 0$, d.h. Prozesse geben vor Beendigung ihrer Aktivität wieder alle Betriebsmittel frei.

d) Zu jedem Prozeß existiert ein *Bedarfsvektor* b_i derart, daß für alle aktiven Abläufe die Beziehung $z_i(\alpha) \le b_i \le S[w]$ erfüllt ist.

2. Unter dem *Belegungszustand* eines Betriebsmittelsystems nach Ablauf von α wird das Tupel $Z(\alpha) = (S[w], b_1, ..., b_n, z_1(\alpha), ..., z_n(\alpha))$ verstanden. $\square$

Definition 2.16. Die durch die injektive Abbildung $f\colon \{1, ..., k\} \to \{1, ..., n\}$ definierte Prozeßfolge $F = (P_{f(1)}, ..., P_{f(k)})$ heißt sicher nach Ablauf von α (oder im Zustand $Z(\alpha)$), wenn gilt

$$\forall j \left(1 \le j \le k \Rightarrow b_{f(j)} \le S[w] - \sum_{i=1}^{n} z_i(\alpha) + \sum_{i=1}^{j} z_{f(i)}(\alpha) \right) .$$

Eine sichere Folge heißt vollständig genau dann, wenn $k = n$ ist.

Ein Zustand $Z(\alpha)$ heißt sicher, wenn es zu ihm eine vollständige, sichere Prozeßfolge gibt. $\square$

Satz 2.10. Besitzen in einem Betriebsmittelsystem sämtliche Prozesse die Eigenschaft, daß

1. eine obere Schranke $c \in \mathbb{N}$ für die Länge aktiver Abläufe existiert und

2. in nicht mehr fortsetzbaren aktiven Abläufen jeder Prozeß P_i genau eine Freigabeaktion ausführt, nämlich $\langle b_i \rangle$,

so kann nach einem aktiven Ablauf α eine künftige Verklemmung dann und nur dann verhindert werden, wenn $Z(\alpha)$ sicher ist.

Beweis: O. B. d. A. kann $|bef(\alpha)| = n$ vorausgesetzt werden.

1. Daß aus der Existenz einer vollständigen, sicheren Folge F die Möglichkeit einer verklemmungsfreien Abarbeitung des Systems folgt, zeigt nachstehende Überlegung.

Wegen $b_{f(1)} \leq S[w] - \sum_{j=2}^{n} z_{f(j)}(\alpha)$ folgt auf Grund der Definition von Betriebsmittelsystemen und Voraussetzung 2 für jede aktive Fortsetzung $\beta \in (A_{f(1)})^*$ aus $bef(\alpha \bullet \beta) \cap A_{f(1)} \neq \varnothing$ auch $lf(\alpha \bullet \beta) \cap A_{f(1)} \neq \varnothing$.

Infolge Voraussetzung 1 gibt es daher für α eine Fortsetzung $\beta^{(1)} \in (A_{f(1)})^*$ mit $bef(\alpha \bullet \beta^{(1)}) \cap A_{f(1)} = \varnothing$ und somit $z_{f(1)}(\alpha \bullet \beta^{(1)}) = 0$. Für $1 < i \leq n$ ist $z_{f(i)}(\alpha \bullet \beta^{(1)}) = z_{f(i)}(\alpha)$.

Aus der Sicherheit folgt damit $b_{f(2)} \leq S[w] - \sum_{j=3}^{n} z_{f(j)}(\alpha \bullet \beta^{(1)})$, sodaß wie oben eine aktive Fortsetzung $\beta^{(2)} \in (A_{f(2)})^*$ von $\alpha \bullet \beta^{(1)}$ gefunden werden kann mit

$$bef(\alpha \bullet \beta^{(1)} \bullet \beta^{(2)}) \cap A_{f(2)} = \varnothing \quad \text{und}$$

$$z_{f(i)}(\alpha \bullet \beta^{(1)} \bullet \beta^{(2)}) = \begin{cases} 0 & 1 \leq i \leq 2 \\ & \text{falls} \\ z_{f(i)}(\alpha) & 2 < i \leq n \end{cases} .$$

Die Wiederholung dieses Verfahrens führt schließlich zu einem aktiven Ablauf $\alpha \bullet \beta^{(1)} \bullet \ldots \bullet \beta^{(n)}$ mit $bef(\alpha \bullet \beta^{(1)} \bullet \ldots \bullet \beta^{(n)}) = \varnothing$, d. h. alle Prozesse sind vollständig abgearbeitet.

2. Sei umgekehrt $\alpha \bullet \beta$ ein aktiver Ablauf mit $bef(\alpha \bullet \beta) = \varnothing$.

Für Prozesse P_i mit $z_i(\alpha) \neq 0$ sei $t(i)$ der kleinste Index, der $z_i(\alpha \bullet {}_{t(i)}\beta) = b_i$ erfüllt, für solche mit $z_i(\alpha) = 0$ sei $t(i) = L\ddot{a}nge(\beta) + 1$.

Weiter sei die Anordnung f der Prozeßnummern so gewählt, daß aus $u < v$ die Gültigkeit der Ungleichung $t(f(u)) \leq t(f(v))$ folgt.

Aus der Definition von Betriebsmittelsystemen ergibt sich zusammen mit Voraussetzung 2:

(1) $\qquad z_{f(j)}(\alpha \bullet {}_{t(f(k))}\beta) \geq z_{f(j)}(\alpha)$ für $j \geq k$.

Auf Grund der Konstruktion von f ist für alle k mit $1 \leq k \leq n$

$$b_{f(k)} \leq S\,[w] - \sum_{\substack{i=1 \\ i \neq k}}^{n} z_{f(i)}\,(\alpha \bullet {}_{\iota(f(k))}\beta)$$

und somit

$$b_{f(k)} \leq S\,[w] - \sum_{i=k+1}^{n} z_{f(i)}\,(\alpha \bullet {}_{\iota(f(k))}\beta)\ .$$

Unter Berücksichtigung von (1) erhält man

$$b_{f(k)} \leq S\,[w] - \sum_{i=k+1}^{n} z_{f(i)}\,(\alpha)\ .$$

Also definiert f eine vollständige, sichere Folge. $\qquad\square$

Auf Grund dieses Satzes dürfen Betriebsmittelanforderungen eines Prozesses erfüllt werden, solange noch Betriebsmittel zur Verfügung stehen und der Zustand nach dieser Zuteilung sicher ist. Die Prüfung auf Sicherheit scheint bei n Prozessen die Untersuchung von bis zu $n!$ Folgen erforderlich zu machen. Tatsächlich kann dieser Aufwand deutlich reduziert werden.

Satz 2.11. In einem Betriebsmittelsystem, das die Voraussetzungen von Satz 2.10 erfüllt sei der Zustand $Z(\alpha)$ sicher und U eine durch u definierte, sichere Teilfolge. Wenn U nicht vollständig ist, kann es zu einer vollständigen, sicheren Folge V ergänzt werden.

Zur Entscheidung, ob eine vollständige, sichere Folge existiert, sind daher maximal $(n\,(n+1))\,/2$ Anordnungen zu untersuchen.

Beweis: Da $Z(\alpha)$ sicher ist, existiert eine vollständige, sichere Folge Q mit der definierenden Funktion q so, daß für alle j mit $1 \leq j \leq n$ gilt:

$$(1)\qquad b_{q(j)} \leq S\,[w] - \sum_{i=j+1}^{n} z_{q(i)}\,(\alpha)\ .$$

Da U sicher ist, gilt für alle j mit $1 \leq j \leq |U|$:

$$(2)\qquad b_{u(j)} \leq S\,[w] - \sum_{i=1}^{n} z_{i}\,(\alpha) + \sum_{i=1}^{j} z_{u(i)}\,(\alpha)\ .$$

Die Folge V werde induktiv definiert durch

a)$\qquad 1 \leq j \leq |U| \Rightarrow v(j) = u(j)$

b)$\qquad |U| < j \leq n \Rightarrow v(j) = q(min\,\{k|\,\forall i\,(1 \leq i < j \Rightarrow v(i) \neq q(k))\,\})\ .$

Für $j > |U|$ ergibt sich aus dieser Definition $q^{-1}(v(j)) \leq j$ und daher

$$(3) \qquad \forall j \left(j > |U| \Rightarrow \sum_{i = q^{-1}(v(j)) + 1}^{n} z_{q(i)}(\alpha) \geq \sum_{i = j+1}^{n} z_{v(i)}(\alpha) \right) \; .$$

Aus (1) und (3) erhält man

$$\forall j \left(j > |U| \Rightarrow b_{v(i)} \leq S[w] - \sum_{i = j+1}^{n} z_{v(i)}(\alpha) \right) \; .$$

Zusammen mit (2) folgt schließlich, daß V vollständig und sicher ist. $\qquad \Box$

Der Aufwand für die Überprüfung, ob ein sicherer Zustand nach Zuteilung von Betriebsmitteln sicher bleibt, kann häufig weiter reduziert werden auf Grund von

Satz 2.12. Sei α ein aktiver Ablauf und $Z(\alpha)$ sicher. Es werde die Belegung $a_{i,j} : \langle e_{i,j} \rangle$ ausgeführt so, daß sich der Betriebsmittelzustand $Z(\alpha \bullet a_{i,j})$ einstellt.

$Z(\alpha \bullet a_{i,j})$ ist sicher, wenn nach Ablauf von $a_{i,j}$ eine sichere (nicht notwendig vollständige) Folge existiert, die P_i enthält.

Beweis: Es definiere u eine Folge der Länge r, die nach Ablauf von $\alpha \bullet a_{i,j}$ sicher ist und P_i enthält. Dann gilt:

$$\forall k \left(1 \leq k \leq r \Rightarrow b_{u(k)} \leq S[w] - \sum_{s=1}^{n} z_s(\alpha \bullet a_{i,j}) + \sum_{s=1}^{k} z_{u(s)}(\alpha \bullet a_{i,j}) \right.$$

$$\left. \leq S[w] - \sum_{s=1}^{n} z_s(\alpha) + \sum_{s=1}^{k} z_{u(s)}(\alpha) \right) \; .$$

Da demnach u eine nach Ablauf von α sichere Teilfolge definiert, kann es zu einer Funktion v erweitert werden, die eine nach Ablauf von α vollständige, sichere Folge definiert. Diese Folge ist auch nach Ablauf von $\alpha \bullet a_{i,j}$ sicher, denn für alle k mit $k > u^{-1}(i)$ gilt

$$\sum_{s=k+1}^{n} z_{v(s)}(\alpha) = \sum_{s=k+1}^{n} z_{v(s)}(\alpha \bullet a_{i,j}) \; .$$

Es ist daher V nach Ablauf von $\alpha \bullet a_{i,j}$ sicher. $\qquad \Box$

In Systemen mit nur einem Betriebsmitteltyp (Semaphor) läßt sich auf der Basis des nachfolgenden Satzes eine Strategie zur Verhinderung von Verklemmungen konzipieren, deren Überprüfungsaufwand nur linear mit der Zahl der beteiligten Prozesse ansteigt.

Satz 2.13. Sei ein Betriebsmittelsystem mit nur einem Betriebsmitteltyp gegeben, das die Voraussetzungen von Satz 2.10 erfüllt. Weiter sei

$$r_i(\alpha, x) = \begin{cases} min\{z_i(\alpha), b_i - x\} & b_i \geq x \\ 0 & \text{falls} \quad b_i < x \end{cases}.$$

Unter dieser Voraussetzung ist $Z(\alpha)$ sicher genau dann, wenn gilt

$$\forall x \left(0 \leq x \leq S[w] \Rightarrow x \leq S[w] - \sum_{i=1}^{n} r_i(\alpha, x) \right).$$

Beweis:

1. Sei $x > S[w] - \sum_{i=1}^{n} r_i(\alpha, x)$.

Nimmt man an, daß Prozesse mit Bedarf $b_i \leq x$ keine Betriebsmittel innehaben und an solche mit $b_i > x$ höchstens $r_i(\alpha, x)$ Betriebsmittel vergeben sind, so entsteht eine Situation, die bezüglich künftiger Betriebsmittelanforderungen keinesfalls schlechter ist. Es wären dann $\sum_{i=1}^{n} r_i(\alpha, x)$ Betriebsmittel vergeben. Für alle Prozesse P_i mit $b_i > x$, von denen wegen der Annahme wenigstens einer existieren muß, ist dann $b_i - x \geq z_i(\alpha)$, d. h. jeder benötigt bis zur Deckung seines Maximalbedarfs noch mindestens x Betriebsmittel. Andererseits sind von diesen Prozessen wenigstens $\sum_{i=1}^{n} r_i(\alpha, x)$ Betriebsmittel bereits belegt so, daß bis zur endgültigen Abarbeitung wenigstens eines dieser Prozesse nur $S[w] - \sum_{i=1}^{n} r_i(\alpha, x)$ Betriebsmittel zur Verfügung stehen.

Da nach Annahme $S[w] - \sum_{i=1}^{n} r_i(\alpha, x) < S[w] - (S[w] - x) = x$ ist, kann keiner dieser Prozesse in der weiteren Bearbeitung seinen Maximalbedarf decken, d. h. eine verklemmungsfreie Abarbeitung ist nicht möglich.

2. Sei $x \leq S[w] - \sum_{i=1}^{n} r_i(\alpha, x)$ für alle x mit $0 \leq x \leq S[w]$ und das System vom Zustand $Z(\alpha)$ aus nicht verklemmungsfrei abarbeitbar.

Dann existiert ein Prozeß P_k, der bei keiner aktiven Fortsetzung von α seinen Maximalbedarf decken kann.

Falls nämlich aktive Fortsetzungen $\beta_{(r)}$ bzw. $\beta_{(s)}$ existieren, bei denen P_r bzw. P_s vollständig abgearbeitet werden, dann kann im Anschluß an $\beta_{(r)}$ Prozeß P_s zu Ende gebracht werden, da er dann zumindest keine schlechtere Betriebsmittelsituation vorfindet als im Anschluß an α.

Es sei P_k ein Prozeß, der bei keiner aktiven Fortsetzung von α fertigstellbar ist. Zudem sei k so gewählt, daß $x_k = b_k - z_k(\alpha)$ minimal ist, d. h. P_k ist unter den nicht fertigstellbaren Prozessen der mit dem geringsten Restbedarf.

Für alle Prozesse ist nach Definition $z_i(\alpha) \geq r_i(\alpha, x_k)$.

Für Prozesse mit Restbedarf größer oder gleich x_k ist $r_i(\alpha, x_k) = z_i(\alpha)$ und somit $z_i(\alpha) - r_i(\alpha, x_k) = 0$.

Nach Annahme gibt es einen aktiven Ablauf $\alpha \bullet \beta$ (β ist evtl. die leere Aktionenfolge), der alle Prozesse mit Restbedarf kleiner x_k fertigstellt. Auf Grund der vorangehenden Bemerkungen ergibt sich

$$S[w] - \sum_{i=1}^{n} z_i(\alpha \bullet \beta) \geq S[w] - \sum_{i=1}^{n} z_i(\alpha) + \sum_{i=1}^{n} (z_i(\alpha) - r_i(\alpha, x_k))$$

$$= S[w] - \sum_{i=1}^{n} r_i(\alpha, x_k).$$

Aus der Annahme erhält man damit

$$S[w] - \sum_{i=1}^{n} z_i(\alpha \bullet \beta) \geq x_k,$$

also ist P_k nach Ablauf von $\alpha \bullet \beta$ fertigstellbar im Gegensatz zur Annahme. $\square$

2.6.3 Erkennung von Verklemmungen

Für die Feststellung von Verklemmungen sind Verfahren bekannt, die in etwas allgemeineren Situationen als der bislang betrachteten anwendbar sind. Eine mögliche Verallgemeinerung besteht darin, zusätzlich zu den betrachteten *wiederverwendbaren Betriebsmitteln* noch *verbrauchbare* zuzulassen. Erzeugerprozesse für verbrauchbare Betriebsmittel dürfen zu jedem Zeitpunkt beliebig viele Exemplare erzeugen, die damit verfügbar werden. Verbraucher können solche Betriebsmittel anfordern. Sind zum Zeitpunkt der Anforderung keine Exemplare vorhanden, so wird der anfordernde Prozeß blockiert. Zugeteilte Exemplare werden nicht mehr zurückgegeben. Sie verhalten sich also wie Semaphore in *PV-chunk*-Systemen, wobei die Anforderung einer *P*-Operation entspricht und die Erzeugung einer *V*-Operation.

Beispiel für verbrauchbare Betriebsmittel sind Nachrichten in einem System, dessen Prozesse durch Austausch von Nachrichten kommunizieren. Die Erzeugung im obigen Sinne erfolgt durch das Aussenden einer Nachricht, die Anforderungen durch einen Empfangswunsch. So können die PIPES von UNIX als Betriebsmitteltypen betrachtet werden. Die Erzeugung von Exemplaren erfolgt durch den Aufruf WRITE und die Anforderung und Zuteilung durch READ. Das genaue Synchronisationsverhalten einiger UNIX-Varianten gibt nachstehende Spezifikation wieder.

Sie verwendet zusätzlich zu den bereits in Abschnitt 1.3.3 erläuterten Darstellungsmitteln drei weitere:

1. Zur Steuerung des Kontrollflusses in Operationen, die sich aus mehreren Teilaktivitäten zusammensetzen, wird das WHILE-Konstrukt mit der aus PASCAL bekannten Bedeutung benutzt.

2. Bei Operationen, die sich aus mehreren Teilaktivitäten zusammensetzen, ist es zuweilen zweckmäßig, noch pro Aufruf einen operationsinternen Zustand einzuführen, über den ein aufrufspezifischer Zusammenhang zwischen den Teilaktivitäten hergestellt werden kann. Die Beschreibung dieses Zustandsanteils erfolgt zu Beginn der Operationsbeschreibung und ist durch das Schlüsselwort LOCAL gekennzeichnet.

3. Zu einer gegebenen Sequenz liefert die Funktion $intervall(i, j)$ die Teilsequenz ab dem i-ten bis einschließlich dem j-ten Element. Die Numerierung der Elemente beginnt mit 1.

MODULE Pipe;

DECLARATIONS

    s   : SEQUENCE OF CHARACTER;
        /* In der PIPE befindliche Zeichen (= Betriebsmittelexemplare) */
Überlauf : BOOLEAN;

INITIALLY $s = \lambda$ AND Überlauf = FALSE;

OPERATIONS

    write(abzuliefernde_Zeichen: SEQUENCE OF CHARACTER);
      LOCAL
        Rest   : INTEGER;
          /*Zahl noch in die PIPE aufzunehmender Zeichen */
        abgeliefert : INTEGER;
          /* Zahl der an die PIPE abgelieferten Zeichen */

```
EFFECTS
    Rest = 'abzuliefernde_Zeichen.length()
    AND abgeliefert = 0;

WHILE Rest ≠ 0 DO

    EFFECTS
        ('s.length() < 4096 IMPL
            (s = 's • abzuliefernde_Zeichen.interval
                        (   'abgeliefert + 1,
                            'abgeliefert + min('Rest, 4096))
            AND abgeliefert = 'abgeliefert + min('Rest, 4096)
            AND Rest = 'Rest - min('Rest, 4096))
        AND (Rest ≠ 0 IMPL Überlauf = TRUE)

    NBL
        'Rest = 0 OR Überlauf = FALSE

END WHILE;

read(maximale_Zeichenzahl: INTEGER)
    → zurückgegebene_Zeichen: SEQUENCE OF CHARACTER;

NBL
    's.length() > 0

EFFECTS
    zurückgegebene_Zeichen
        = 's.interval(1, min(maximale_Zeichenzahl, 's.length()))
    AND s = 's.interval
                    (min(maximale_Zeichenzahl, 's.length()) + 1,
                    's.length())
    AND ((s = λ) IMPL (Überlauf = FALSE))

END_MODULE
```

Für den Anwender besonders bemerkenswert ist die Behandlung der Variablen *Überlauf*, die zu überraschenden Effekten führen kann, wenn die Zahl abzuliefernder Zeichen nicht für alle Schreibaufrufe kleiner oder gleich 4096 ist. In den betreffenden UNIX-Beschreibungen findet dieses Verhalten seinen Niederschlag in der einschränkenden Aussage, daß Schreibaufrufe mit höchstens 4096 abzuliefernden Zeichen *atomar* sind.

Ein Modul, das als Bestandteil des Betriebssystems zu sehen ist und die Grundlage für die Erkennung von Verklemmungen bildet, kann wie folgt beschrieben werden:

MODULE Betriebsmittelsystem;

TYPES

$P = (p_1, p_2, ..., p_n);$ /* Identifikatoren der Prozesse */

$B_w = (b_1, b_2, ..., b_r);$ /* Identifikatoren der Typen wiederverwendbarer Betriebsmittel */

$B_v = (b_{r+1}, b_{r+2}, ..., b_{r+s});$ /* Identifikatoren der Typen verbrauchbarer Betriebsmittel */

DECLARATIONS

a : SET OF $P \times (B_w \cup B_v) \times \mathbb{N}$;   /* Anforderungskanten */

z : SET OF $B_w \times P \times \mathbb{N}$;   /* Zuteilungskanten */

e : SET OF $B_v \times P$;   /* Erzeugerkanten */

r : ARRAY[$B_w \cup B_v$] OF INTEGER;

/*Zahl freier Exemplare der einzelnen Betriebsmitteltypen */

INITIALLY   FORALL b (b $\in$ $(B_w \cup B_v)$ IMPL r[b] $\in$ $\mathbb{N}$);

OPERATIONS

Anforderung(fp: P; fa: SET OF $(B_w \cup B_v) \times \mathbb{N}$);

/* Mit dieser Operation werden der Betriebsmittelverwaltung Anforderungen mitgeteilt.

fp ist der Identifikator des anfordernden Prozesses.

fa gibt an, von welchen Betriebsmitteln wieviele Exemplare angefordert werden. */

PRE

FORALL b(b $\in$ $(B_w \cup B_v)$ IMPL |fa $\cap$ ({b} $\times$ $\mathbb{N}$)| $\leq$ 1)
AND 'a $\cap$ ({fp} $\times$ $(B_w \cup B_v) \times \mathbb{N}$) = $\varnothing$

EFFECTS

a = 'a $\cup$ ({fp} $\times$ fa);

Zuteilung(fp: P);

/* Mit dieser Operation wird der Zustand bei Zuteilungen nachgeführt. Es wird dabei davon ausgegangen, daß bei Zuteilung alle anstehenden Anforderungen eines Prozesses erfüllt werden.

fp enthält den Identifikator des Prozesses, an den die Zuteilung erfolgt. */

PRE
    FORSOME $x(x \in$ 'a $\cap (\{fp\} \times (B_w \cup B_v) \times \mathbb{N}))$

NBL
    FORALL x
        $(x = (x_1,x_2,x_3) \in$ 'a $\cap (\{fp\} \times (B_w \cup B_v) \times \mathbb{N})$
           IMPL $x_3 \leq$ 'r$[x_2]$);

EFFECTS
    a = 'a - $(\{fp\} \times (B_w \cup B_v) \times \mathbb{N})$ AND
    z = ('z - $B_w \times \{fp\} \times \mathbb{N}) \cup$
        $\{(b,fp,n) \mid$
           $b \in B_w$ AND $n \in \mathbb{N}$ AND
             $((fp,b,n) \in$ 'a AND 'z $\cap \{b\} \times \{fp\} \times \mathbb{N} = \varnothing$
             OR $(b,fp,n) \in$ 'z AND 'a $\cap \{fp\} \times B_w \times \mathbb{N} = \varnothing$
             OR $(fp,b,n_1) \in$ 'a AND $(b,fp,n_2) \in$ 'z AND $n = n_1 + n_2$
)
        $\}$ AND
    FORALL $b,n((fp,b,n) \in$ 'a IMPL $r[b] =$ 'r$[b]$ - n);

Freigabe(fp: P; fb: B_w);

/* Diese Operation dient der Freigabe von Betriebsmitteln. Es wird vorausgesetzt, daß bei Freigaben sämtliche Exemplare eines Betriebsmitteltyps freigegeben werden.

fp enthält den Identifikator des freigebenden Prozesses.

fb enthält den Identifikator des Betriebsmitteltyps, auf den sich die Freigabe bezieht. */

PRE

    'a $\cap (\{fp\} \times (B_w \cup B_v) \times \mathbb{N}) = \varnothing$ AND
    'z $\cap (\{fb\} \times \{fp\} \times \mathbb{N}) \neq \varnothing$;

EFFECTS
    z = 'z - $\{fb\} \times \{fp\} \times \mathbb{N}$ AND
    $((fb,fp,n) \in$ 'z IMPL $r[fb] =$ 'r$[fb]$ + n);

Erzeugung(fp: P; fb: B_v);

/* Mit dieser Operation wird die Erzeugung eines Exemplares eines verbrauchbaren Betriebsmittels notiert.

fp ist der Identifikator des erzeugenden Prozesses.

fb ist der Identifikator des Betriebsmitteltyps. */

PRE

$\quad$ 'a $\cap$ ({fp} $\times$ (B$_w$ $\cup$ B$_v$) $\times$ $\mathbb{N}$) = $\emptyset$ AND

$\quad$ 'e $\cap$ ({fp} $\times$ {fb}) $\neq \emptyset$;

EFFECTS

$\quad$ r[fb] = 'r[fb] + 1;

Reduktion(fp: P);

/* Diese Operation dient ausschließlich der Verklemmungserkennung. Sie simuliert für einen Prozeß bezüglich der Betriebsmittelsituation das bestmögliche künftige Verhalten. Es besteht in der Annahme, daß im weiteren Verlauf keine neuen Anforderungen gestellt werden, alle wiederverwendbaren Betriebsmittel freigegeben werden und (sofern der Prozeß als Erzeuger eingetragen ist) beliebig viele verbrauchbare Betriebsmittel erzeugbar sind.

fp ist der Identifikator des Prozesses. */

NBL

$\quad$ FORALL b,n((fp,b,n) $\in$ 'a IMPL n $\leq$ 'r[b]);

EFFECTS

$\quad$ a = 'a - ({fp} $\times$ (B$_w$ $\cup$ B$_v$) $\times$ $\mathbb{N}$) AND

$\quad$ z = 'z - (B$_w$ $\times$ {fp} $\times$ $\mathbb{N}$) AND

$\quad$ e = 'e - (B$_v$ $\cup$ {fp}) AND

$\quad$ FORALL b,n(b $\in$ B$_w$ AND (b,fp,n) $\in$ 'z

$\qquad\qquad\qquad$ IMPL rb = 'r[b] + n) AND

$\quad$ FORALL b(b $\in$ B$_v$ AND (b,fp) $\in$ 'e

$\qquad\qquad\qquad$ IMPL r[b] $\geq \displaystyle\sum_{\langle p,\,b,\,n \rangle \in \text{'a}} n$;

END_MODULE

Auf der Basis dieses Moduls, kann der Begriff der partiellen Verklemmung präzisiert werden.

Definition 2.17

1. Der Prozeß P_i heißt blockiert im Zustand y eines Betriebsmittelsystems, wenn gilt

$$\exists b, n \, (\, (P_i, b, n) \in a \wedge n > r[b] \,),$$

d. h. es existiert ein Betriebsmittel b, für das Anforderungen durch Prozeß P_i vorliegen, die im momentanen Zustand nicht erfüllbar sind.

2. Der Prozeß P_i heißt verklemmt im Zustand y eines Betriebsmittelsystems, wenn P_i in allen Zuständen blockiert ist, die von y aus durch Ausführung einer die PRE- und NBL-Bedingungen erfüllenden Folge von Anforderungs-, Zuteilungs-, Freigabe- und Erzeugungsoperationen erreicht werden können.

3. Ein Betriebsmittelsystem heißt partiell verklemmt im Zustand y, wenn wenigstens ein im Zustand y verklemmter Prozeß P_i existiert. $\qquad\Box$

Satz 2.14. Der Prozeß P_i ist im Zustand y eines Betriebsmittelsystems genau dann nicht verklemmt, wenn von y aus durch eine Folge zulässiger und ausführbarer Reduktionsoperationen ein Zustand y' erreicht werden kann, in dem P_i nicht blockiert ist.

Beweis:

1. Es sei P_i nicht verklemmt im Zustand y. Dann existiert also eine Übergangsfolge

$$y \xrightarrow{\ op_1\ } y_1 \xrightarrow{\ op_2\ } y_2 \xrightarrow{\ op_3\ } \dots \xrightarrow{\ op_n\ } y_n$$

so, daß P_i im Zustand y_n nicht blockiert ist.

Ein Prozeß P_j heiße isoliert, wenn er folgende Eigenschaften besitzt:

a) $a \cap (\{P_j\} \times (B_w \cup B_v) \times I\!N) = \varnothing$,

b) $z \cap (B_w \times \{P_j\} \times I\!N) = \varnothing$ und

c) $e \cap (B_v \times \{P_i\}) = \varnothing$.

Man konstruiere nun aus der gegebenen Folge durch Streichung aller Operationen, die sich auf isolierte Prozesse beziehen, eine neue. Die so entstehende Folge ist zulässig und ausführbar, da die gestrichenen Operationen nur zu einer Verringerung von Komponenten des Vektors r der freien Betriebsmittelexemplare führen könnten. Behält man nun weiter für jeden Prozeß nur die erste Operation bei, die sich auf ihn bezieht und ersetzt sie durch eine Reduktion bezüglich dieses Prozesses, so entsteht eine zulässige und ausführbare Reduktionsfolge, die zu einem Zustand y' führt mit $r'[b] \geq r[b]$ für alle Betriebsmittel $b \in B_w \cup B_v$. Also ist P_i in y' nicht verklemmt.

2. Es existiere eine Folge von Reduktionsaufrufen, die den Zustand y in y' überführt derart, daß P_i in y' nicht blockiert ist. Ersetzt man dann jeweils *Reduktion*(P_j) durch die Aufruffolge

a) *Zuteilung*(P_j),

b) *Freigabe*(P_j, b) für alle b mit $'a \cap (\{b\} \times \{P_j\} \times I\!N) \neq \varnothing$ und

c) *Erzeugung*(P_j, b) für alle $b \in B_v$ mit $(b, P_j) \in {'e}$ solange, bis der Wert von $r[b]$ derselbe ist, wie nach der Reduktion, so ist diese Folge ebenfalls zulässig und ausführbar. Man überzeugt sich leicht, daß die so konstruierte Folge zu einem Zustand führt, in dem P_i nicht blockiert ist.   □

Folgerung: Ein Betriebsmittelsystem ist genau dann nicht verklemmt, wenn es durch eine Reduktionsfolge in einen Zustand überführt werden kann, in dem $a = z = e = \varnothing$ ist.

Die Zustände eines Betriebsmittelsystems lassen sich durch Betriebsmittelgraphen veranschaulichen, die folgendermaßen konstruiert werden:

1. Knoten sind die Elemente von $P \cup B_w \cup B_v$.

2. Für alle Anforderungskanten (P, b, n) wird ein Pfeil von P nach b eingetragen mit der Markierung n.

3. Für alle Zuteilungskanten (P, b, n) wird ein Pfeil von b nach P eingetragen mit der Markierung n.

4. Für alle Erzeugerkanten (P, b) wird ein unmarkierter Pfeil von P nach b eingetragen.

5. Alle Knoten b aus $B_w \cup B_v$ werden mit $r\,[b]$ markiert.

Damit läßt sich in einfacher Weise eine notwendige Bedingung für partielle Verklemmungen formulieren.

Satz 2.15. Ein Betriebsmittelsystem kann nur dann im Zustand y partiell verklemmt sein, wenn der zugehörige Betriebsmittelgraph einen Zyklus enthält.

Beweis: Falls der Betriebsmittelgraph keinen Zyklus enthält, gibt es eine lineare Anordnung der Prozesse derart, daß P_i vor P_j steht, falls es einen Pfad von P_j nach P_i gibt.

Entfernt man isolierte Prozesse und führt dann entsprechend obiger Anordnung eine Folge von Reduktionen aus, so erhält man einen kantenfreien Graphen, d. h. er repräsentiert einen Zustand mit $a = e = z = \varnothing$, in dem kein Prozeß blockiert ist.   □

Folgerung: Aus Satz 2.15 ergibt sich für Betriebsmittelsysteme, die nur über wiederverwendbare Betriebsmittel verfügen, eine einfach zu handhabende Vorgehensweise zur Vermeidung von partiellen Verklemmungen, wenn kein Prozeß mehr verbrauchbare Betriebsmittel anfordert, als in dem System vorhanden sind. Man führt dazu auf der Menge der Betriebsmitteltypen eine partielle Ordnung $<^*$ ein und läßt für einen Prozeß P_i eine Anforderung bezüglich eines Betriebsmitteltyps b nur dann zu, wenn für alle Betriebsmitteltypen b', von denen Exemplare an P_i zugeteilt sind oder für die P_i Erzeuger ist, die Beziehung $b <^* b'$ besteht.

Es kann dann ein Pfad von b_i nach b_j nur existieren, wenn $b_i <^* b_j$ ist. Also kann kein Zyklus entstehen, der mehr als einen Betriebsmitteltyp enthält. Zyklen die nur einen Betriebsmitteltyp enthalten sind aber ebenfalls ausgeschlossen. Daher sind alle entstehenden Betriebsmittelgraphen zyklenfrei und es können somit keine partiellen Verklemmungen entstehen.

Eine der ersten Anwendungen dieser Folgerung war die Betriebsmittelvergabe im Betriebssystem IBM OS/360 MVT. Ein Benutzerauftrag kann in diesem Betriebssystem aus mehreren, dynamisch erzeugbaren Teilaufträgen bestehen, die privaten Arbeitsspeicher benötigen und darüber hinaus Zugang zu gemeinsamen Dateien (*data sets*) und exklusive Zuteilung peripherer Geräte fordern können. In einem solchen System können Verklemmungen z. B. dadurch vermieden werden, daß der Betriebsmittelvergabe die Anordnung

$$periphere\ Geräte\ <*\ Arbeitsspeicher\ <*\ Datenobjekte (data\ sets)$$

zugrunde gelegt wird, die in [Have 68] näher begründet ist. Das gleiche Prinzip mit einer wesentlich umfangreicheren Betriebsmittelliste wird im Betriebssystem IBM MVS verwendet.

Eine Anwendung im Bereich des Beweisens der Korrektheit von Programmen zeigt Beispiel 2.8.

Beispiel 2.8 (Philosophenproblem). Die Aufgabenstellung wird in [Dijk 71] so beschrieben:

„Der Lebenslauf eines Philosophen besteht aus einem Wechsel von Nachdenken und Speisen:

```
CYCLE  BEGIN   nachdenken;
                speisen
        END.
```

Fünf Philosophen, numeriert von 0 bis 4, leben zusammen in einem Haus, in dem der Speisetisch für sie gerichtet wird. Jeder Philosoph hat seinen eigenen Platz an diesem Tisch (siehe Bild 2.6).

Das einzige Problem - neben denen der Philosophie - besteht darin, daß eine schwierig zu essende Art von Spaghetti serviert wird, die nur mit zwei Gabeln gegessen werden kann. Es befinden sich zwar neben jedem Teller zwei Gabeln, so daß dies keine Schwierigkeiten bereitet, aber es hat zur Folge, daß nicht zwei Tischnachbarn gleichzeitig speisen können.

Eine sehr naive Lösung ordnet jeder Gabel einen Semaphor zu mit Anfangswert 1 (zum Zeichen dafür, daß die Gabel unbenutzt ist) und, indem jeder Philosoph seine eigene, lokale Terminologie zur Benennung dieser Semaphore verwendet, könnte man meinen, die folgende Vorschrift für das Verhalten eines Philosophen sei brauchbar:

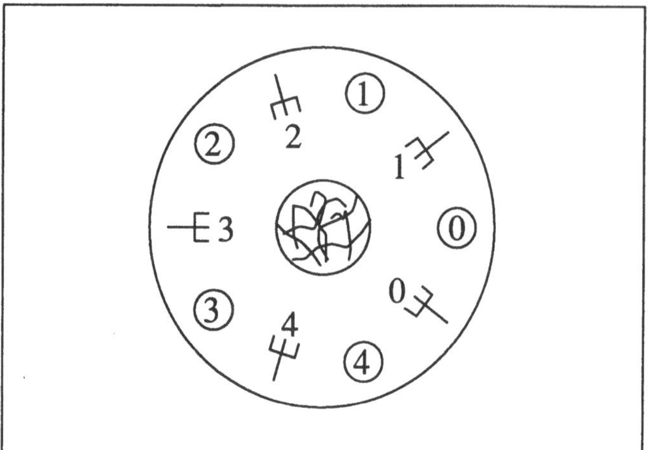

Bild 2.6 Der Speisetisch der fünf Philosophen

```
CYCLE  BEGIN    nachdenken;
                P(linke Gabel); P(rechte Gabel);
                    speisen;
                V(linke Gabel); V(rechte Gabel)
        END.
```

Diese Lösung garantiert zwar, daß nicht zwei Tischnachbarn gleichzeitig essen, muß aber dennoch zurückgewiesen werden, da sie die Möglichkeit einer Verklemmung in sich birgt. Wenn alle fünf Philosophen gleichzeitig hungrig werden, nimmt jeder die linke Gabel und von diesem Moment an ist die Situation festgefahren."

Bezeichnet man Philosophen mit obigem Verhaltensmuster als Linkshänder und solche, die zuerst die rechte Gabel aufnehmen und dann erst die linke als Rechtshänder, so sind partielle Verklemmungen ausgeschlossen, wenn unter den Philosophen sowohl Rechts- als auch Linkshänder sind. In diesem Fall kann nämlich auf der Menge der Betriebsmitteltypen (Gabeln) eine lineare Anordnung definiert werden so, daß die Voraussetzungen der Folgerung zu Satz 2.15 von den Philosophen erfüllt werden und das System daher verklemmungsfrei sein muß. Ist z. B. lediglich Philosoph 0 ein Rechtshänder und numeriert man die Gabeln in der Art, daß die linke Gabel dieselbe Nummer hat wie der jeweilige Philosoph, so erfolgt die Betriebsmittelanforderung im Einklang mit der Anordnung

$$Gabel_0 <^* Gabel_4 <^* Gabel_3 <^* Gabel_2 <^* Gabel_1 .$$

3 Prozessorvergabestrategien

3.1 Die Aufgabenstellung

Die Überlegungen des 2. Kapitels führten zu den praktisch wichtigen (Φ, Θ)-Synchronisationssystemen und dem Begriff der Implementation. Zunächst kann festgestellt werden, daß in der Anwendung synchronisierende Aktionen im Vergleich zu nichtsynchronisierenden selten vorkommen. Für die Betrachtung der Prozessorvergabestrategien ist es deshalb zweckmäßig, die Aktivitäten eines Prozesses in *Teilaufträge* zu zerlegen, die höchstens am Anfang und am Ende synchronisierende Aktionen enthalten. Wie die Überlegungen in Abschnitt 2.4 zeigten, kann auch bei sehr strenger Auslegung des Implementierungsbegriffs ein solches Prozeßsystem dadurch implementiert werden, daß jeder Teilauftrag als selbständiger Prozeß betrachtet wird. Die Prozesse haben hierbei die Eigenschaft, daß sie, falls ihre Bearbeitung begonnen wird, auch vollständig abgearbeitet werden können. Für die Implementierung auf einem Monoprozessor wurde in Abschnitt 2.5 eine Vorgehensweise entwickelt, bei der die Funktion *Zuordnung*, die durch die sogenannte *Prozessorvergabestrategie* realisiert wird, nicht näher spezifiziert wurde. Es ist zu bemerken, daß die dortigen Überlegungen angewandt auf die hier betrachteten Implementationen zu neuen Zuordnungen nur am Ende eines Teilauftrags führen. Derartige Zuordnungsstrategien werden als nichtverdrängend (non-preemptive) bezeichnet. Finden Neuzuordnungen auch während der Bearbeitung eines Teilauftrags statt mit der Folge, daß ein gerade in Bearbeitung befindlicher Teilauftrag vorübergehend zugunsten eines anderen zurückgestellt wird, so spricht man von verdrängenden (preemptive) Strategien.

Ein Beispiel für Anforderungen an Prozessorvergabestrategien wurde bereits bei der Betrachtung des Paketverteilers deutlich. Dort sind Situationen denkbar, in denen die Teilaufträge gewisse Kriterien bezüglich ihres spätesten Fertigstellungszeitpunktes einhalten müssen. Es entsteht dabei die Frage, ob durch eine geeignete Prozessorvergabestrategie automatisch für die Einhaltung einer solchen Forderung gesorgt werden kann, falls ihre Erfüllung überhaupt möglich ist. Eine andere Forderung an die Prozessorvergabestrategie könnte darin bestehen, für bestimmte Klassen von Teilaufträgen, z. B. für solche, die direkt über Bildschirm mit dem Benutzer kommunizieren, die Wartezeiten gering zu halten.

Da das Ablaufgeschehen in heutigen Rechensystemen zu komplex ist, um nur durch Messung oder Inspektion erfaßt oder vorhergesagt werden zu können, werden zur weiteren Verfolgung derartiger Fragestellungen geeignete Modelle entwickelt. Diese Modelle stellen nur die für die spezielle Analyse relevanten Merkmale des Systems dar, wie

z. B. wichtige Systemkomponenten oder Beziehungen zwischen diesen Komponenten. Komplexere Systeme werden also so weit abstrahiert, daß die interessierenden Leistungsgrößen noch hinreichend gut erfaßbar sind, für die Fragestellung irrelevante Details aber weitgehend unterdrückt werden. Das Ziel der Modellbildung ist eine formale Beschreibung realer Abläufe, die Definition und Bestimmung charakteristischer Leistungsmaße (oder Leistungsgrößen) sowie das Bereitstellen von Entscheidungshilfen für den Entwurf optimaler Hardwarestrukturen und Betriebssysteme.

Für die Analyse solcher Fragestellungen haben sich *Warteschlangenmodelle* immer mehr als wichtiges Instrument durchgesetzt. Sie benutzen als Grundbegriffe

1. *Aufträge*, die zu bearbeiten sind,

2. *Bedienstationen*, mit deren Hilfe die Aufträge abgewickelt werden, und

3. *Warteschlangen*, in die Aufträge aufgenommen werden, die auf Bearbeitung durch eine Bedienstation warten.

Beispiele für Bedienstationen sind Rechenprozessoren und periphere Geräte. Aufträge repräsentieren z. B. ausführbare Aktivitäten von Modulen. Die Untersuchung von Warteschlangenmodellen soll Aufschluß geben über die Wartezeiten der Aufträge und die Auslastung der Bedienstationen, sowie über den Einfluß, den die Auswahlstrategien, nach denen die Aufträge aus den Warteschlangen ausgewählt werden, auf diese Größen haben.

Die beiden wichtigsten Methoden zur Untersuchung von Warteschlangenmodellen sind die operationelle Methode [Denn 78] und die analytische [Bolc 82], [Bolc 89].

3.2   Die operationelle Methode

Charakteristisch für diese Methode ist die Ermittlung von Zusammenhängen zwischen verschiedenen System- und Leistungsgrößen eines Warteschlangenmodells ohne Zuhilfenahme statistischer Annahmen. Für die Betrachtungen im Zusammenhang mit Prozeßsystemen des einleitend erläuterten Aufbaus wird davon ausgegangen, daß das System nur zu Zeitpunkten, die ein ganzzahliges Vielfaches von Δt sind, beobachtbar ist (in einem realen System kann z. B. für Δt die Taktdauer gewählt werden). Der Zeitpunkt t wird vom Beginn der Beobachtung aus nach Ablauf der Zeit $t \cdot \Delta t$ erreicht. Es wird weiter angenommen, daß sich der Zustand des Systems in den Intervallen $(t \cdot \Delta t, (t + 1) \cdot \Delta t)$ nicht ändert, da nach Annahme eine solche Änderung erst zum Zeitpunkt $t + 1$ feststellbar ist.

Betrachtet man bezüglich eines Auftrags A_i nur die Zustandsmöglichkeiten *blockiert*, *wartend* und *in Bearbeitung*, so sind für das Zuordnungsproblem lediglich die beiden letzten relevant. Das Systemverhalten kann daher beschrieben werden durch die *Wartefunktion* $W_i(t)$ und die *Bedienfunktion* $R_i(t)$ gemäß der Festlegung:

$$
W_i(t) = \begin{cases} 1 & \text{falls der Auftrag } A_i \text{ im Intervall } [t \cdot \Delta t, (t+1) \cdot \Delta t) \\ & \text{auf Bedienung wartet, aber nicht bearbeitet wird (weil z.} \\ & \text{B. alle geeigneten Bedienstationen beschäftigt sind)} \\ 0 & \text{sonst} \end{cases}
$$

und

$$
R_i(t) = \begin{cases} 1 & \text{falls der Auftrag } A_i \text{ im Intervall } [t \cdot \Delta t, (t+1) \cdot \Delta t) \\ & \text{bedient wird} \\ 0 & \text{sonst} \end{cases}
$$

Im weiteren wird angenommen, daß ein System von Aufträgen A_1 bis A_n im Zeitintervall $[0, T\Delta t]$ zu betrachten ist. Außerdem soll für alle Aufträge A_i ($1 \leq i \leq n$) die

Nebenbedingung 1

$$
\exists t\,(0 \leq t < T \wedge R_i(t) = 1) \wedge \forall t\,(0 \leq t < T \Rightarrow W_i(t)R_i(t) = 0)
$$

erfüllt sein, d. h. jeder Auftrag wird in dem Intervall $[0, T\Delta t]$ bedient und kann zu keinem Zeitpunkt wartend *und* in Bearbeitung sein.

Nachstehend werden die zur Beschreibung von Warteschlangenmodellen üblichen Begriffe definiert.

Wartezeit des Auftrags A_i:

$$
W_i =_{\mathrm{Df}} \sum_{t'=0}^{T-1} W_i(t')\Delta t
$$

Bedienzeit des Auftrags A_i:

$$
R_i =_{\mathrm{Df}} \sum_{t'=0}^{T-1} R_i(t')\Delta t
$$

Restbedienzeit von A_i zum Zeitpunkt t:

$$
\vec{R}_i(t) =_{\mathrm{Df}} \sum_{t'=t}^{T-1} R_i(t')\Delta t
$$

Von A_i zum Zeitpunkt t verbrachte Wartezeit:

$$\overleftarrow{W}_i(t) =_{\mathrm{Df}} \sum_{t'=0}^{t-1} W_i(t')\Delta t$$

Restbedienzeit der zum Zeitpunkt t wartenden Aufträge:

$$\overrightarrow{WR}(t) =_{\mathrm{Df}} \sum_{i=1}^{n} W_i(t)\overrightarrow{R}_i(t)$$

Bisherige Wartezeit der zum Zeitpunkt t in Bedienung befindlichen Aufträge:

$$R\overleftarrow{W}(t) =_{\mathrm{Df}} \sum_{i=1}^{n} R_i(t)\overleftarrow{W}_i(t)$$

Mittlere Restbedienzeit für die wartenden Aufträge:

$$\overrightarrow{WR} =_{\mathrm{Df}} \frac{1}{T} \sum_{t'=0}^{T-1} \overrightarrow{WR}(t')$$

Mittlere bisherige Wartezeit der in Bedienung befindlichen Aufträge:

$$R\overleftarrow{W} =_{\mathrm{Df}} \frac{1}{T} \sum_{t'=0}^{T-1} R\overleftarrow{W}(t')$$

Analog werden $R\overrightarrow{W}$, $W\overleftarrow{R}$ und $R\overrightarrow{R}$ definiert.

Zwischen den soweit definierten Größen bestehen eine Reihe wichtiger Beziehungen.

Satz 3.1

1. $\overrightarrow{WR} = R\overleftarrow{W}$

    3. $\overrightarrow{RR} = \dfrac{1}{2T\Delta t} \sum_{i=1}^{n} R_i(R_i + \Delta t)$

2. $R\overrightarrow{W} = W\overleftarrow{R}$

    4. $R\overleftarrow{W} + R\overrightarrow{W} = \dfrac{1}{T\Delta t} \sum_{i=1}^{n} W_i R_i$

Beweis:

1. $\displaystyle \overrightarrow{WR} = \frac{1}{T} \sum_{t'=0}^{T-1} \sum_{i=1}^{n} \left(W_i(t') \sum_{t=t'}^{T-1} R_i(t)\Delta t \right) = \frac{1}{T} \sum_{i=1}^{n} \sum_{t'=0}^{T-1} \sum_{t=t'}^{T-1} W_i(t')R_i(t)\Delta t$

Der letzte Ausdruck summiert $W_i(t')R_i(t)$ über $0 \leq t' \leq t < T$. Da für $t = t'$ das Produkt $W_i(t')R_i(t)$ den Wert 0 hat, genügt es, die Summe über $0 \leq t' < t < T$ zu erstrecken.

Durch Umordnung der Summanden erhält man

$$W\overrightarrow{R} = \frac{1}{T}\sum_{t=0}^{T-1}\sum_{i=1}^{n}\sum_{t'=0}^{t-1} W_i(t')R_i(t)\Delta t = \frac{1}{T}\sum_{t=0}^{T-1} R\overleftarrow{W}(t) = R\overleftarrow{W}.$$

2. Der Beweis erfolgt analog zum vorangehenden.

3. (i) $\qquad R\overrightarrow{R} = \frac{1}{T}\sum_{t'=0}^{T-1}\sum_{i=1}^{n}\sum_{t=t'}^{T-1} R_i(t')R_i(t)\Delta t$

Umordnung der Summanden analog zu 1. und Vertauschen von t und t' ergibt

(ii) $\qquad R\overrightarrow{R} = \frac{1}{T}\sum_{t'=0}^{T-1}\sum_{i=1}^{n}\sum_{t=0}^{t'} R_i(t')R_i(t)\Delta t.$

Durch Summation von (i) und (ii) erhält man

$$2\,R\overrightarrow{R} = \frac{1}{T}\sum_{t'=0}^{T-1}\sum_{i=1}^{n}\sum_{t=0}^{T-1} R_i(t')R_i(t)\Delta t + \frac{1}{T}\sum_{i=1}^{n}\sum_{t=0}^{T-1} (R_i(t))^2 \Delta t\ .$$

Da $R_i(t)$ nur die Werte 0 oder 1 annimmt, ist $R_i(t)^2 = R_i(t)$ und somit

$$2\,R\overrightarrow{R} = \frac{1}{T}\sum_{t'=0}^{T-1}\sum_{i=1}^{n} R_i(t')R_i + \frac{1}{T}\sum_{i=1}^{n} R_i = \frac{1}{T\Delta t}\sum_{i=1}^{n} R_i\,(R_i + \Delta t)\ .$$

4. $\qquad R\overleftarrow{W} + R\overrightarrow{W} = \frac{1}{T}\sum_{t=0}^{T-1}\sum_{i=1}^{n}\left(R_i(t)\sum_{t'=0}^{t-1} W_i(t')\Delta t\right) + \frac{1}{T}\sum_{t=0}^{T-1}\sum_{i=1}^{n}\left(R_i(t)\sum_{t'=t}^{T-1} W_i(t')\Delta t\right)$

$$= \frac{1}{T}\sum_{t=0}^{T-1}\sum_{i=1}^{n}\sum_{t'=0}^{T-1} R_i(t)W_i(t')\Delta t = \frac{1}{T}\sum_{t=0}^{T-1}\sum_{i=1}^{n} R_i(t)W_i$$

$$= \frac{1}{T\Delta t}\sum_{i=1}^{n} W_iR_i$$

$\qquad\qquad\qquad\qquad\qquad\qquad\qquad\qquad\qquad\qquad\qquad\qquad\qquad\qquad\qquad\Box$

Weitere Kenngrößen werden durch nachstehende Definitionen festgelegt:

Zahl der zum Zeitpunkt t wartenden Aufträge (= *Warteschlangenlänge*):

$$Q(t) =_{\mathrm{Df}} \sum_{i=1}^{n} W_i(t)$$

Mittlere Warteschlangenlänge:

$$E[Q] =_{\mathrm{Df}} \frac{1}{T} \sum_{t=0}^{T-1} Q(t)$$

Mittlere Wartezeit:

$$E[W] =_{\mathrm{Df}} \frac{1}{n} \sum_{i=1}^{n} W_i$$

Mittlere Ankunftsrate (= 1/mittleres Ankunftsintervall):

$$\lambda =_{\mathrm{Df}} \frac{n}{T\Delta t}$$

Zahl der zum Zeitpunkt t im System befindlichen Aufträge:

$$N(t) =_{\mathrm{Df}} \sum_{i=1}^{n} (W_i(t) + R_i(t))$$

Mittlere Zahl der im System befindlichen Aufträge:

$$E[N] =_{\mathrm{Df}} \frac{1}{T} \sum_{t=0}^{T-1} N(t)$$

Verweilzeit des Auftrags A_i:

$$U_i =_{\mathrm{Df}} \sum_{t=0}^{T-1} (W_i(t) + R_i(t))\, \Delta t$$

Mittlere Verweilzeit:

$$E[U] =_{\mathrm{Df}} \frac{1}{n} \sum_{i=1}^{n} U_i$$

Satz 3.2 (Little)

1.　　　$E[Q] = \lambda\, E[W]$

2.　　　$E[N] = \lambda\, E[U]$

Beweis:

1.　　　$\lambda\, E[W] = \dfrac{n}{T\Delta t} \dfrac{1}{n} \sum_{i=1}^{n} \sum_{t=0}^{T-1} W_i(t)\Delta t = \dfrac{1}{T} \sum_{t=0}^{T-1} \sum_{i=1}^{n} W_i(t) = E[Q]$

2. Der Nachweis der zweiten Aussage erfolgt analog zu dem der ersten.   □

Im weiteren wird vorausgesetzt, daß jeder Auftrag von seiner ersten Ankunft bis zu seiner Fertigstellung, die spätestens zum Zeitpunkt T erfolgt, im System bleibt und nach seiner letzten Bearbeitung sofort das System verläßt.

Zur Präzisierung dieser Annahme werden noch folgende Bezeichnungen benötigt:

Ankunftszeitpunkt des Auftrags A_i:

$$a_i =_{\text{Df}} \min_{0 \le t < T} \{t \mid (W_i(t) + R_i(t)) \ne 0\}$$

Fertigstellungszeitpunkt des Auftrags A_i:

$$e_i =_{\text{Df}} \max_{0 \le t < T} \{t \mid R_i(t-1) = 1\}$$

Die obige informale Forderung läßt sich dann präzisieren mit der

Nebenbedingung 2

$$\forall t \, (0 \le t < T \Rightarrow (a_i \le t < e_i \Leftrightarrow W_i(t) + R_i(t) = 1)) \; .$$

Satz 3.3 (Kleinrock). Das System verfüge über eine einzige Bedienstation. Dann besitzt für alle Strategien, die

1. nicht verdrängend sind (d. h. $R\vec{W} = 0$),

2. die Bedienstation nur unbenutzt lassen, wenn keine Aufträge im System sind und

3. Ankunfts- und Bedienzeiten nicht beeinflussen,

die Größe $\sum\limits_{i=1}^{n} R_i W_i$ den gleichen Wert.

Beweis:

a) $\vec{R}(t) =_{\text{Df}} W\vec{R}(t) + R\vec{R}(t)$ ist unter den gemachten Voraussetzungen ein sägezahnähnlicher Treppenzug, dessen Form unabhängig von der Zuordnungsstrategie ist.

b) Da R_i nach Annahme 3 unabhängig von der Strategie ist, gilt dies wegen Satz 3.1 auch für $R\vec{R}$.

c) Wegen a) ist der Mittelwert $\vec{R} = W\vec{R} + R\vec{R}$ strategieunabhängig und damit wegen b) auch $W\vec{R}$. Aufgrund von Satz 3.1 gilt dies dann auch für $R\overset{\leftarrow}{W}$.

d) Nach Voraussetzung ist die Strategie nicht verdrängend, also $R\vec{W} = 0$.

Mit Satz 3.1 ergibt sich

$$\overleftrightarrow{RW} = \overleftarrow{RW} + \overrightarrow{RW} = \frac{1}{T\Delta t} \sum_{i=1}^{n} W_i R_i,$$

woraus wegen c) die Behauptung folgt. $\qquad\qquad\square$

Folgendes Beispiel zeigt, daß sich dieses Ergebnis nicht ohne weiteres auf Systeme mit mehreren Bedienstationen ausdehnen läßt:

Das System bestehe aus den Aufträgen A_1, A_2 und A_3 mit $a_1 = a_2 = a_3 = 0$; $R_1 = 2$ und $R_2 = R_3 = 1$.

Die nachfolgend skizzierten Abläufe erfüllen bei zwei Bedienstationen die (entsprechend verallgemeinerten) Bedingungen 1 bis 3, die Größe $\sum_{i=1}^{n} R_i W_i$ hat aber in den beiden Fällen unterschiedliche Werte.

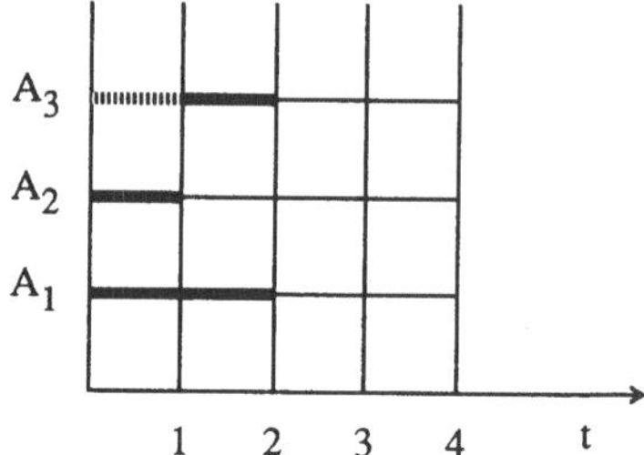

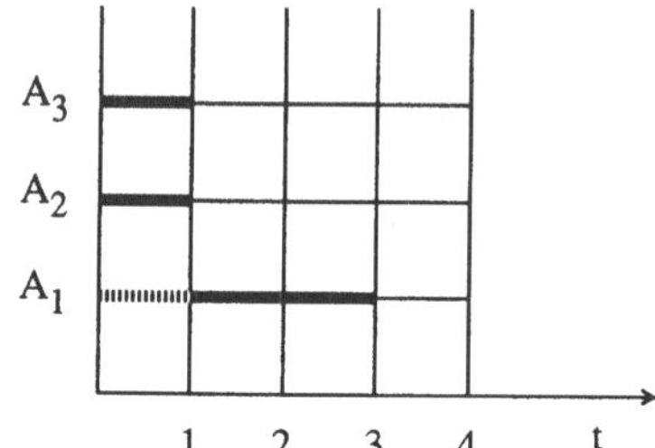

——— Auftrag ist nicht im System

▬▬▬ Auftrag ist in Bedienung

ⅢⅢⅢ Auftrag ist wartend

3.3 Optimale Strategien

Satz 3.4. In einem System mit einer Bedienstation, das zum Zeitpunkt 0 bereits alle Aufträge enthält (d. h. für alle i ist $R_i(0) + W_i(0) = 1$) und das keine Verdrängung zuläßt, wird die mittlere Verweilzeit minimiert, wenn die Aufträge nach aufsteigenden Bedienzeiten abgearbeitet werden. Solche Vorgehensweisen werden als *shortest-job-first* (*SJF*) bezeichnet.

Beweis: Das System enthalte die Aufträge A_1, A_2, ..., A_n. Die Reihenfolge, in der eine nicht verdrängende Strategie die Aufträge abwickelt kann durch eine bijektive Abbildung $f: \{1, 2, ..., n\} \rightarrow \{1, 2, ..., n\}$ charakterisiert werden, wobei A_i als $f(i)$-ter Auftrag ausgeführt wird. Eine Strategie ist genau dann *SJF*-Strategie, wenn aus $f(i) < f(i')$

stets $R_i \leq R_i'$ folgt.

Angenommen es sei die Strategie S durch f charakterisiert und keine *SJF*-Strategie.

Dann existieren k und k' mit $f(k) + 1 = f(k')$ und $R_k > R_k'$.

Die Strategie S' werde definiert durch

$$f'(i) = \begin{cases} f(k) & i = k' \\ f(k') & \text{falls} \quad i = k \\ f(i) & \text{sonst} \end{cases}.$$

Im weiteren werden die auf S' bezogenen Zustands- und Leistungsgrößen jeweils durch Anfügen eines Apostrophs gekennzeichnet.

Bei Abarbeitung gemäß S' ist $U_i' = U_i$ für alle von k und k' verschiedenen i.

Setzt man $t = \sum_{i=1}^{f(k)-1} R_{f^{-1}(i)}$, dann ist

unter S: $U_k = t + R_k$ und $U_{k'} = t + R_k + R_{k'}$,

unter S': $U_{k'}' = t + R_{k'}$ und $U_k' = t + R_{k'} + R_k$.

Somit ist $\sum_{i=1}^{n} U_i - \sum_{i=1}^{n} U_i' = R_k - R_{k'} > 0,$

d. h. S minimiert nicht die mittlere Verweilzeit. $\square$

Dieses Ergebnis läßt vermuten, daß im allgemeinen Fall solche Strategien die kürzeste mittlere Verweilzeit liefern, die zu jedem Zeitpunkt den Prozessor mit einer Aufgabe kürzester Restbedienzeit belegen. Solche Vorgehensweisen werden als *preemptive-shortest-job-first (PSJF)* bezeichnet.

Satz 3.5. In einem System mit einer Bedienstation, das n Aufträge zu bearbeiten hat, minimiert die Strategie *PSJF* die mittlere Verweilzeit, falls Verdrängung und Zuordnung von Aufträgen keine Zeit beanspruchen.

Um den Beweis übersichtlicher zu gestalten, werden zunächst zwei Hilfssätze bewiesen.

Hilfssatz 3.1. Eine Strategie S, die die mittlere Verweilzeit minimiert, erzeugt keine Leerstellen, d. h. es gibt kein Intervall $[t_1, t_2)$ derart, daß sich in diesem Intervall kein Auftrag in Bearbeitung befindet und gleichzeitig während des Intervalls die Warteschlange nicht leer ist.

Beweis: Angenommen S besitze eine Leerstelle $[t_1, t_2)$. Dann existiert ein Auftrag A_p mit $a_p \leq t_1$ und $e_p \geq t_2$.

S' werde in folgender Weise definiert:

1. Für alle Aufträge A_i mit $i \neq p$ erzeuge S' denselben Ablauf wie S.

2. Die Ausführung des Auftrags A_p geschehe folgendermaßen:

a) Für $t < t_1$ genauso wie bei S,

b) während $[t_1, t_2)$ werde Auftrag A_p soweit wie möglich ausgeführt und

c) für $t \geq t_2$ werde Auftrag A_p soweit wie noch notwendig in den durch S vorgesehenen Intervallen ausgeführt.

Dann ist $U_i = U_i'$ für alle $i \neq p$ und $U_p' = U_p - (t_2 - t_1) < U_p$.

Daraus folgt, daß S die Verweilzeit nicht minimiert. □

Hilfssatz 3.2. Eine Strategie S, die $E[U]$ minimiert, erzeugt höchstens zu den Ankunftszeitpunkten a_i Verdrängungen.

Beweis: Angenommen die Strategie S bearbeite im Intervall $[t_1, t_0)$ den Auftrag A_q und im Intervall $[t_0, t_2)$ den Auftrag A_r mit $e_q \geq t_2$ und $e_r \geq t_2$. Außerdem gelte für alle a_i entweder $a_i \leq t_1$ oder $a_i \geq t_2$. Weiter sei $t_3 = max(a_q, a_r)$.

Die Strategie S' sei in folgender Weise definiert:

1. Für $t < t_3$ seien S und S' identisch.

2. Für $t \geq t_3$ sei S' so gewählt, daß

a) im Falle $e_q < e_r$ in allen Zeitintervallen, in denen gemäß S Auftrag A_q oder A_r bearbeitet wird, in S' zuerst Auftrag A_q vollständig bearbeitet wird, dann Auftrag A_r,

b) im Falle $e_r < e_q$ in allen Zeitintervallen, in denen gemäß S Auftrag A_q oder A_r bearbeitet wird, in S' zuerst Auftrag A_r vollständig bearbeitet wird, dann Auftrag A_q und

c) S' für alle Aufträge außer A_q und A_r, den gleichen Ablauf erzeugt wie S.

3. Für S' ergibt sich dann:

a) Es ist $e_k = e_k'$ für alle k, die von q und r verschieden sind.

b) Falls $e_q < e_r$ ist, so gilt $e_q' < e_q$ und $e_r' = e_r$.

c) Falls $e_q > e_r$ ist, so gilt $e_r' < e_r$ und $e_q' = e_q$.

Daraus folgt $U_q' + U_r' < U_q + U_r$ und somit $U' < U$, d. h. S liefert nicht die minimale mittlere Verweilzeit. □

Beweis von Satz 3.5: Nach Hilfssatz 3.2 müssen nur Strategien berücksichtigt werden, die höchstens zu den Zeitpunkten a_i Verdrängungen verursachen. Nach Hilfssatz 3.1

dürfen diese Strategien keine Leerstellen enthalten.

Sei S eine derartige, $E[U]$ minimierende Strategie, bei der es einen Zeitpunkt t_1 gibt und Aufträge A_q und A_r mit $a_q \leq t_1$, $a_r \leq t_1$ und $\vec{R}_q(t_1) \geq \vec{R}_r(t_1)$. S wähle A_q zur Bearbeitung bis t_0 aus.

Sei nun die Strategie S' definiert durch:

1. Für alle Aufträge A_i, die von den Aufträgen A_q und A_r verschieden sind, erzeuge S' denselben Ablauf wie S.

2. A_r werde für $t \geq t_1$ bis zu seiner Fertigstellung in allen Intervallen bearbeitet, in denen S die Bearbeitung von A_q oder A_r vorsieht.

3. Für $t < t_1$ erzeuge S' denselben Ablauf wie S.

4. Für $t > t_1$ werde nach Fertigstellung von A_r in allen Intervallen, in denen S die Bearbeitung von A_q oder A_r vorsieht, A_q bearbeitet.

Dann gilt:

a) $\qquad e_r < e_q \Rightarrow e'_r + e'_q \leq e_r - (t_0 - t_1) + e_q < e_q + e_r$

b) $\qquad e_q < e_r \Rightarrow e'_r + e'_q \leq (e_q - (\vec{R}_q(t_1) - \vec{R}_r(t_1))) + e_r < e_q + e_r$

und somit

$$\sum_{i=1}^{n} U_i = \sum_{i=1}^{n} (e_i - a_i) = \sum_{i=1}^{n} e_i - \sum_{i=1}^{n} a_i > \sum_{i=1}^{n} e'_i - \sum_{i=1}^{n} a_i = \sum_{i=1}^{n} U'_i .$$

Also wird durch die Strategie S die mittlere Verweilzeit nicht minimiert. $\qquad\Box$

In Echtzeitsystemen kommt häufig der Fall vor, daß es für die einzelnen Aufträge A_i Zielzeiten z_i gibt, bis zu denen sie spätestens fertiggestellt sein müssen. Hier erhebt sich - wie eingangs schon erwähnt - die Frage, ob eine Strategie existiert, die für Einhaltung der Zielzeiten sorgt, falls dies überhaupt möglich ist. Eine Antwort darauf geben die beiden nächsten Sätze.

Satz 3.6. Ein System mit einer Warteschlange und einer Bedienstation, das zum Zeitpunkt 0 bereits alle Aufträge enthält und keine Verdrängung zuläßt, minimiert die maximale Verspätung $\max_i \{L_i | L_i = e_i - z_i\}$, wenn die Aufträge nach aufsteigender Zielzeit z_i abgearbeitet werden.

Beweis: Es sei S eine Strategie, die $\max_i \{L_i | L_i = e_i - z_i\}$ minimiert. Weiter sei f die zu S gehörige Anordnungsfunktion. Angenommen es existieren k und k' mit $f(k') = f(k) + 1$ und $z_k > z_{k'}$.

S' werde definiert durch f' mit

$$f'(i) = \begin{cases} f(k) & i = k' \\ f(k') & \text{falls} \quad i = k \\ f(i) & \text{sonst} \end{cases} \; .$$

Mit $t = \sum\limits_{i=1}^{f(k)-1} R_{f^{-1}(i)}$ gilt dann
$$\begin{aligned} L_k &= t + R_k - z_k \, , \\ L_{k'} &= t + R_k + R_{k'} - z_{k'} \, , \\ L'_{k'} &= t + R_{k'} - z_{k'} \quad \text{und} \\ L'_k &= t + R_{k'} + R_k - z_k \; . \end{aligned}$$

Wegen $z_k > z_{k'}$ ist $L_k > L'_k$ und wegen $R_k > 0$ ist $L_{k'} > L'_{k'}$,

Damit ergibt sich $L_{k'} > max \; \{ L'_k , L'_{k'} \}$.

Hieraus folgt unmittelbar $\underset{i}{max} \; \{ L_i \} \geq \underset{i}{max} \; \{ L'_i \}$ und da S die maximale Verspätung

minimiert, muß $\underset{i}{max} \; \{ L_i \} = \underset{i}{max} \; \{ L'_i \}$ sein.

Hinreichend oftmalige Wiederholung dieser Konstruktion führt schließlich zu einem Ablauf, der die Aufträge nach aufsteigender Zielzeit bearbeitet und minimale Verspätung erzielt. $\qquad \Box$

Satz 3.7. In einem System mit einer Warteschlange und einer Bedienstation, in dem Verdrängung und Belegung keine Zeit beanspruchen wird $\underset{i}{max} \; \{ L_i \}$ minimiert, wenn zu jedem Zeitpunkt unter den im System vorhandenen Aufträgen einer mit kleinstem Zielzeitpunkt zugeordnet wird.

Beweis:

1. Das System werde nach einer Strategie S bearbeitet, die die genannten Eigenschaften besitzt. Es sei A_k unter den Aufträgen mit maximaler Verspätung derjenige, der als erster fertig wird. O. B. d. A. seien die Aufträge so indiziert, daß $z_i \leq z_j$ genau dann gilt, wenn $i < j$ ist. Nach Konstruktion von k ist $L_i \leq L_k$ für alle i und somit $z_k - z_i \leq e_k - e_i$. Für $i < k$ ist $z_i \leq z_k$, woraus sich $0 \leq z_k - z_i \leq e_k - e_i$ ergibt; also ist in diesem Falle $e_i \leq e_k$ und wegen $e_i \neq e_k$ damit $e_i < e_k$. Man betrachte nun das lediglich aus A_1, ..., A_k bestehende Teilsystem und bearbeite die Aufträge dieses Systems genauso wie im Gesamtsystem. Dieser Ablaufplan erfüllt dann ebenfalls die Voraussetzungen des Satzes und ist lückenfrei. Wurde nämlich im ursprünglichen System während $[t, \; t + \Delta t)$ für $t < e_k$ ein Auftrag mit Index größer k bearbeitet, so war nach Definition von S wäh-

rend dieses Intervalls keiner der Aufträge A_1, ..., A_k im System, da diese alle kleinere Zielzeitpunkte haben und vorrangig zu bearbeiten gewesen wären.

2. Für lückenfreie Ablaufpläne S' ist $\vec{R}_{S'}(t) =_{\mathrm{Df}} W\vec{R}_{S'}(t) + R\vec{R}_{S'}(t)$ unabhängig von den übrigen Eigenschaften der Strategie. Für alle Ablaufpläne S'' und alle t ist außerdem $\vec{R}_{S''}(t) \geq \vec{R}_{S'}(t)$, wenn S' ein lückenfreier Ablaufplan ist.

3. Für das unter 1) konstruierte Teilsystem ist $\vec{R}_S(e_k - 1) = 1$, also gibt es wegen 2) für jeden Ablaufplan S'' einen Auftrag A_j mit $e_j'' \geq e_k$.

Falls $j \neq k$ ist, ergibt sich $L_j'' = e_j'' - z_j \geq e_k - z_k = L_k$, d. h. kein Ablaufplan S'' kann zu einer Verkleinerung der maximalen Verspätung in diesem Teilsystem führen, woraus sofort die Behauptung des Satzes folgt. $\qquad\square$

Anmerkung: Es sei noch darauf hingewiesen, daß bei den untersuchten Strategien nicht die tatsächlichen Werte der Bedien- bzw. Zielzeiten einen Einfluß haben, sondern nur die dadurch auf der Menge der Aufträge induzierten Ordnungen, d. h. es genügen Schätzwerte, solange sie wenigstens die Größenrelationen richtig wiedergeben.

3.4 Die analytische Methode

Bei dieser Vorgehensweise werden die für die Vergabe einer Bedienstation wichtigen Eigenschaften wie die Ankunftszeiten von Aufträgen und die benötigten Bedienzeiten durch statistische Eigenschaften beschrieben. Zu ihrer Darstellung werden folgende Bezeichnungen verwendet:

- Ist X eine zufällige Größe, so bezeichnet $P[X < x]$ die Wahrscheinlichkeit dafür, daß ein zufällig beobachteter Wert von X kleiner als x ist. Im weiteren wird stets $P[X < 0] = 0$ vorausgesetzt.

- Unter der *Verteilungsfunktion* einer zufälligen Größe X wird die Funktion $F(x)$ mit $P[X < x] = F(x)$ verstanden, unter der *Dichte* die Funktion $f(x) = \frac{d}{dx}F(x)$.

- Unter dem n-ten *Moment* $E[X^n]$ einer zufälligen Größe X wird der Wert $\int\limits_0^\infty x^n dF(x)$ verstanden. Das erste Moment wird auch als Mittelwert von X bezeichnet.

- $P[X < x | B(X)]$ bezeichnet die Wahrscheinlichkeit, daß ein Ereignis, das die Bedingung B erfüllt, einen Wert kleiner als x hat.

Häufig wird vorausgesetzt, daß Ankunftsintervalle bzw. Bedienzeiten durch eine exponentielle Verteilung $P[X < x] = 1 - e^{-\lambda x}$ beschrieben werden. Einen wesentlichen Grund für diese Annahme macht der folgende Satz 3.8 deutlich. In Satz 3.9 bis Satz 3.11

sind einige wichtige Eigenschaften von Exponentialverteilungen zusammengefaßt. Satz 3.12 und Satz 3.13 spielen eine wichtige Rolle bei den späteren Untersuchungen. Beweise für diese Sätze findet man z. B. in [Koba 78].

Satz 3.8. Eine Folge zufälliger Ereignisse habe die Eigenschaft *gedächtnislos* zu sein, d. h. daß für hinreichend kleine Zeitintervalle Δt in einem Intervall höchstens ein Ereignis eintritt und zwar mit der von t unabhängigen Wahrscheinlichkeit $\lambda \Delta t + o(\Delta t)$. Dann gilt für die Länge X der Zeitintervalle zwischen zwei Ereignissen:

$$P[X < x] = 1 - e^{-\lambda x} \quad (Exponentialverteilung).$$

Für Exponentialverteilungen ist $E[X] = 1/\lambda$ und $E[X^2] = 2/\lambda^2$. $\qquad\square$

Satz 3.9. Für Exponentialverteilungen gilt:

$$P[X < x_0 + x \mid x \geq x_0] = P[X < x].$$ $\qquad\square$

Satz 3.10. Für eine Ereignisfolge mit exponentieller Verteilung $1 - e^{-\lambda x}$ der Intervalle zwischen zwei Ereignissen, kurz als *Zwischenintervalle* bezeichnet, gilt für die Zahl $N(t)$ der im Intervall $[0, t)$ eintretenden Ereignisse:

$$P[N(t) = n] = \frac{(\lambda t)^n}{n!} e^{-\lambda t} \quad (Poisson\text{-}Verteilung).$$ $\qquad\square$

Satz 3.11

1. Werden n Ereignisfolgen mit Zwischenintervallverteilungen $1 - e^{-\lambda_i t}$ für $1 \leq i \leq n$ zu einer einzigen Ereignisfolge zusammengeführt, so entsteht eine Ereignisfolge mit Zwischenintervallverteilung $1 - e^{-\lambda t}$, wobei $\lambda = \sum_{i=1}^{n} \lambda_i$ ist.

2. Teilt man eine Ereignisfolge mit Zwischenintervallverteilung $1 - e^{-\lambda t}$ in der Art in n Ereignisfolgen auf, daß die Ereignisse mit Wahrscheinlichkeit β_i in die i-te Folge eingereiht werden, so sind die Zwischenintervalle in der i-ten Ereignisfolge gemäß $1 - e^{-\beta_i \lambda t}$ verteilt. $\qquad\square$

Definition 3.1

1. Die *Laplace-Transformierte* $F^*(z)$ einer kontinuierlichen Verteilungsfunktion $F(t)$ mit der Dichtefunktion $f(t) = F'(t)$ ist definiert durch

$$F^*(z) = \int_0^\infty e^{-zt} dF(t) = \int_0^\infty e^{-zt} f(t) dt.$$

2. Die *Z-Transformierte* $X^*(z)$ einer diskreten Verteilung $p_j = P\,[X = j]$ ist definiert durch

$$X^*(z) \;=\; \sum_{j=0}^{\infty} p_j z^j. \qquad\qquad \Box$$

Satz 3.12. Seien $X_1, X_2, \ldots, X_n$ unabhängige, nichtnegative Zufallsvariable mit Verteilungsfunktionen $F_i(x)$ und sei $X \;=\; \sum_{i=1}^{n} X_i$ mit Verteilungsfunktion $F(x)$. Dann gilt sowohl im diskreten als auch im kontinuierlichen Fall:

$$F^*(z) \;=\; \prod_{i=1}^{n} F_i^{\,*}(z)\,. \qquad\qquad \Box$$

Satz 3.13. Eine Verteilungsfunktion ist eindeutig durch ihre Transformierte bestimmt und umgekehrt. $\qquad\Box$

Zur Untersuchung von Zuteilungsstrategien kann das System im einfachsten Fall durch eine oder mehrere identische Bedienstationen modelliert werden, die die Aufträge bearbeiten, und durch eine Warteschlange, in die im System ankommende Aufträge eingereiht werden und aus der Aufträge zur Bearbeitung ausgewählt werden. Bei verdrängenden Strategien, werden verdrängte Aufträge mit ihrer Restbedienzeit wieder in die Warteschlange eingereiht. Es ist üblich, gewisse Klassen solcher Systeme durch die *Kendall*'sche Schreibweise *A/B/m*-Strategie zu charakterisieren, wobei *A* bzw. *B* die Verteilung der Ankunftsintervalle bzw. der Bedienzeiten beschreiben und *m* die Anzahl der Bedienstationen (Prozessoren) angibt. Die Exponentialverteilung wird gewöhnlich mit *M* bezeichnet, eine allgemeine Verteilung mit *G*.

Beispiel 3.1. *M/G/2-FCFS* bezeichnet die Klasse der Systeme mit exponentieller Verteilung der Ankunftsintervalle, allgemeiner Verteilung der Bedienzeiten und zwei identischen Bedienstationen, denen die Aufträge in der Reihenfolge ihrer Ankunft (*first-come-first-served*) zugeteilt werden. $\qquad\Box$

Satz 3.14 (*M/M/1-FCFS*). Sind in einem System mit einer Bedienstation die Ankunftsintervalle gemäß $1 - e^{-\lambda t}$ verteilt und die Bedienzeiten gemäß $1 - e^{-\mu t}$, so gilt für die mittlere Zahl $E\,[N]$ von unerledigten, im System befindlichen Aufträgen bei Verwendung der Strategie *first-come-first-served*:

$$E[N] = \frac{\rho}{1-\rho} \quad \text{mit } \rho = \frac{\lambda}{\mu}.$$

Beweis: Eine typische Vorgehensweise bei derartigen Untersuchungen besteht aus drei Schritten:

1. Aufstellung des *Chapman-Kolmogoroffschen Gleichungssystems*, das statistische Zusammenhänge zwischen den möglichen Zuständen des Systems durch Differentialgleichungen beschreibt,

2. Betrachtung des stationären Zustandes, der dadurch charakterisiert ist, daß sämtliche Ableitungen nach der Zeit gleich Null sind, und

3. Lösung des Gleichungssystems, das den stationären Fall beschreibt.

Die Durchführung dieser drei Schritte führt im vorliegenden Fall zu folgenden Überlegungen:

1. Sei $P_n(t)$ die Wahrscheinlichkeit, daß zum Zeitpunkt $t \geq 0$ im System n Aufträge vorhanden sind. Dann gilt für $\Delta t \to 0$:

a) Die Wahrscheinlichkeit für die Ankunft eines neuen Auftrags im Intervall $[t, t+\Delta t)$ ist gegeben durch $\lambda \Delta t + o(\Delta t)$.

b) Die Wahrscheinlichkeit für die Beendigung eines Auftrags im Intervall $[t, t+\Delta t)$ ist gegeben durch $\mu \Delta t + o(\Delta t)$.

Δt sei so klein, daß im Intervall $[t, t+\Delta t)$ höchstens ein Auftrag das System betritt oder verläßt.

Damit ergibt sich

$$\begin{aligned}
P_0(t+\Delta t) &= P_0(t)(1-\lambda \Delta t - o(\Delta t)) + P_1(t)(1-\lambda \Delta t - o(\Delta t))(\mu \Delta t + o(\Delta t)) \\
&= P_0(t)(1-\lambda \Delta t) + P_1(t)(\mu \Delta t) + o(\Delta t),
\end{aligned}$$

woraus folgt

$$P_0'(t) = \lim_{\Delta t \to 0} \frac{P_0(t+\Delta t) - P_0(t)}{\Delta t} = -P_0(t) \cdot \lambda + P_1(t) \cdot \mu.$$

Für $n > 0$ erhält man:

$$\begin{aligned}
P_n(t+\Delta t) = \ &P_{n-1}(t)(\lambda \Delta t + o(\Delta t))(1-\mu \Delta t - o(\Delta t)) \\
&+ P_n(t)(1-\lambda \Delta t - o(\Delta t))(1-\mu \Delta t - o(\Delta t)) \\
&+ P_{n+1}(t)(1-\lambda \Delta t - o(\Delta t))(\mu \Delta t + o(\Delta t))
\end{aligned}$$

$$= P_{n-1}(t)\lambda\Delta t + P_n(t) - P_n(t)\lambda\Delta t - P_n(t)\mu\Delta t$$

$$+ P_{n+1}(t)\mu\Delta t + o(\Delta t) \, .$$

Der Grenzübergang $\Delta t \to 0$ führt zu

$$P'_n(t) = -P_n(t) \cdot (\lambda + \mu) + P_{n-1}(t) \cdot \lambda + P_{n+1}(t) \cdot \mu \, .$$

2. Im stationären Zustand sind sämtliche Ableitungen nach der Zeit gleich Null, sodaß die obigen Differentialgleichungen in das folgende lineare Gleichungssystem übergehen:

$$-P_0(t)\lambda + P_1(t)\mu = 0$$

$$-P_n(t)(\lambda + \mu) + P_{n-1}(t)\lambda + P_{n+1}(t)\mu = 0 \quad \text{für } n > 0.$$

3. Zur Lösung dieses Gleichungssystems setzt man $P_n(t) = p_n$ und betrachtet die zugehörige Z-Transformierte $P^*(z)$.

Aus obigem Gleichungssystem erhält man durch einfache Umformungen:

$$(\lambda + \mu) \sum_{n=1}^{\infty} p_n z^n = \lambda \sum_{n=1}^{\infty} p_{n-1} z^n + \mu \sum_{n=1}^{\infty} p_{n+1} z^n \, .$$

Durch weitere Umformung findet man

$$(\lambda + \mu) \sum_{n=0}^{\infty} p_n z^n - (\lambda + \mu)p_0 = \lambda z \sum_{n=0}^{\infty} p_n z^n + \mu \left(\frac{1}{z} \sum_{n=0}^{\infty} p_n z^n - \frac{p_0}{z} - p_1 \right)$$

und schließlich

$$(\lambda + \mu) P^*(z) - (\lambda + \mu)p_0 = \lambda z P^*(z) + \frac{\mu}{z} (P^*(z) - p_0) - \lambda p_0 \, .$$

Die Auflösung nach $P^*(z)$ liefert

$$P^*(z) = \frac{\mu p_0 - \frac{\mu}{z} p_0}{\lambda + \mu - \frac{\mu}{z} - \lambda z} = p_0 \frac{1}{1 - \rho z} \, .$$

Da außerdem gelten muß

$$P^*(1) = \sum_{n=0}^{\infty} p_n = 1 \, ,$$

ergibt sich

$$p_0 \frac{1}{1-\rho} = 1$$

und daraus

$$p_0 = 1 - \rho \; .$$

Durch Einsetzung in den für $P^*(z)$ bislang ermittelten Ausdruck erhält man

$$P^*(z) = \frac{1-\rho}{1-\rho z} \; .$$

Schließlich errechnet man hieraus

$$E[N] = \sum_{n=0}^{\infty} n p_n = P^{*\,\prime}(z)\big|_{z=1} = \frac{(1-\rho)\,\rho}{(1-\rho z)^2}\bigg|_{z=1} = \frac{(1-\rho)\,\rho}{(1-\rho)^2} = \frac{\rho}{1-\rho} \; .$$

$\square$

Nach dem Theorem von Little (Satz 3.2) folgt

$$E[U] = \frac{1}{\lambda} \frac{\lambda/\mu}{1-\lambda/\mu} = \frac{1}{\mu-\lambda} \; .$$

Dieser Zusammenhang wird in Bild 3.1 veranschaulicht. Besondere Beachtung verdient der steile Anstieg der mittleren Wartezeit bei Auslastungen über 90%.

Satz 3.15 (*M/M/k-FCFS*). Es sei ein System mit einer Warteschlange und k identischen Bedienstationen gegeben so, daß jede Station jeden Auftrag in der gleichen Zeit abwickeln kann. Die Ankunftsintervalle seien gemäß $1 - e^{-\lambda x}$ verteilt und die Bedienzeiten gemäß $1 - e^{-\mu x}$. Die Zuteilung erfolge nach der Strategie *first-come-first-served*.

Dann gilt für die mittlere Zahl $E[N]$ von unerledigten Aufträgen:

$$E[N] = k\rho + p_0 \frac{\rho\,(k\rho)^k}{k!\,(1-\rho)^2}$$

$$\text{mit } p_0 = \left(\frac{(k\rho)^k}{k!\,(1-\rho)} + \sum_{i=0}^{k-1} \frac{(k\rho)^i}{i!} \right)^{-1} \text{ und } \rho = \lambda/(k\mu) \; .$$

Für den Beweis sei auf die Literatur, z. B. [Klei 75], verwiesen. $\square$

Für die Fälle $k = 1, 2$ und 3 ist der Zusammenhang in Bild 3.2 dargestellt.

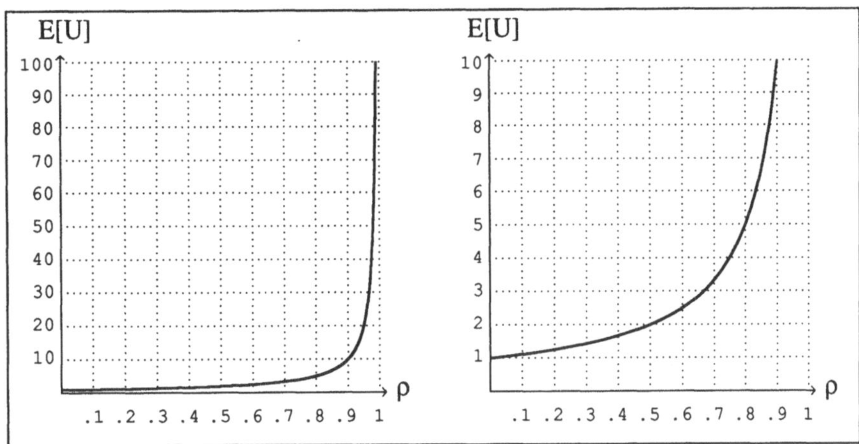

Bild 3.1 Abhängigkeit der mittleren Verweilzeit $E[U]$ von der Auslastung ρ bei *M/M/1-FCFS* (als Zeiteinheit wurde die mittlere Bedienzeit gewählt)

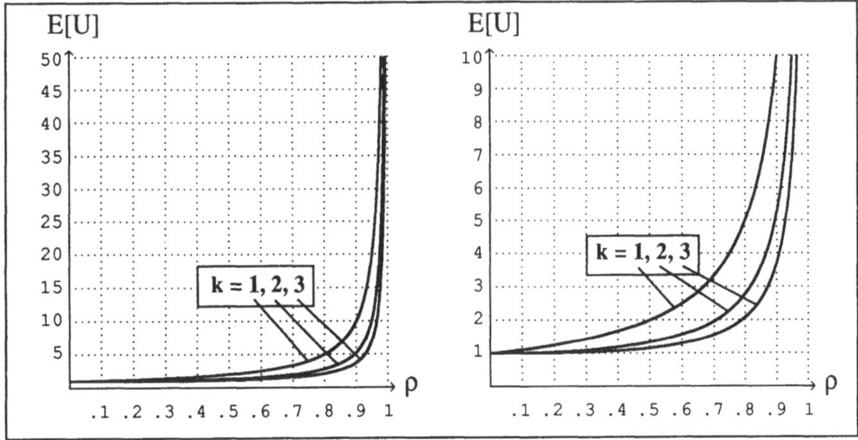

Bild 3.2 Abhängigkeit der mittleren Verweilzeit $E[U]$ von der Auslastung ρ bei *M/M/k-FCFS* (als Zeiteinheit wurde die mittlere Bedienzeit gewählt)

Satz 3.16 (*M/G/1-FCFS*; Pollaczek/Khinchine-Formel). Es sei ein System mit einer Warteschlange und einer Bedienstation gegeben. Die Ankunftsintervalle seien gemäß $1 - e^{-\lambda t}$ und die Bedienzeiten beliebig verteilt. Die Zuteilung erfolge nach der Strategie *first-come-first-served.*

Bezeichnet man mit S die Zufallsvariable der Bedienzeiten, so gilt für die mittlere Zahl $E[N]$ von unerledigten Aufträgen:

$$E[N] = \rho + \frac{\lambda^2 E[S^2]}{2(1-\rho)} \quad \text{mit } \rho = \lambda E[S] \ .$$

Definiert man den *Variationskoeffizienten* c_s durch $c_s = \dfrac{(VAR[S])^{1/2}}{E[S]}$, wobei $VAR[S] = E[S^2] - E[S]^2$ die Varianz der Bedienzeitverteilung ist, so erhält man unter Verwendung des Theorems von Little

$$E[U] = \frac{1}{\mu}\left(1 + \frac{\rho(1+c_s^2)}{2(1-\rho)}\right) \quad \text{mit } \mu = \frac{1}{E[S]} \ .$$

Für Exponentialverteilungen hat c_s den Wert 1.

Beweis: Mit $N(t)$ werde die Anzahl der zum Zeitpunkt t im System befindlichen Aufträge bezeichnet. $B(t)$ sei die Verteilungsfunktion der Bedienzeiten.

Falls die Bedienzeiten nicht exponentiell verteilt sind, hängt der Zustand zum Zeitpunkt t_{i+1} nicht nur von $N(t_i)$ ab, sondern auch noch von der bereits an den aktiven Auftrag vergebenen Bedienzeit. Betrachtet man jedoch $N(t)$ nur zu den Zeitpunkten $t_1, t_2, \ldots$, zu denen gerade ein Auftrag fertiggestellt wurde, so hat $N(t_i)$ wegen der Unabhängigkeit von Ankunfts- und Bedienzeit die Eigenschaft, daß $N(t_{i+1})$ nur von $N(t_i)$ abhängt und daß wegen der Gedächtnislosigkeit des Ankunftsprozesses die Wahrscheinlichkeit $P[N(t_{k+1}) = j \mid N(t_k) = i]$ unabhängig von k ist.

Es sei $\pi_{i,j} =_{\mathrm{Df}} P[N(t_{k+1}) = j \mid N(t_k) = i]$, $\pi_j =_{\mathrm{Df}} P[N = j]$ und $F(j) =_{\mathrm{Df}} \pi_j$. Dann gilt im stationären Zustand

$$F(j) = \pi_j = \sum_{i=0}^{\infty} \pi_{i,j}\pi_i$$

mit der Nebenbedingung $\displaystyle\sum_{j=0}^{\infty} \pi_j = 1$.

Damit ergibt sich für die Z-Transformierte

$$F^*(z) = \sum_{j=0}^{\infty} \pi_j z^j = \sum_{i=0}^{\infty} \pi_i \sum_{j=0}^{\infty} \pi_{i,j} z^j \ .$$

Berechnung der $\pi_{i,j}$:

1. Sei $N(t_k) = n > 0$.

Dann ist $N(t_{k+1}) \geq n - 1$ und somit $\pi_{i,j} = 0$ für $j < i - 1$.

Im Intervall $[t_k, t_{k+1})$ kommen $N(t_{k+1}) - N(t_k) + 1$ Aufträge neu in das System. Bezeichnet man mit q_m die Wahrscheinlichkeit, daß es während der Bedienung eines Prozesses m Aufträge sind, so gilt

$$\pi_{i,j} = q_{j-i+1} \text{ für } i > 0 \text{ und } j \geq i - 1.$$

2. Sei $N(t_k) = 0$.

Dann ist $\pi_{0,j} = \pi_{1,j} = P[N(t_{k+1}) = j] = q_j$ für $j \geq 0$.

Zusammenfassend ergibt sich

$$F^*(z) = \sum_{i=1}^{\infty} \pi_i \sum_{j=i-1}^{\infty} q_{j-i+1} z^j + \pi_0 \sum_{j=0}^{\infty} q_j z^j.$$

Setzt man

$$A^*(z) = \sum_{m=0}^{\infty} q_m z^m \,,$$

so ergibt sich

$$F^*(z) = \pi_0 A^*(z) + \sum_{i=1}^{\infty} \pi_i A^*(z) z^{i-1} = \pi_0 A^*(z) + \frac{A^*(z)}{z} (F^*(z) - \pi_0) \,.$$

Daraus erhält man schließlich

$$F^*(z) = \pi_0 \frac{(1-z) A^*(z)}{A^*(z) - z} \,.$$

Da der Ankunftsprozeß ein Poissonprozeß ist, gilt

$$q_m = \int_0^{\infty} f_m(t) dB(t) \quad \text{mit } f_m(t) = \frac{(\lambda t)^m}{m!} e^{-\lambda t} \,.$$

Also ist

$$A^*(z) = \sum_{m=0}^{\infty} z^m \int_0^{\infty} \frac{(\lambda t)^m}{m!} e^{-\lambda t} dB(t) = \int_0^{\infty} e^{-\lambda t} \sum_{m=0}^{\infty} \frac{(\lambda t)^m}{m!} z^m dB(t)$$

$$= \int_0^{\infty} e^{-\lambda t} e^{\lambda t z} dB(t) = \int_0^{\infty} e^{-\lambda t (1-z)} dB(t) = B^*(\lambda - \lambda z) \,.$$

Da $\lim\limits_{z \to 1} F^*(z) = 1$ sein muß, ergibt sich daraus

$$1 = \lim\limits_{z \to 1} \pi_0 \frac{(1-z)\,A^*(z)}{A^*(z) - z} = \lim\limits_{z \to 1} \pi_0 \frac{-A^*(z) + (1-z)\,A^{*\prime}(z)}{A^{*\prime}(z) - 1} = \frac{-\pi_0 A^*(1)}{A^{*\prime}(1) - 1} \,.$$

Weiter ist $A^*(1) = 1$ und

$$A^{*\prime}(1) = \lim\limits_{z \to 1} \int\limits_0^\infty \lambda t e^{-\lambda t (1-z)}\,dB(t) = \lambda \int\limits_0^\infty t\,dB(t) = \lambda E\,[S]\,.$$

Damit erhält man aus der vorangehenden Formel

$$\pi_0 = 1 - \lambda E\,[S]\,.$$

Bezeichnet man die Stationsauslastung mit ρ, so ist $\rho = \lambda E\,[S]$ und

$$F^*(z) = \frac{(1-\rho)\,(1-z)\,B^*(\lambda - \lambda z)}{B^*(\lambda - \lambda z) - z}\,.$$

Daraus ergibt sich schließlich für die Zahl der im Mittel im System vorhandenen Aufträge:

$$E\,[N] = \lim\limits_{z \to 1} F^{*\prime}(z)$$

$$= \lim\limits_{z \to 1} \pi_0 \frac{-A^*(z)^2 + z^2 A^{*\prime}(z) - z A^{*\prime}(z) + A^*(z)}{\left(A^*(z) - z\right)^2}\,.$$

Anwendung der Regel von L'Hospital führt zu

$$E\,[N] = \lim\limits_{z \to 1} \pi_0 \frac{-2 A^*(z) A^{*\prime}(z) + 2z A^{*\prime}(z) + z^2 A^{*\prime\prime}(z) - z A^{*\prime\prime}(z)}{2\,(A^*(z) - z)\,(A^{*\prime}(z) - 1)}$$

$$= \lim\limits_{z \to 1} \pi_0 \left(\frac{z A^{*\prime\prime}(z)}{2\,(A^{*\prime}(z) - 1)} \frac{z - 1}{A^*(z) - z} - \frac{A^{*\prime}(1)}{A^{*\prime}(1) - 1} \right).$$

Weiter ist $\lim\limits_{z \to 1} \dfrac{z - 1}{A^*(z) - z} = \lim\limits_{z \to 1} \dfrac{1}{A^{*\prime}(z) - 1} = \dfrac{1}{A^{*\prime}(1) - 1}$ und somit

$$\lim\limits_{z \to 1} F^{*\prime}(z) = \pi_0 \left(\frac{A^{*\prime\prime}(1)}{2\,(\rho - 1)} \frac{1}{\rho - 1} - \frac{\rho}{\rho - 1} \right).$$

Berücksichtigt man noch, daß $\pi_0 = 1 - \rho$ ist, so erhält man

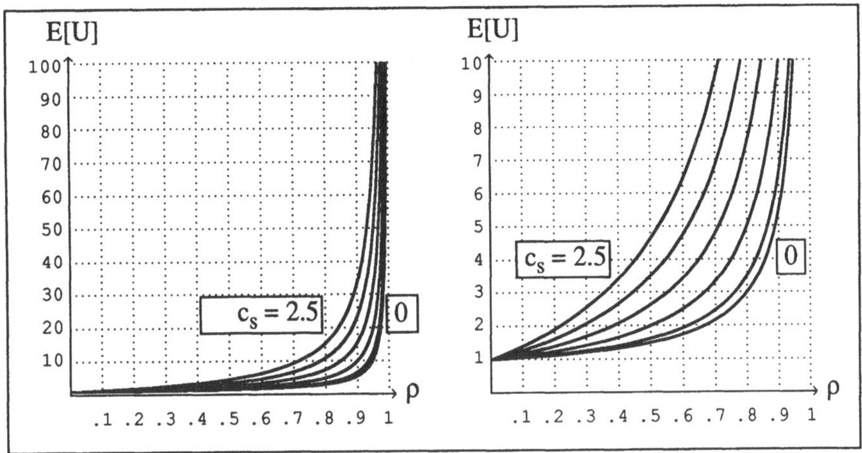

Bild 3.3 Abhängigkeit der mittleren Verweilzeit $E[U]$ von der Auslastung ρ bei $M/G/1$-$FCFS$ für $c_s = 0$ (0.5) 2.5; als Zeiteinheit wurde die mittlere Bedienzeit gewählt.

$$E[N] = \frac{A^{*\prime\prime}(1)}{2(1-\rho)} + \rho \; .$$

Zweimaliges Differenzieren ergibt

$$A^{*\prime\prime}(1) = \lim_{z \to 1} \int_0^\infty (\lambda t)^2 e^{-\lambda t(1-z)} \, dB(t) = \int_0^\infty (\lambda t)^2 \, dB(t) = \lambda^2 E[S^2] \; .$$

Durch Einsetzen erhält man für die Verteilung zu den Zeitpunkten, zu denen gerade ein Auftrag fertiggestellt wurde, als Endresultat

$$E[N] = \rho + \frac{\lambda^2 E[S^2]}{2(1-\rho)} \; .$$

Da es sich jedoch um einen Poissonprozeß handelt, ist dies auch die Verteilung, die ein zufälliger Beobachter sieht. $\qquad \Box$

Für verschiedene Werte von c_s ist das Ergebnis in Bild 3.3 veranschaulicht.

3.5   Wahrscheinlichkeitstheoretischer Vergleich der wichtigsten Prozessorvergabestrategien

3.5.1   Verbale Beschreibung der Strategien

Zur Bearbeitung von Warteschlangen in Rechnern haben sich eine Reihe von Strategien herausgebildet, die sich an unterschiedlichen Betriebszielen orientieren.

Die am weitesten verbreiteten Strategien sind:

1. *FCFS (first-come-first-served)*

Bei dieser Strategie werden die Aufträge in der Reihenfolge ihrer Ankunft bearbeitet. Als Strategie bei der Auftragsbearbeitung in Rechnern erscheint sie nicht besonders geeignet, da z. B. Bedürfnisse der Programmentwicklung, wie bevorzugte Bearbeitung kurzer Testläufe, nicht berücksichtigt werden.

2. *SJF (shortest-job-first)*

Hierbei wird aus der Warteschlange immer der Auftrag mit der kürzesten Bearbeitungszeit ausgewählt. Sie bevorzugt zwar kurze Aufträge, hat aber noch den Nachteil, daß während der Bearbeitung eines sehr langen Auftrages ankommende Aufträge erst nach dessen Beendigung in Bearbeitung genommen werden.

3. *PSJF (preemptive-shortest-job-first)*

In diesem Fall wird - wie bereits erläutert - jeweils bei Ankunft eines neuen Auftrages ein eventuell in Bearbeitung befindlicher Auftrag unterbrochen und mit seiner Restbearbeitungszeit wieder in die Warteschlange eingereiht. Anschließend erfolgt die Auswahl nach kürzester Restbedienzeit. Damit kann weitgehend den Anforderungen der Programmentwicklung Rechnung getragen werden. Allerdings können hier rechenintensive Produktionsläufe beliebig lange durch kürzere Testläufe an einer Weiterarbeit gehindert werden und es besteht keine Möglichkeit, den Anteil der ersteren an der insgesamt zur Verfügung stehenden Bedienzeit zu begrenzen. Ein schwerwiegender Nachteil ist die Tatsache, daß zur Anwendung dieser Strategie die benötigte Bedienzeit bekannt sein muß.

4. *RR (round-robin)*

In Mehrfachzugriffsystemen ist es häufig wünschenswert, die Rechenleistung gleichmäßig auf die einzelnen Aufträge zu verteilen. Eine Realisierungsmöglichkeit besteht darin, die Bedienungszeit zu quanteln und die Zeitquanten jeweils reihum den wartenden Aufträgen zuzuteilen. Wird ein Auftrag während eines Bedienungsquantums nicht fertig, so wird er mit seiner Restbedienzeit wieder an das Ende der Warteschlange verwiesen. Wählt man bei n Aufträgen die Zeitquanten hinreichend klein, so entsteht für den einzelnen Benutzer der Eindruck, sein Auftrag würde allein auf einer Anlage abgewickelt, deren Rechengeschwindigkeit nur den n-ten Teil der des tatsächlich verwendeten Prozessors beträgt.

5. MLFB (multilevel-feed-back)

Bei manchen Aufgabenstellungen erscheint eine Strategie wünschenswert, die sich bei Aufträgen mit gleichen Bedienzeitanforderungen wie *RR* verhält, jedoch kurzlaufende Aufträge bevorzugt. Dies ist mit der Strategie *MLFB* erreichbar. Dabei werden die Aufträge mit der geringsten bisher zugeteilten Zahl von Bedienungsquanten solange nach *RR* bearbeitet, bis sie das Minimum der den übrigen Aufträgen bereits zugeteilten Zeitquanten erreichen. Man kann sich diese Strategie auch so vorstellen, daß getrennte Warteschlangen für Aufträge mit 1, 2, ... zugeteilten Bedienungsquanten existieren, wobei ein Auftrag aus der Warteschlange n nach Zuteilung eines Bedienquantums am Ende der Warteschlange $n + 1$ eingereiht wird, falls er nicht fertig geworden ist. Das nächste Bedienungsquantum wird jeweils dem ersten Auftrag der Warteschlange zugeteilt, die die kleinste Nummer unter den nicht-leeren Warteschlangen hat.

Die dargestellten Strategien erschöpfen keinesfalls die derzeit in Verwendung befindlichen Strategien. Sie liefern jedoch die Grundmuster, aus denen tatsächlich implementierte Strategien durch kleinere Modifikationen hervorgehen.

3.5.2   Bestimmung der Restbedienzeit in M/G/1-Systemen.

Satz 3.17. In einem *M/G/*1-System, das nach der Strategie *FCFS* arbeitet, sei *S* die Zufallsvariable der Bedienzeit. *R* sei die Zufallsvariable für die Zeitspanne, die von einem zufällig gewählten Zeitpunkt t_0 an vergeht, bis die Bedienstation zum ersten Mal frei wird. Ist zum Zeitpunkt t_0 kein Auftrag in Bedienung, so werde $R = 0$ gesetzt. Dann gilt:

$$E[R] = \frac{\lambda}{2} E[S^2] = \frac{\rho}{2} \frac{E[S^2]}{E[S]} \; .$$

Beweis: $R_0(x)$ bezeichne die Verteilung der Restbedienzeit R_0 eines zum Zeitpunkt t_0 in Bearbeitung befindlichen Auftrages. $E[R_0(x)]$ ist im allgemeinen von $E[S]/2$ verschieden, weil t_0 mit größerer Wahrscheinlichkeit in den Bearbeitungszeitraum eines langen Auftrages fällt als in den eines kurzen. Man betrachtet nun den Fall, daß die Bedienstation niemals leer steht. Es seien $t_1, t_2, ..., t_n$ die Ereigniszeitpunkte, zu denen ein Auftrag das System verläßt. Die Intervalle $[t_i, t_{i+1})$ seien unabhängig und ihre Länge X sei gemäß $F(x)$ verteilt. Es sei t_1 verteilt gemäß $F_0(x)$. Weiter sei $R_i(x)$ zum Zeitpunkt t die Verteilungsfunktion des Intervalls r, das bis zum nächsten Fertigstellungszeitpunkt vergeht.

Es ist $r \le x$ genau dann, wenn ein i existiert mit $t < t_i \le t + x < t_{i+1}$.

Also gilt: $R_t(x) = \sum\limits_{i=1}^{\infty} P\,[t < t_i \le t + x < t_{i+1}]$.

Setzt man $t_i = u$, so ist $t_{i+1} > t + x$ mit der Wahrscheinlichkeit $1 - F(t + x - u)$. Bezeichnet man mit $H_n(u)$ die Verteilungsfunktion für den Zeitpunkt t_n des n-ten Ereignisses, so erhält man

$$R_t(x) = \sum_{n=1}^{\infty} \int_{t}^{(t+x)} (1 - F(t + x - u))\,dH_n(u) \ .$$

Mit $H(u) = \sum\limits_{n=1}^{\infty} H_n(u)$ folgt

$$R_t(x) = \int_{t}^{(t+x)} (1 - F(t + x - u))\,dH(u) \ .$$

$H_n(u)$ ist die Wahrscheinlichkeit, daß die Summe der Intervalle $[t_0, t_1)$, $[t_1, t_2)$, ..., $[t_{n-1}, t_n)$ kleiner gleich u ist.

Also ist $H_n^{*}(z) = F_0^{*}(z)F^{*}(z)^{n-1}$ und wegen $H^{*}(z) = \sum\limits_{n=1}^{\infty} H_n^{*}(z)$ gilt:

$$H^{*}(z) = \frac{F_0^{*}(z)}{1 - F^{*}(z)} \ .$$

Macht man (den noch zu motivierenden) Ansatz

$$F_0^{*}(z) = \frac{1 - F^{*}(z)}{\alpha z} \ , \text{ so ergibt sich } H^{*}(z) = 1/\,(\alpha z)$$

und somit $H(u) = u/\alpha$.

Wegen $dH(u) = \alpha^{-1} du$ führt dies zu dem Ergebnis

$$R_t(x) = \alpha^{-1} \int_{t}^{(t+x)} (1 - F(t + x - u))\,du = \alpha^{-1} \int_{0}^{x} (1 - F(y))\,dy \ .$$

Schließlich errechnet man (durch partielle Integration)

$$R_t^{*}(x) = \alpha^{-1} \int_{0}^{\infty} e^{-zt} (1 - F(t))\,dt = F_0^{*}(z) \ .$$

Demnach besagt obige Annahme, daß der Anfangszeitpunkt t_0 der Beobachtung zufällig im bereits stationären Zustand gewählt wird, im Einklang mit der anfänglichen Annahme.

$R_t(x)$ ist dann gerade die gesuchte Verteilung $R_0(x)$.

Aus dem Ansatz

$$\alpha z F_0^{*}(z) = 1 - F^{*}(z)$$

folgt durch Differentiation

$$\alpha F_0^{*}(z) + \alpha z F_0^{*\,\prime}(z) = -F^{*\,\prime}(z) \ .$$

Betrachtung der Stelle $z = 0$ liefert

$$\alpha = -F^{*\,\prime}(0),$$

d. h. $\alpha = E[X]$.

Zusammenfassend ergibt sich

$$E[R_0] = \int_0^\infty \frac{x}{\alpha}\,(1 - F(x))\,dx = \frac{E[S^2]}{2E[S]} \ .$$

Der Mittelwert der Dauer bis zum Freiwerden des Prozessors ab dem Zeitpunkt t_0 ergibt sich infolgedessen zu

$$E[R] = \rho\ E[R_0]$$

Mittelwert der Restbedienzeit

Wahrscheinlichkeit für belegte Station

$$= \lambda E[S]\,\frac{E[S^2]}{2E[S]} = \frac{\lambda}{2} E[S_2] \ .$$

$\square$

3.5.3 Die Strategie first-come-first-served (FCFS)

Wird ein $M/G/1$ System nach $FCFS$ abgearbeitet, so gilt nach Satz 3.16

$$E[N] = \rho + \frac{\lambda^2 E[S^2]}{2(1-\rho)} \ .$$

Nach dem Theorem von Little ist $E[W] = \dfrac{E[N]}{\lambda} - E[S]$, also im vorliegenden Fall

$$E\left[W\right] = \frac{\lambda E\left[S^2\right]}{2\left(1-\rho\right)} \; .$$

Für den Spezialfall $M/M/1$ errechnet man wegen $E\left[S\right] = 1/\mu$ und $E\left[S^2\right] = 2/\mu^2$ die Mittelwerte

$$E\left[W\right] = \frac{\rho 2\mu}{2\left(1-\rho\right)\mu^2} = \frac{1}{\mu}\frac{\rho}{1-\rho}$$

und

$$E\left[U\right] = \frac{1}{\mu}\frac{\rho}{1-\rho} + \frac{1}{\mu} = \frac{1}{\mu}\frac{1}{1-\rho} \; .$$

3.5.4   Die Strategie round-robin (RR)

Es wird angenommen, daß ein Auftrag nach Q Zeiteinheiten Bearbeitung (dem sogenannten Bedienquant) mit der Wahrscheinlichkeit σ an das Ende der Warteschlange zurückverwiesen wird und die Aufträge aus der Warteschlange in der Reihenfolge ihrer Ankunft entnommen werden. Weiter wird davon ausgegangen, daß die für einen Auftrag erforderliche Bedienzeit ein Vielfaches von Q sei. Diese Annahme findet ihre Rechtfertigung darin, daß in realen Systemen die Bedienzeit der Programme im allgemeinen sehr viel größer ist als das Bedienquant und deshalb nachfolgend nur die Verhältnisse für $Q \to 0$ untersucht werden.

Unter den obigen Voraussetzungen benötigt ein Auftrag mit der Wahrscheinlichkeit $g_i = \sigma^{i-1}\left(1-\sigma\right)$ insgesamt $i > 0$ Quanten an Bedienzeit.
Es ist also

$$E\left[S\right] = \sum_{i=1}^{\infty} \left(iQ\right)g_i = \frac{Q}{1-\sigma} \text{ und}$$

$$E\left[S^2\right] = \sum_{i=1}^{\infty} \left(iQ\right)^2 g_i = Q^2 \sum_{i=0}^{\infty} \left(2i+1\right)\sigma^i \; .$$

Aus $\dfrac{1}{1-z} = \displaystyle\sum_{i=0}^{\infty} z^i$ erhält man durch Differentiation

$$\frac{1}{\left(1-z\right)^2} = \sum_{i=1}^{\infty} iz^{i-1} = \sum_{i=0}^{\infty} \left(i+1\right)z^i \; .$$

Demnach ist $\dfrac{z}{(1-z)^2} = \sum\limits_{i=0}^{\infty} i z^i$

und man errechnet aus dem Vorangehenden

$$E[S^2] = Q^2 \left(\frac{2\sigma}{(1-\sigma)^2} + \frac{1}{1-\sigma} \right) = Q^2 \frac{1+\sigma}{(1-\sigma)^2} \ .$$

Bezeichnet man mit π_j die Wahrscheinlichkeit dafür, daß j Aufträge im System sind, und mit $U_k(j)$ die Verweilzeit eines Auftrages, der k Quanten benötigt und bei dessen Ankunft bereits j Aufträge im System sind, dann gilt für die mittlere Verweilzeit eines Auftrags mit k Quanten Bedienzeitbedarf

$$E[U_k] = \sum_{j=0}^{\infty} \pi_j E[U_k(j)] \ .$$

Im weiteren soll U_k in Abhängigkeit von λ, σ und Q ermittelt werden.

Ein Auftrag, der ab seiner Ankunft im System k Quanten Bedienzeit benötigt, wird $(k-1)$-mal in die Warteschlange zurückverwiesen. Bezeichnet man mit $D_i(j)$ die für den i-ten Durchlauf benötigte Zeit (= Wartezeit + ein Bedienquant), wenn bei der erstmaligen Ankunft j Aufträge im System sind, so ergibt sich

$$E[U_k(j)] = \sum_{i=1}^{k} E[D_i(j)] \ .$$

Zur Ermittlung von $E[D_i(j)]$ für $i \geq 2$ nehme man zunächst an, daß $D_i(j) = x$ ist. Dann befinden sich $x/Q - 1$ Aufträge vor dem betrachteten in der Warteschlange. Im Mittel kommen von diesen $\sigma(x/Q - 1)$ in die Warteschlange zurück. Zusätzlich kommen während dieser Zeit im Mittel $\lambda x + o(x)$ Aufträge neu in das System. Die für den $(i+1)$-ten Durchlauf benötigte Zeit setzt sich dann zusammen aus:

1. der Bearbeitungszeit der im i-ten Durchlauf in die Warteschlange zurückverwiesenen Aufträge $(= \sigma Q(x/Q - 1))$,

2. der Bearbeitungszeit für die neu angekommenen Aufträge $(= (\lambda x + o(x))Q)$ und

3. der von dem betrachteten Auftrag in Anspruch genommenen Bedienzeit $(= Q)$.

Demzufolge gilt für $i \geq 2$ (wenn man den Anteil $o(x)$ vernachlässigt):

$$E[D_{i+1}] = \sigma Q(x/Q - 1) + \lambda x Q + Q = \sigma x - \sigma Q + \lambda Q x + Q$$
$$= (\lambda Q + \sigma)E[D_i(j)] + (1-\sigma)Q \ .$$

Da im ersten Durchlauf vor dem betrachteten sich j Aufträge im System befinden, ist

$$E[D_2(j)] = \lambda Q E[D_1(j)] + \sigma j Q + Q \ .$$

Durch vollständige Induktion über i kann nachgewiesen werden, daß für $i \geq 2$ gilt:

$$E[D_i(j)] = (\lambda Q + \sigma)^{i-2} E[D_2(j)] + Q(1-\sigma)\frac{1-(\lambda Q+\sigma)^{i-2}}{1-\lambda Q-\sigma}.$$

Denn wie sofort ersichtlich ist, geht für $i = 2$ die Formel in die Identität über und aus der Gültigkeit für i ergibt sich

$$E[D_{i+1}(j)] = (\lambda Q+\sigma)E[D_i(j)] + (1-\sigma)Q$$

$$= (\lambda Q+\sigma)^{i+1-2}E[D_2(j)] + Q(1-\sigma)\frac{1-(\lambda Q+\sigma)^{i+1-2}}{1-\lambda Q-\sigma}.$$

Mit $\alpha = \lambda Q + \sigma$ und $\rho = (\lambda Q)/(1-\sigma)$ erhält man

$$E[D_i(j)] = \alpha^{i-2}E[D_2(j)] + Q\frac{1}{1-\rho} - Q\frac{\alpha^{i-2}}{1-\rho}.$$

Also ist $\displaystyle\sum_{i=2}^{k} E[D_i(j)] = E[D_2(j)]\frac{1-\alpha^{k-1}}{1-\alpha} + Q\frac{k-1}{1-\rho} - Q\frac{1-\alpha^{k-1}}{(1-\alpha)(1-\rho)}$

und somit unter Einsetzung der Formel für $D_2(j)$

$$E[U_k(j)] = \sum_{i=1}^{k} E[D_i(j)]$$

$$= E[D_1(j)] + \frac{(k-1)Q}{1-\rho}$$

$$+ Q\left(\lambda E[D_1(j)] + \sigma j - \frac{\rho}{1-\rho}\right)\frac{1-\alpha^{k-1}}{1-\alpha}.$$

Damit ergibt sich wegen $U_1(j) = D_1(j)$

$$E[U_1] = \sum_{j=0}^{\infty} \pi_j E[D_1(j)]$$

und für $k \geq 2$

$$E[U_k] = \sum_{j=0}^{\infty} \pi_j E[U_k(j)]$$

$$= E[U_1] + \frac{(k-1)Q}{1-\rho}$$

$$+ Q\left(\lambda E[U_1] + \sigma E[N] - \frac{\rho}{1-\rho}\right)\frac{1-\alpha^{k-1}}{1-\alpha}.$$

Da sich U_1 zusammensetzt aus

1. dem Quantenrest Q_r eines in Bearbeitung befindlichen Auftrags,

2. je einem Quant für die Aufträge, die sich in der Warteschlange befinden,

$(E[N_q] = E[N] - \rho)$ und

3. einem Quant für den eben angekommenen Auftrag,

ergibt sich

$$E[U_1] = E[Q_r] + E[N_q] Q + Q .$$

Wegen $E[Q_r] = \rho \dfrac{E[Q^2]}{2E[Q]} = \dfrac{\rho Q}{2}$

folgt $E[U_1] = (1 - \rho/2 + E[N]) Q .$

Die Annahme, daß Aufträge nach Zuteilung eines Quants mit der festen Wahrscheinlichkeit $1 - \sigma$ das System verlassen, führt zu einer geometrischen Bedienzeitverteilung. Beim Grenzübergang $Q \to 0$ mit $E[S] = Q/(1 - \sigma) = 1/\mu = const$ geht sie über in die Exponentialverteilung $1 - e^{-\mu t}$. Dabei geht die Aussage, daß ein Auftrag als Bedienzeit insgesamt k Quanten der Länge Q benötigt, über in die Aussage, daß er $t = kQ$ Zeiteinheiten Bedienzeit benötigt. Damit ergibt sich schließlich

$$E[U(t)] = \lim_{Q \to 0} E[U_{t/Q}] = \lim_{Q \to 0} \left(E[U_1] + \frac{t/Q - 1}{1 - \rho} Q \right)$$

$$= \lim_{Q \to 0} \frac{t/Q - 1}{1 - \rho} Q = \frac{t}{1 - \rho} .$$

3.5.5 Nicht verdrängende Abarbeitung nach Prioritäten

Jedem Auftrag sei bei seiner Ankunft im System eine Priorität zugeordnet, die er während seiner gesamten Verweilzeit beibehält. Die Zuordnung erfolge nach aufsteigenden Prioritäten und innerhalb gleicher Prioritäten nach *first-come-first-served*. Außerdem sollen keine Verdrängungen stattfinden.

Ein solches System kann man sich so vorstellen, daß zu jeder Priorität eine eigene Warteschlange q_i existiert mit einer für sie typischen Ankunftsverteilung $1 - e^{-\lambda_i t}$ und einer Bedienzeitverteilung B_i. Die Bearbeitung erfolgt so, daß aus q_j nur dann Aufträge zugeordnet werden, wenn alle q_i mit $i < j$ leer sind.

Sei $E[U_k]$ die mittlere Verweilzeit für Aufträge der Priorität k, $E[W_k]$ ihre mittlere Wartezeit, $E[S_k]$ ihre mittlere Bedienzeit und ρ_k die durch Aufträge der Priorität k verursachte Auslastung der Bedienstation.

Im stationären Zustand ist $E[U_k] = E[W_k] + E[S_k]$.

Man betrachtet nun das Verhalten eines markierten Auftrags mit Priorität k, der bei seiner Ankunft für $1 \le i \le k$ in der i-ten Warteschlange n_i Aufträge vorfindet.

Es sei W'_k die durch diese Aufträge für den markierten verursachte Wartezeit und W''_k der Anteil, der durch Aufträge verursacht wird, die während der Wartezeit des markierten neu in den Warteschlangen q_1 bis q_{k-1} ankommen.

Dann gilt

$$E[W_k] = E[R] + E[W'_k] + E[W''_k] = \left(\sum_{k=1}^{\infty} \rho_k R_k \right) + E[W'_k] + E[W''_k]$$

$$= \left(\frac{1}{2} \sum_{k=1}^{\infty} \lambda E[S_k^2] \right) + E[W'_k] + E[W''_k] \ .$$

Nach Definition ist

$$E[W'_k] = \sum_{i=1}^{k} E[N_i] E[S_i]$$

und unter Verwendung des Theorems von Little erhält man mit $\rho_i = \lambda_i E[S_i]$

$$E[W'_k] = \sum_{i=1}^{k} \lambda_i E[W_i] E[S_i] = \sum_{i=1}^{k} \rho_i E[W_i] \ .$$

Außerdem gilt

$$E[W''_k] = \sum_{i=1}^{k-1} \lambda_i E[W_k] E[S_i] = \sum_{i=1}^{k-1} \rho_i E[W_k]$$

und somit

$$E[W_k] = \frac{1}{2} \sum_{i=1}^{\infty} \lambda_i E[S_i^2] + \sum_{i=1}^{k} \rho_i E[W_i] + \sum_{i=1}^{k-1} \rho_i E[W_k] \ .$$

Durch Auflösen nach $E[W_k]$ erhält man

$$E[W_k] = \frac{\dfrac{1}{2} \sum_{i=1}^{\infty} \lambda_i E[S_i^2] + \sum_{i=1}^{k-1} \rho_i E[W_i]}{1 - \sum_{i=1}^{k} \rho_i} \ .$$

Setzt man $\beta_0 = 0$ und $\beta_i = \sum_{j=1}^{i} \rho_j$ für $i > 0$, so kann man mittels vollständiger Induktion über k zeigen:

$$1 + \sum_{i=1}^{k} \frac{\rho_i}{(1 - \beta_{i-1})(1 - \beta_i)} = \frac{1}{1 - \beta_k} \; .$$

Für $k = 1$ besagt dies nämlich

$$1 + \frac{\rho_1}{(1 - \beta_0)(1 - \beta_1)} = \frac{1}{1 - \beta_1} \; ,$$

was trivialerweise richtig ist.

Unter der Annahme, daß die Aussage für k richtig ist, ergibt sich

$$1 + \sum_{i=1}^{k+1} \frac{\rho_i}{(1 - \beta_{i-1})(1 - \beta_i)} = \frac{1}{1 - \beta_k} + \frac{\rho_{k+1}}{(1 - \beta_k)(1 - \beta_{k+1})}$$

$$= \frac{1 - \beta_{k+1} + \rho_{k+1}}{(1 - \beta_k)(1 - \beta_{k+1})}$$

$$= \frac{1}{1 - \beta_{k+1}} \; .$$

Weiter ist $E[W_1] = \dfrac{\sum\limits_{i=1}^{\infty} \lambda_i E[S_i^2]}{2(1 - \beta_0)(1 - \beta_1)} \; .$

Gilt zudem für $k \le n$ die Beziehung

$$E[W_k] = \frac{\sum\limits_{i=1}^{\infty} \lambda_i E[S_i^2]}{2(1 - \beta_{k-1})(1 - \beta_k)} \; ,$$

so errechnet man

$$E[W_{n+1}] = \frac{\left(\sum\limits_{i=1}^{\infty} \lambda_i E[S_i^2] \right) \left(1 + \sum\limits_{i=1}^{n} \frac{\rho_i}{(1 - \beta_{i-1})(1 - \beta_i)} \right)}{2(1 - \beta_{n+1})}$$

$$= \frac{\left(\sum\limits_{i=1}^{\infty} \lambda_i E[S_i^2] \right) \dfrac{1}{1 - \beta_n}}{2(1 - \beta_{n+1})} \; .$$

Durch vollständige Induktion ergibt sich somit

$$E[W_k] = \frac{\sum\limits_{i=1}^{\infty} \lambda_i E[S_i^2]}{2(1 - \beta_{k-1})(1 - \beta_k)} \; .$$

3.5.6   Die Strategie shortest-job-first (SJF)

Entsprechend der Vorgehensweise bei der Untersuchung der Strategie *round-robin* geht man davon aus, daß sich der Bedienzeitbedarf eines Auftrages in ganzen Vielfachen eines Zeitquantums Q angeben läßt. Die Wahrscheinlichkeit, daß ein Auftrag iQ Zeiteinheiten Bedienzeit verlangt, sei g_i. Dann ist λg_k die Ankunftsrate für Aufträge mit k Quanten benötigter Bedienzeit. Setzt man $\lambda_k = \lambda g_k$ und $\rho_k = kQ\lambda g_k$, so verhält sich das entsprechende Prioritätensystem genauso wie das nach *shortest-job-first* arbeitende. Aufgrund des allgemeinen Ergebnisses über Prioritätenstrategien ergibt sich also

$$E[W_k] = \frac{\sum\limits_{i=1}^{\infty} \lambda_i E[S_i^2]}{2(1 - \beta_{k-1})(1 - \beta_k)}$$

$$= \frac{\lambda E[S^2]}{2(1 - \lambda H_{k-1}(S))(1 - \lambda H_k(S))}$$

mit $H_i(S) = \sum\limits_{j=1}^{i} (jQg_j) \; .$

Es sei $B(t)$ die Verteilungsfunktion für die von den Aufträgen benötigte Bedienzeit. Setzt man $t = kQ$ und betrachtet den Grenzübergang $Q \to 0$, so ergibt sich

$$E[W(t)] = \frac{1}{2}\lambda E[S^2](1 - \lambda H_{t/Q}(S))^{-2} = \frac{1}{2}\lambda E[S^2]\left(1 - \lambda \int\limits_0^t i\, dB(i)\right)^{-2} \; .$$

Im Spezialfall $B(t) = 1 - e^{-\mu t}$ ergibt sich

$$E[W(t)] = \frac{\lambda}{\mu^2}\left(1 - \lambda \int\limits_0^t x\mu e^{-\mu x}\, dx\right)^{-2} \; .$$

Durch partielle Integration erhält man:

$$\int\limits_0^t x\mu e^{-\mu x}\, dx = -te^{-\mu t} - \frac{1}{\mu}e^{-\mu t} + \frac{1}{\mu} \; .$$

Einsetzung in die obige Formel liefert

$$E\left[W(t)\right] = \frac{\lambda}{\mu^2}\left(1 + \lambda t e^{-\mu t} + \frac{\lambda}{\mu}e^{-\mu t} - \frac{\lambda}{\mu}\right)^{-2}$$

$$= \frac{\lambda}{\mu^2}\left(1 - \rho + \rho e^{-\mu t}\left(1 + \mu t\right)\right)^{-2}$$

$$= \frac{\rho}{\mu\left(1 - \rho\left(1 - e^{-\mu t}\left(1 + \mu t\right)\right)\right)^2} \; .$$

3.5.7   Die Strategie multilevel-feed-back (MLFB)

Es sei wieder Q das Bedienzeitquantum und g_i die Wahrscheinlichkeit, daß ein Auftrag iQ Zeiteinheiten Bedienung erfordert. Weiter sollen W_k, W'_k und W''_k die gleiche Bedeutung wie beim Prioritätenmodell haben.

Bei dieser Strategie muß ein neuer Auftrag erst $k-1$ Quanten zugeteilt bekommen, bevor er in die Warteschlange k eingereiht wird.

Es bezeichne S_k die Bedienzeit, die ein Auftrag während seiner Verweilzeit in den ersten k Warteschlangen verbraucht.

Dann ist $E\left[S_k\right] = \displaystyle\sum_{i=1}^{k}(iQ)\,g_i + kQ\left(1 - \sum_{i=1}^{k}g_i\right) .$

Weiter gilt $E\left[W_k\right] = \lambda\left(E\left[W_k\right] + (k-1)Q\right)E\left[S_{k-1}\right]$.

Modifiziert man die Abarbeitung in der Art, daß jeder Auftrag sofort k Quanten zugeteilt bekommt und anschließend nach *MLFB* weiterverfahren wird, so hat dies keinen Einfluß auf die Verweilzeit von Aufträgen mit mehr als k Quanten Bedienzeitbedarf.

Bezeichnet man mit $\overline{W}_i$ die Wartezeit für Aufträge in der i-ten Warteschlange des neu konstruierten Systems, so gilt

$$E\left[\overline{W}_1\right] = E\left[\overline{R}\right] + E\left[\overline{N}_1\right]E\left[\overline{S}_1\right] ,$$

wobei $E\left[\overline{W}_1\right] = E\left[W'_k\right]$ ist und $E\left[\overline{S}_1\right] = E\left[S_k\right]$.

Unter Benutzung des Theorems von Little folgert man

$$E\left[\overline{W}_1\right] = E\left[\overline{R}\right] + \lambda E\left[\overline{W}_1\right]E\left[\overline{S}_1\right] .$$

Also ist $E\left[\overline{W}_1\right] = \dfrac{E\left[\overline{R}\right]}{1 - \lambda E\left[\overline{S}_1\right]}$.

Sei $\bar{\lambda}_i$ für $i \geq 2$ die Ankunftsrate in der i-ten Warteschlange des neuen Systems, dann gilt

$$\bar{\lambda}_i = \lambda \sum_{j=k+i-1}^{\infty} g_i = \lambda \left(1 - G(k+i-2)\right)$$

mit $G(j) =_{\text{Df}} \sum_{i=1}^{j} g_i$

und somit

$$E[\bar{R}] = \frac{\lambda}{2} E[S_k^2] + \sum_{i=2}^{\infty} \frac{\bar{\lambda}_i}{2} Q^2 = \frac{\lambda}{2} E[S_k^2] + \frac{\lambda}{2} Q^2 \sum_{i=0}^{\infty} (1 - G(k+i)) \ .$$

Also ist

$$E[W_k] = E[W_k'] + E[W_k'']$$

$$= \frac{E[\bar{R}]}{1 - \lambda E[\bar{S}_1]} + \lambda \left(E[W_k] + (k-1) Q\right) E[S_{k-1}]$$

und weiter

$$E[W_k] = \frac{\lambda E[\bar{R}] + \lambda Q (k-1) E[S_{k-1}]}{(1 - \lambda E[S_{k-1}])(1 - \lambda E[S_k])}$$

$$= \frac{\dfrac{\lambda}{2} E[S_k^2] + \dfrac{\lambda}{2} Q^2 \sum_{i=k}^{\infty} (1 - G(i))}{(1 - \lambda E[S_{k-1}])(1 - \lambda E[S_k])} + \frac{\lambda E[S_{k-1}]}{1 - \lambda E[S_{k-1}]} (k-1) Q \ .$$

Der Grenzübergang $Q \to 0$ liefert mit $t =_{\text{Df}} kQ$

$$E[W(t)] =$$

$$\frac{\dfrac{\lambda}{2} \displaystyle\int_0^t x^2 dB(x) + t^2 (1 - B(t))}{\left(1 - \lambda \displaystyle\int_0^t x dB(x) - \lambda t (1 - B(t))\right)^2} + \frac{t}{1 - \lambda \displaystyle\int_0^t x dB(x) - \lambda t (1 - B(t))} - t \ .$$

Für $B(x) = 1 - e^{-\mu x}$ ermittelt man hieraus

$$E[W(t)] = \frac{1}{\mu} \frac{\rho - (\lambda t + \rho) e^{-\mu t}}{(1 - \rho(1 - e^{-\mu t}))^2} + \frac{t}{1 - \rho(1 - e^{-\mu t})} - t \ .$$

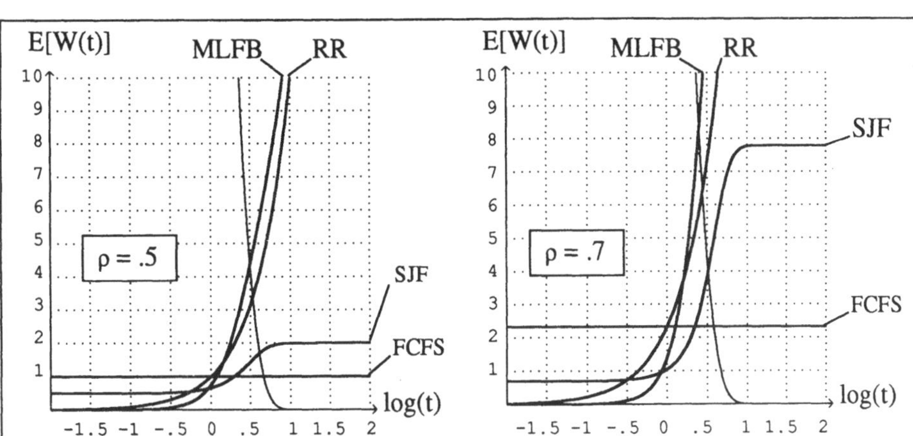

Bild 3.4 Wartezeit der Strategien *FCFS*, *SJF*, *RR* und *MLFB* bei 50% und 70% Auslastung der Bedienstation

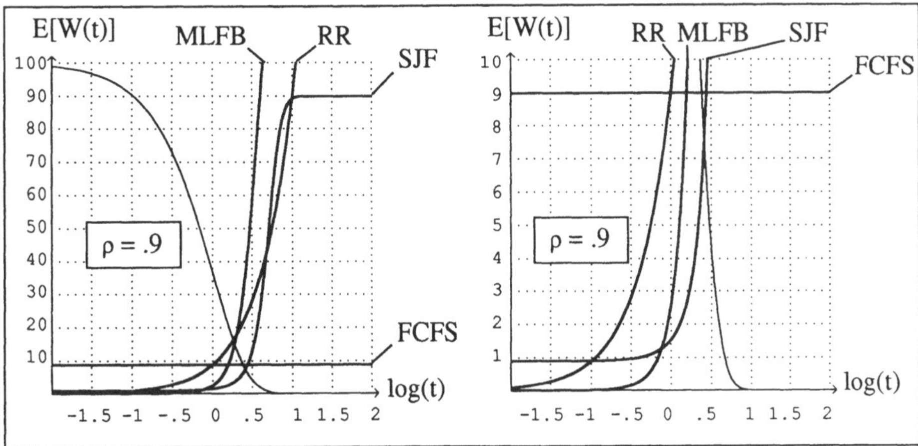

Bild 3.5 Wartezeit der Strategien *FCFS*, *SJF*, *RR* und *MLFB* bei 90% Auslastung der Bedienstation

In Bild 3.4 und Bild 3.5 sind für die Strategien *FCFS*, *SJF*, *RR* und *MLFB* die in den Abschnitten 3.5.3, 3.5.4, 3.5.6 und 3.5.7 bei exponentieller Bedienzeitverteilung ermittelten Abhängigkeiten der mittleren Wartezeit von der Bedienzeitforderung eines Auftrags veranschaulicht. Die dünn eingezeichnete Kurve gibt jeweils an, für wieviel Prozent der Aufträge die Bedienzeit größer ist als der Abszissenwert. Als Zeiteinheit wurde wiederum die mittlere Bedienzeit gewählt. Die Kurven zeigen deutlich, daß *RR* und - in noch stärkerem Maße - *MLFB* kurze Aufträge bevorzugen, weshalb interaktive Systeme sich meist einer dieser beiden Strategien bedienen.

3.5.8   Gemischte Strategien

Die vorangehenden Einzeluntersuchungen wurden in [Klei 72] von Kleinrock und Muntz zu einer interessanten Klasse *gemischter* Strategien zusammengefaßt.

Das Grundmodell geht davon aus, daß das System über n Warteschlangen verfügt und ein Prozeß der bereits $a[i]$ Zeiteinheiten Bedienung erfahren hat, in die $(i+1)$ -te Warteschlange eingereiht wird. Ist ein Prozeß der i-ten Warteschlange in Bearbeitung, so wird er bei Ankunft von Aufträgen in den ersten $i-1$ Warteschlangen zu deren Gunsten unterbrochen und an den Anfang der i-ten Warteschlange zurückverwiesen. Aufträge aus der i-ten Warteschlange werden also nur zu solchen Zeitpunkten bearbeitet, zu denen die ersten $i-1$ Warteschlangen leer sind. Jede der Warteschlangen wird (unabhängig von den anderen) nach einer der folgenden Strategien betrieben:

1. Auswahl des bereits am längsten in dieser Warteschlange befindlichen Prozesses (*FCFS*),

2. zu jedem Zeitpunkt Zuordnung (falls überhaupt zulässig) des Auftrags mit der bisher geringsten Bedienzeit (*MLFB*) oder

3. Abarbeitung der Warteschlange nach *round-robin* mit verschwindend kleinem Zeitquant (*RR*)

Die Bedienzeit sei verteilt gemäß $B(t)$. Weiter sei

$$\overline{t_{<x}} =_{\text{Df}} \int_0^x t\,dB(t) + x \int_x^\infty dB(t) \, ,$$

$$\overline{t_{<x}^2} =_{\text{Df}} \int_0^x t^2\,dB(t) + x^2 \int_x^\infty dB(t) \, ,$$

$$\rho_{<x} =_{\text{Df}} \lambda \overline{t_{<x}} \quad \text{und}$$

$$W_x =_{\text{Df}} \frac{\lambda \overline{t_{<x}^2}}{2(1-\rho_{<x})} \, .$$

Ist $B(t) = 1 - e^{-\mu t}$, so errechnet man

$$\overline{t_{<x}} = \frac{1}{\mu}(1 - e^{-\mu x}) \, ,$$

$$\overline{t^2}_{<x} \;=\; \frac{2}{\mu^2} - \left(\frac{2x}{\mu} + \frac{2}{\mu^2}\right) e^{-\mu x},$$

$$\rho_{<x} \;=\; \rho\,(1 - e^{-\mu x}) \quad \text{und}$$

$$W_x \;=\; \frac{1}{\mu}\,\frac{\rho - (\lambda x + \rho)\,e^{-\mu x}}{1 - \rho\,(1 - e^{-\mu x})}\;.$$

Außerdem sei

$$E\,[U(t)] \;=_{\mathrm{Df}}\; E\,[\textit{Verweilzeit eines Auftrags, der t Zeiteinheiten Bedienung benötigt}]$$

und

$$E\,[U_i(t)] \;=_{\mathrm{Df}}\; E\,[\textit{Verweilzeit im i-ten Durchlauf für Aufträge mit t Zeiteinheiten Bedien-}$$
$$\textit{zeitforderung}]\;.$$

Dann gilt für den i-ten Durchlauf [Klei 72]:

1. bei Abarbeitung nach *FCFS* für beliebige Bedienzeitverteilung $B(t)$:

$$E\,[U(t)] \;=\; \frac{W_{a[i]} + t}{1 - \rho_{<a[i-1]}} \qquad \text{für } a[i-1] < t \le a[i]$$

2. bei Abarbeitung nach *MLFB* für beliebige Bedienzeitverteilung $B(t)$:

$$E\,[U(t)] \;=\; \frac{t}{1 - \rho_{<t}} + \frac{\lambda \overline{t^2}_{<t}}{2\,(1 - \rho_{<t})^2} \qquad \text{für } a[i-1] < t \le a[i]$$

3. bei Abarbeitung nach *RR* für $B(t) = 1 - e^{-\mu t}$:

$$E\,[U(a[i-1] + \tau)] \;=\; \frac{W_{a[i-1]} + a[i-1] + \alpha(\tau)}{1 - \rho_{<a[i-1]}} \quad \text{mit}$$

$$W_{a[i-1]} \;=\; \frac{\lambda\,(1 - e^{-\mu a[i-1]} - \mu a[i-1]^{-\mu a[i-1]})}{\mu^2\,(1 - (\lambda/\mu)\,(1 - e^{-\mu a[i-1]}))}$$

$$\alpha_2(\tau) \;=\; \frac{\tau}{1 - \lambda a\mu_i^{-1}}$$

$$+ \frac{(b\,(\mu^2 - \gamma^2)\,((\gamma + \mu - \lambda a)\,(1 - e^{-\gamma\tau}) + \lambda a e^{-(\mu+\gamma)x}\,(e^{\gamma\tau} - 1)))}{2\lambda a\gamma^2\,(\gamma + \mu - \lambda a\,(1 - e^{-(\mu+\gamma)x}))}$$

$$\gamma \;=\; (\mu^2 - 2\mu\lambda a + (\lambda a)^2\,(1 - e^{-2\mu x}))^{1/2}$$

$$\mu_i = \frac{\mu}{1 - e^{-\mu x}}$$

$$a = \frac{1 - e^{-\mu a[i-1]}}{1 - \rho_{<a[i-1]}}$$

$$b = \frac{a}{1 - \rho_{<a[i-1]}} \left(2\lambda a[i-1](1 - \rho_{<a[i-1]}) + \lambda^2 \overline{t^2_{<a[i-1]}}\right)$$

$$x = a[i] - a[i-1]$$

Dieses Ergebnis ist vor allem deshalb interessant, weil es zeigt, daß die (nicht exakt realisierbare) Strategie *MLFB* mit gegen Null gehendem Zeitquant durch gemischte Strategien bereits mit wenigen Warteschlangen gut approximiert werden kann. Dabei reicht es aus die einzelnen Warteschlangen nach der leicht realisierbaren Strategie *FCFS* abzuarbeiten werden. In Bild 3.6 wird dies anhand eines Beispiels verdeutlicht. Macht man die Festlegung der $a[i]$ als Einstellparameter des Betriebssystems verfügbar, so kann die Strategie leicht an die auftretenden Bedürfnisse angepaßt werden.

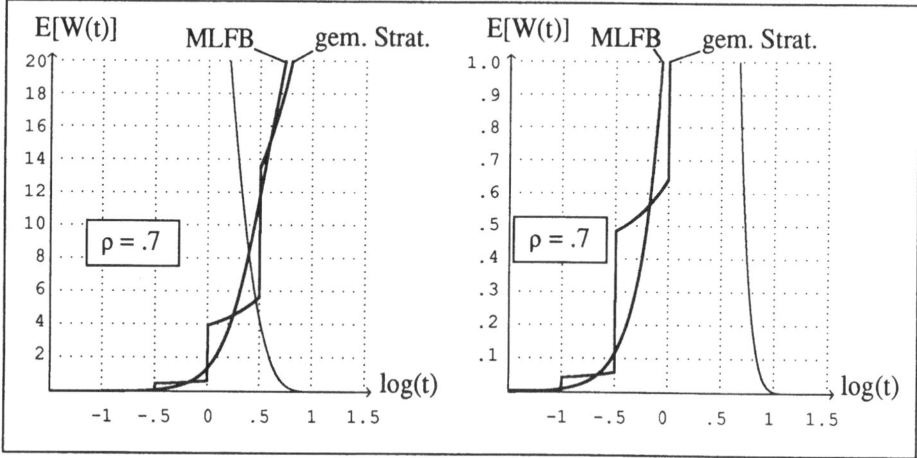

Bild 3.6 *Gemischte* Strategie bei exponentieller Bedienzeitverteilung mit $a[0] = 0$, $a[i] = 10^{(i-4)/2}$ für $1 \le i \le 7$ und $a[8] = \infty$ unter ausschließlicher Verwendung von *FCFS* im Vergleich mit *MLFB*. Die Auslastung ρ ist 0.7, Zeiteinheit ist die mittlere Bedienzeit. Die dünn gezeichnete Kurve gibt an, für wieviel Prozent der Aufträge die Bedienzeit kürzer ist als der jeweilige Abszissenwert.

4 Arbeitsspeicherverwaltung

4.1 Allgemeine Überlegungen

Zur tatsächlichen Abwicklung eines Programmsystems durch eine digitale Rechenanlage, müssen sowohl die Zustände als auch die Operationsbeschreibungen aller Modulinstanzen in einer durch das Leit- und Rechenwerk verarbeitbaren Form gespeichert sein. Der Teil der Rechenanlage, der diese Beschreibungen aufnimmt, wird als Arbeitsspeicher bezeichnet.

Der Arbeitsspeicher heutiger Rechenanlagen ist typischerweise zusammengesetzt aus *Worten* einer bestimmten Bitzahl (der häufigste Fall sind acht Bit; die Worte werden dann als Byte bezeichnet). Jedes dieser Worte ist unter einer bestimmten Adresse ansprechbar, wobei für die Adressen ein Abschnitt der natürlichen Zahlen (meist beginnend mit Null) verwendet wird. Aus technischen Gründen ist es üblich, für Wertevorräte, die unmittelbar durch das Rechenwerk verarbeitet werden sollen und nicht durch den Wertevorrat eines einzigen Wortes codiert werden können, mehrere Worte mit unmittelbar aufeinanderfolgenden Adressen zu benutzen. Bei dieser Vorgehensweise kann die Adresse des ersten Bytes als Variablenname aufgefaßt werden. Dementsprechend müssen bei der maschinenverarbeitbaren Darstellung von Modulinstanzen in den NBL- und Effektbeschreibungen von Aktivitäten Bezugnahmen auf Variable durch Speicheradressen dargestellt werden. Die Aktivitätsbeschreibungen selbst müssen ebenfalls im Speicher (evtl. in mehreren aufeinanderfolgenden Worten) in codierter Form hinterlegt werden. Damit stellen sich Prozeßsysteme in ihrer ausführbaren Form folgendermaßen dar:

$P = (A, D, bz, adr, w)$ mit

1. $D = D_1 \times D_2 \times ... \times D_n \times W_1 \times W_2 \times ... \times W_m$,

wobei D_i (endliche) Teilmengen von $\mathbb{N}_0$ sind, und die W_j die Gestalt $W^{r(j)}$ haben, wenn W die Zustandsmenge eines Wortes ist.

2. Typisches Element ist $(L_1, L_2, ..., L_n, Adr_1, Adr_2, ..., Adr_m)$
mit $Adr_1, Adr_2, ..., Adr_m \in \mathbb{N}_0$.

3. Aktionen haben die Gestalt

$$\text{WHEN } 'L_i = j \text{ AND } B_{i,j}('Adr_{i,j})$$
$$\text{DO } L_i = N_{i,j}('L_i, 'Adr_{i,j}) \text{ AND } Adr_{i,j} = F_{i,j}('Adr_{i,j}),$$

wobei $Adr_{i,j} \subseteq \{Adr_1, Adr_2, ..., Adr_m\}$ ist.

Zur Beschreibung der Aktionen werden in einer codierten, von der verwendeten Re-

chenanlage abhängigen Form die Bestandteile $B_{i,j}$, $N_{i,j}$, $F_{i,j}$ und $Adr_{i,j}$ in aufeinanderfolgenden Speicherworten als (Maschinen-)Befehl hinterlegt.

4. *adr* ordnet jeder Aktion die Speicheradresse zu, ab der die Aktionsbeschreibung codiert ist, so daß eventuell mehrere Aktionen die gleiche Aktionsbeschreibung besitzen
(man spricht dann auch von *Codesharing).*

Diese Darstellung läßt sofort erkennen, daß die Aktionscodierungen verschiedener Instanzen einer Modulklasse bis auf die Codierung des Anteils $Adr_{i,j}$ identisch gewählt
werden können.

Üblicherweise wählt man die Darstellung zweier Modulinstanzen der gleichen Klasse
so, daß die Adressen der einen durch Addition eines festen Betrags aus denen der anderen hervorgehen. Zur Darstellung sowohl der Modulzustände als auch der Aktionsbeschreibungen werden vorwiegend Speicherworte mit aufeinanderfolgenden Adressen
verwendet. Solche Speicherabschnitte bezeichnet man als *Segmente*. Die Darstellung
einer Modulinstanz besteht dann im Arbeitsspeicher aus wenigstens einem *Datenseg-
ment* und einem *Befehlssegment*.

Da alle Instanzen einer Modulklasse nach einem einheitlichen Schema aufgebaut werden können, ist es möglich, daß Compiler und Assembler als maschineninterne Beschreibung einer Modulklasse eine Darstellung erzeugen, die bis auf eine, auf die
Adressen aufzuaddierende Konstante bereits die zu speichernde Form haben. Soll im
Speicher eine neue Instanz verfügbar gemacht werden, so sind folgende Aufgaben zu
erledigen:

1. Im Arbeitsspeicher ist ein geeigneter Platz für die Ablage von Befehls- und Datensegmenten ausfindig zu machen.

2. Die Darstellung der Klasse wird in die Segmente kopiert, wobei alle Adressen um die
Differenz aus der kleinsten Adresse der Klassenbeschreibung und der Anfangsadresse
des entsprechenden Segmentes zu erhöhen sind.

3. In Modulinstanzen, die auf die neu installierten Bezug nehmen, sind die Bezugsadres-
sen einzutragen.

Für Punkt 1 muß von den Übersetzern die Länge der Segmente zur Verfügung gestellt
werden, für Punkt 2 die kleinste Adresse (meist 0) und die Angabe, welche Adressen
sich auf welches Segment beziehen. Für Punkt 3 muß dem Betriebssystem bekannt sein,
welche Bestandteile bereits existierender Modulinstanzen Bezüge auf die neue darstellen und auf welche Operationen oder Datenteile sie sich beziehen. Die Durchführung
der Punkte 1 bis 3 wird im Betriebssystem vom sogenannten Ladebinder vorgenommen,
die Modulklasse zusammen mit der benötigten Zusatzinformation wird ihm als *Binde-
modul* zur Verfügung gestellt.

Einfachere Betriebssysteme verlangen, daß vor dem Programmstart bereits alle Instanzen angelegt werden, weil dadurch das Betriebssystem von der Aufgabe entlastet wird, über Bezüge zwischen Instanzen Buch zu führen. Man spricht in diesem Fall von *statischem Binden*. Können Instanzen erzeugt werden, wenn das Prozeßsystem bereits in Ausführung ist, so spricht man von der Möglichkeit des *dynamischen Bindens*.

Als nächstes sollen die Probleme des Auffindens eines geeigneten Platzes im Arbeitsspeicher untersucht werden.

4.2 Platzzuteilungsstrategien

In realen Systemen werden die einzelnen Segmente nur für eine endliche Zeit benötigt und die Zeitpunkte, zu denen der durch sie belegte Speicherplatz für eine Plazierung anderer Segmente verfügbar wird, sind im allgemeinen vom Zeitpunkt der Plazierung unabhängig. Deshalb bilden nach einer Anlaufphase die verfügbaren Speicherabschnitte freie *Lücken* im sonst belegten Arbeitsspeicher. Für die Speicherverwaltung entstehen damit drei Aufgaben:

1. Führung eines Verzeichnisses der Lücken,

2. Bestimmung einer freien, genügend großen Lücke bei Anforderung eines Segmentes,

3. eventuell Verschmelzung eines freiwerdenden Segmentes mit benachbarten Lücken.

Nachfolgend werden die am häufigsten verwendeten Strategien beschrieben.

1. *First-fit (FF)*
Die Speicherverwaltung führt hierbei Buch über die im Speicher befindlichen Segmente bezüglich Lage und Länge und ebenso über die unbelegten Speicherabschnitte, die als freie Segmente oder (Speicher-) Lücken bezeichnet werden.

Wird nun Platz für ein Segment angefordert, so wird von der ersten, hinreichend großen Lücke von einem Rand her so viel Speicherplatz entnommen, wie für die Anforderung benötigt wird. Der Rest wird weiterhin als Lücke geführt.

Wird ein Segment freigegeben, so wird der von ihm belegte Bereich mit eventuell angrenzenden Lücken zu einer einzigen verschmolzen.

2. *Rotating-first-fit (RFF)*
Diese Strategie geht ähnlich vor wie *FF* mit der Ausnahme, daß die Suche nach einer Lücke nicht bei einer festen Speicheradresse beginnt, sondern mit der Anfangsadresse des zuletzt zugeteilten Segmentes.

3. *Best-fit (BF)*
Hier wird für die Plazierung eine möglichst kleine, hinreichend große Lücke ausgewählt.

Eine Präzisierung dieser Vorgehensweisen beschreibt die nachstehende Modulklasse Speicherverwaltung mit den Operationen *zuteilen* und *freigeben*. Erstere verlangt in *f_länge* die Länge des benötigten Speicherabschnitts und gibt in *f_basis* die Anfangsadresse des zugeteilten Platzes zurück. Letztere erwartet als Parameter in *f_basis* die Anfangsadresse und in *f_länge* die Länge des freizugebenden Speicherabschnitts.

```
MODULE   speicherverwaltung  ( speicherlänge: INTEGER;
                               strategie:  ( first_fit,
                                             rotating_first_fit,
                                             best_fit);

TYPES

    segment =   RECORD
                    basis  : (0 .. speicherlänge);
                    länge  : (0 .. speicherlänge)
                END;

DECLARATIONS

    freispeicher : SET OF segment;
    suchbasis     : (0 .. speicherlänge);

INITIALLY

    freispeicher = (0, speicherlänge) AND suchbasis = 0;

OPERATIONS

    zuteilen(f_länge: INTEGER) → f_basis: INTEGER;

    NBL
        FORSOME segment_x ∈ 'freispeicher(f_länge ≤ segment_x.länge);

    EFFECTS
        FORSOME segment_x ∈ 'freispeicher
          ( segment_x.länge ≥ f_länge
            AND ( ( strategie = first_fit
                    AND FORALL segment_y
                        ( segment_y ∈ 'freispeicher
                        IMPL ( segment_y.basis < segment_x.basis
                             IMPL segment_y.länge < f_länge
                             )
                        )
                  )
                )
```

```
            OR   ( strategie = rotating_first_fit
                   AND FORALL segment_y
                      ( segment_y ∈ 'freispeicher
                        IMPL  (   (segment_y.basis - suchbasis)
                                              MOD speicherlänge
                                  < (segment_x.basis - suchbasis)
                                              MOD speicherlänge
                                  IMPL segment_y.länge < f_länge
                                  )
                      )
                   AND suchbasis = segment_x.basis + f_länge
                 )
            OR   ( strategie = best_fit
                   AND FORALL segment_y
                      ( segment_y ∈ 'freispeicher
                        IMPL ( segment_y.länge < f_länge
                             OR segment_x.länge < segment_y.länge
                             )
                      )
                   )
                 )
            AND ( segment_x.länge = f_länge
                  IMPL freispeicher = 'freispeicher - {segment_x}
                  )
            AND ( segment_x.länge > f_länge
                  IMPL freispeicher = 'freispeicher - {segment_x}
                                      + { ( segment_x.basis + f_länge,
                                            segment_x.länge - f_länge
                                          )
                                        }
                  )
            AND f_basis = segment_x.basis
            );


freigeben(f_basis: INTEGER; f_länge: INTEGER);
    PRE
       FORALL segment_x
         ( segment_x ∈ 'freispeicher
```

```
        IMPL  segment_x.basis + segment_x.länge ≤ f_basis
              OR segment_x.basis ≥ f_basis + f_länge);
EFFECTS
   FORSOME segment_l, segment_r ∈ 'freispeicher
      ( segment_l.basis + segment_l.länge = f_basis
      AND f_basis + f_länge = segment_r.basis
      AND freispeicher =  'freispeicher - {segment_l, segment_r}
                            + { ( segment_l.basis,
                                  segment_l.länge + f_länge
                                  + segment_r.länge
                                )
                              }
      )
   OR   ( FORALL segment_r ∈ 'freispeicher
                (segment_r.basis ≠ f_basis + f_länge)
          AND FORSOME segment_l ∈ 'freispeicher
                ( segment_l.basis + segment_l.länge = f_basis
                AND freispeicher = 'freispeicher - {segment_l}
                                     + { ( segment_l.basis,
                                           segment_l.länge + f_länge
                                         )
                                       }
                )
        )
   OR   ( FORALL segment_l ∈ 'freispeicher
                (segment_l.basis + segment_l.länge ≠ f_basis)
          AND FORSOME segment_r ∈ 'freispeicher
                ( f_basis + f_länge = segment_r.basis
                AND freispeicher = 'freispeicher - {segment_r}
                                     + { ( f_basis,
                                           f_länge
                                           + segment_r.länge
                                         )
                                       }
                )
        )
```

```
OR    ( FORALL segment_x ∈ 'freispeicher
              ( segment_x.basis + segment_x.länge ≠ f_basis
              AND f_basis + f_länge ≠ segment_x.basis
              )
          AND freispeicher = 'freispeicher + {(f_basis, f_länge)}
      );
```

END_MODULE

Shore hat in [Shor 75] auf Grund umfangreicher Simulationsstudien festgestellt, daß FF die Tendenz zeigt, am Anfang des Speichers sehr viele kleine Segmente und Lücken zu erzeugen, so daß der Suchaufwand für Plazierungen im Mittel groß wird. RFF und BF zeigen kein derartiges Verhalten, sondern verteilen Segmente und Lücken bezüglich ihrer Größe gleichmäßig über den gesamten Speicher. BF läßt im Mittel kleinere Lücken entstehen, was sich nachteilig auf eine gelegentliche Plazierung großer Segmente auswirkt. Die unter verschiedenen statistischen Annahmen durchgeführten Simulationen brachten jedoch keine eindeutige Aussage dahingehend, ob eine der drei Strategien generell eine bessere Speichernutzung gestattet als die anderen.

Die Untersuchung dieser Strategien mit analytischen Methoden brachte bislang nur für sehr kleine Speichergrößen numerische Ergebnisse [Bett 80] und ist daher nur sehr bedingt aussagekräftig.

Drei in der Betriebssystemliteratur häufig zitierte Aussagen sollen hier nur kurz referiert werden, da sie lediglich auf Grund von Plausibilitätsüberlegungen gewonnen wurden, stichhaltige Beweise aber nicht bekannt sind. Die Aussagen beziehen sich auf alle Strategien, die Zuteilungen von einem Lückenrand her machen und bei Freigabe benachbarte Lücken verschmelzen, also auch auf FF, RFF und BF. Sie können jedoch nur als Anhaltspunkte für die zu erwartenden Verhältnisse dienen.

1. 50%-Regel [Knut 68]

Es sei p die Wahrscheinlichkeit dafür, daß bei der Plazierung eines Segmentes die Lücke nicht vollständig aufgebraucht wird, also eine Restlücke bleibt. Dann gilt im stationären Fall für die Zahl M der Lücken und die Zahl N der belegten Segmente $E[M] = (p/2) E[N]$.

2. Regel des ungenutzten Speichers [Denn 70]

Unter den Annahmen der 50%-Regel gilt für den relativen Anteil V des ungenutzten Speichers, wenn die durchschnittliche Lückengröße das k-fache der mittleren Segmentgröße ist: $E[V] = (pk) / (pk + 2)$.

3. Zwei-Drittel-Regel [Gele 71]

Unter den Annahmen der 50%-Regel ist im stationären Zustand $E[V] = 1/3$.

Die Begründung der letzten beiden Aussagen basiert auf der 50%-Regel, so daß sich Kritik an dieser Regel auch auf die beiden anderen Aussagen auswirkt.

Die Simulationsstudien von Shore [Shor 77] zeigen, daß in Abhängigkeit von statistischen Eigenschaften der Platzanforderungen und der Belegzeiten der Segmente nach beiden Seiten erhebliche Abweichungen von der 50%-Regel auftreten können. Es ergaben sich im zeitlichen Mittel für die Lückenzahl relativ zur Zahl belegter Segmente Werte zwischen 35% und 60% und für den Anteil des ungenutzten Speichers zwischen 31% und 8%, d. h. die 50%-Regel beschreibt in etwa das schlechteste Verhalten.

Eine weitere wichtige Klasse von Zuordnungsstrategien stellen die *Teilungsverfahren* (*Buddy*-Systeme) dar. Ihr gemeinsames Grundprinzip ist, daß sie eine Baumstruktur benutzen, mit der die Konfigurationen von Segmenten und Lücken verwaltet werden. Als direkte Folge der Baumstruktur führen diese Algorithmen die Aufgaben der Belegung und der Freigabe von Speicherabschnitten im Mittel deutlich schneller aus als die bisher beschriebenen.

Das einfachste Teilungsverfahren ist das *Halbierungsverfahren*, das von Knowlton [Know 65] in die Literatur eingeführt wurde. Es arbeitet auf einem Speicher der Größe 2^m, der anfänglich vollständig frei ist. Eine Anforderung der Größe n wird zur nächsten Zweierpotenz aufgerundet, d. h. es wird ein n' bestimmt derart, daß

$$2^{n'-1} < n \le 2^{n'}$$

ist.

Ist $n' = m$, so wird die Anforderung erfüllt und der Speicher gilt als voll.

Im Falle $n' < m$ wird der Speicher in zwei gleich große Hälften von der Größe 2^{m-1} aufgeteilt. Diese Hälften bilden ein Paar von Partnern (*buddies*).

Ist $n' = m - 1$, so wird das Segment in einer dieser Hälften plaziert, die dann insgesamt als belegt gilt, die andere bleibt frei.

Falls $n' < m - 1$ ist, wird ein Partner ausgewählt und in gleich große Hälften der Größe 2^{m-2} aufgeteilt. Die Konfiguration besteht dann aus zwei Speicherabschnitten der Größe 2^{m-2} und einem der Größe 2^{m-1}. Diese Aufteilung wird mit einem der jeweils kleinsten Speicherabschnitte wiederholt, bis schließlich zwei Partner der Größe $2^{n'}$ existieren. Einer davon wird zur Plazierung des Segmentes verwendet, alle anderen bei dem Teilungsvorgang entstandenen Speicherabschnitte werden als frei zurückbehalten.

Existieren bereits bei der Anforderung freie Speicherabschnitte verschiedener Länge, so wird der kleinste, der größer oder gleich $2^{n'}$ ist, ausgewählt und analog obiger Vorgehensweise behandelt.

Eine Freigabe von Segmenten invertiert dieses Verfahren. Wird ein Speicherabschnitt frei und der ihm zugeordnete Partner ist ebenfalls frei, so werden beide wieder zu einem der doppelten Größe vereint. Dieser Vorgang der Rekombination wird solange wiederholt, bis keine einander zugeordneten Partner mehr frei sind.

Zur Verwaltung der Partner gibt es eine Reihe sehr schneller Algorithmen, wie etwa die von Knowlton [Know 65]. Problematisch ist, daß dieses Verfahren wegen der Aufrundung der Segmentlängen auf Zweierpotenzen und wegen der Beschränkung der Rekombination auf *buddies* einen sehr hohen Verschnitt aufweisen können.

Einen allgemeineren Ansatz für Teilungsverfahren bieten Peterson und Norman [Pete 77] an. Sie gehen davon aus, daß das Verfahren Blöcke der Längen $L_1, L_2, ..., L_n$ mit $L_1 < L_2 < ... < L_n$ bereitstellt. Sowohl die Teilung als auch die Rekombination, bei der durch Teilung eines Blockes entstandene Blöcke wieder zusammengefaßt werden, erfolgt nach Rekursionsrelationen $L_i = L_{j_{i,1}} + L_{j_{i,2}} + ... + L_{j_{i,l(i)}}$, wobei $j_{i,r} < i$ ist für $1 \leq r \leq l(i)$. In Fällen, in denen die Blocklängen und die Häufigkeiten ihres Auftretens im vorhinein bekannt sind, kann durch geschickte Wahl der Rekursionsrelationen der Speicherverschnitt gegenüber dem Halbierungsverfahren reduziert werden. Diese Voraussetzungen sind häufig bei dedizierten, objektorientierten Systemen erfüllt, für die der in Kapitel 1 besprochene Paketverteiler typisch ist. Ähnlich verhält es sich mit den Datenstrukturen des Betriebssystems selbst, sodaß Teilungsverfahren für deren Verwaltung interessant sein können. Wie Peterson und Norman zeigen, kann der Such- und Rekombinationsaufwand durch geschickte Organisation der notwendigen Verwaltungsdaten sehr effizient gehalten werden. Das Halbierungsverfahren erhält man als Spezialfall, wenn man $L_i = 2^i$ setzt und als Rekursionsformeln $L_i = L_{i-1} + L_{i-1}$ wählt.

Weitere Veröffentlichungen, die sich mit Fragen der Implementierung in Bezug auf die Schnelligkeit der Ausführung oder des Speicherplatzbedarfs für Zusatzinformationen auseinandersetzen sind [Cran 75], [Hind 75] und [Kauf 84].

Es gibt eine Reihe von Simulationsstudien und analytischen Untersuchungen der verschiedenen Teilungsverfahren (z. B. [Niel 77], [Brom 77] und [Russ 77]). Eine interessante Aussage betrifft den Vergleich von Teilungsverfahren mit FF [Purd 71]. Bei den durchgeführten Simulationsstudien zeigte das Halbierungsverfahren einen um ungefähr 15% höheren Verschnitt als FF. Der größte Anteil entstand durch den Rundungsvorgang. Das Halbierungsverfahren war jedoch in der Ausführung der Freigaben und Plazierungen deutlich schneller.

Betrachtet man nur den Gesichtspunkt der Speicherausnutzung, so ermöglicht eine intuitiv einfache Überlegung einen qualitativen Vergleich der verschiedenen Teilungsverfahren. Je größer der Bereich der zulässigen Größen für Partner ist, desto enger liegen diese Größen zusammen und es entsteht eine Tendenz zur Verringerung des Speicherverschnitts durch Rundung. Es ist natürlich wichtig, bei dieser Überlegung das Zusammenspiel mit der Wahrscheinlichkeitsverteilung der Anforderungsgrößen zu sehen. Der allgemeine Ansatz für die Kreation eines Algorithmus nach dem Grundprinzip der Teilungsverfahren, der von Peterson und Norman in [Pete 77] sowie auch von Burton in [Burt 76] vorgeschlagen wird, stellt somit die beste der bis heute bekannten Lösungen dar.

Eine andere Möglichkeit der Speicherverwaltung besteht, wenn die Segmente im Arbeitsspeicher verlagerbar sind. Da dies im allgemeinen gewisse Hardwareunterstützung voraussetzt, wird dieses Verfahren erst im nächsten Abschnitt näher behandelt.

4.3   Segmentierung

In 4.1 wurde festgehalten, daß die Befehlssegmente verschiedener Instanzen der gleichen Klasse bis auf die Modifikation gewisser Adressen durch Addition der Segmentanfangsadresse identisch sind. Wenn diese Addition Bestandteil der Befehlsausführung ist, wobei der zu addierende Wert in einem speziellen Register gehalten wird, so genügt es offensichtlich für alle Instanzen einer Klasse das gleiche Befehlssegment zu verwenden und dadurch den Arbeitsspeicher ökonomischer zu nutzen. Zur Realisierung dieser Idee bieten sich zwei Möglichkeiten an:

1. Bei Anstoß einer Operation wird die Anfangsadresse des Datensegmentes in einem vom Aufrufer zu verwaltenden Indexregister mitgegeben und die Befehle modifizieren die Operandenadressen durch Addition des im Indexregister stehenden Wertes (Indizierung). Genauere Untersuchungen zeigen, daß zur Realisierung einer effizienten Parameterübergabe bei Prozeduraufrufen drei solcher Indexregister benötigt werden. Während der Durchführung eines Aufrufs werden nämlich Zugriffe zu den Datensegmenten der aufrufenden und der aufgerufenen Instanz benötigt und meist noch ein Keller zur Ablage von Zwischenergebnissen gebraucht. Diese Art der Adreßbildung erfaßt jedoch nicht die Rücksprungadressen von Unterprogrammaufrufen, so daß Befehlssegmente nicht im Arbeitsspeicher verlagert werden können. Die eigentlich negative Auswirkung dieser Tatsache wird in Abschnitt 4.5 deutlich werden.

2. Die Anfangsadressen der zu bearbeitenden Datensegmente werden in speziellen *Segmentregistern* geführt. Bei Aufruf einer Moduloperation wird in bestimmten Segmentregistern die Anfangsadresse des zu bearbeitenden Datensegmentes und des Befehlssegmentes hinterlegt. Die Addition des entsprechenden Segmentregisters zum Befehlszähler bzw. zu den Operandenadressen erfolgt als Bestandteil der Befehlsausführung. Alle im Befehlssegment stehenden Adressen, seien es Operandenadressen oder Adressen von Aktionsbeschreibungen setzen sich aus einer Angabe des zuständigen Segment-

registers (der Segmentnummer) und einer Wortnummer, die relativ zum Segmentanfang interpretiert wird, zusammen. Das Paar aus Segment- und Wortnummer wird auch als *virtuelle Adresse* bezeichnet. Da in diesem Fall auch die Befehlszähler über diesen Mechanismus geführt werden, muß bei Verlagerung der Segmente lediglich das zum verlagerten Segment gehörige Segmentregister entsprechend modifiziert werden. Gegenüber der ersten Methode besteht zudem der Vorteil, daß durch Aufnahme der Segmentlänge in das Segmentregister auch eine Möglichkeit geschaffen wird, Zugriffe auf innerhalb des Datensegmentes liegende Speicherworte zu beschränken.

Da das erste Verfahren keine zusätzliche Betriebssystemunterstützung erfordert, wird hier lediglich das zweite Verfahren weiter betrachtet. Bei einer Prozeßumschaltung müssen offensichtlich die Segmentregister umgeladen werden. Um diesen Aufwand gering zu halten, können bei manchen Rechenanlagentypen die Segmentregister selbst in einem Arbeitsspeicherabschnitt angelegt werden. Die Anfangsadresse dieses Segmentes wird in einem speziellen Register, dem Segmenttabellenbasisregister, hinterlegt. Bei Prozeßumschaltungen muß dann nur dieses Register umgeladen werden. Den Vorgang der Adreßbildung veranschaulicht Bild 4.1. Dabei bezeichnet #s die Segmentnummer und #w die Wortnummer der virtuellen Adresse.

Prinzipiell ermöglicht das Adreßbildungsverfahren der Segmentierung eine Verlagerung der Segmente durch das Betriebssystem. Voraussetzung ist, daß die Segmentregister durch das Betriebssystem verwaltet werden. Bei Verlagerung eines Segmentes muß

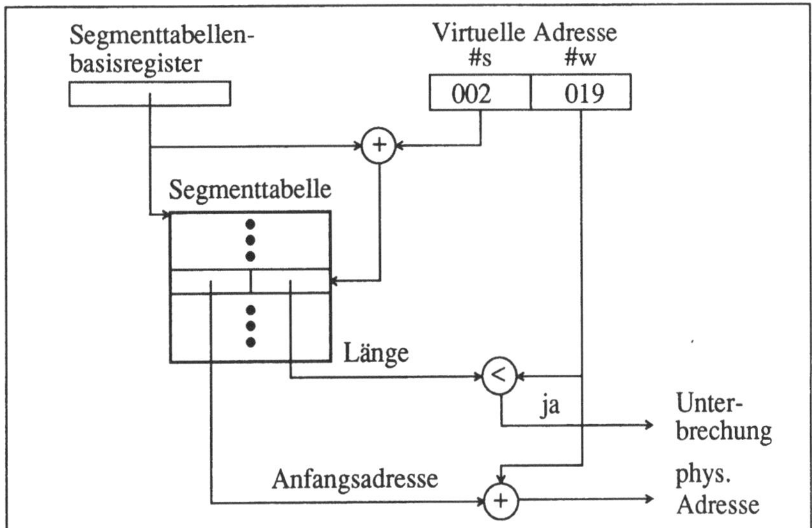

Bild 4.1 Bildung der physikalischen Adresse bei Segmentierung

dann in den betreffenden Segmentregistern die neue Anfangsadresse des Segmentes eingetragen werden. Dazu benötigt das Betriebssystem nicht nur Kenntnis über die momentan relevanten Segmentregister, sondern auch über alle Datenanteile, die Segmentanfangsadressen darstellen und möglicherweise in Segmentregister geladen werden. Diese Datenteile dürfen nicht von den Benutzerprozessen ohne Vermittlung durch das Betriebssystem verändert werden. Aufrufe von einer Instanz zu einer anderen müssen daher über das Betriebssystem erfolgen. Als praktische Konsequenz hieraus ergibt sich, daß der Aufruf einer Operation von einer anderen Instanz aus mit erheblichem dynamischen Aufwand verbunden ist, der nur dann gerechtfertigt werden kann, wenn die auszuführende Operation einen im Vergleich zur Einleitung des Aufrufs großen Rechenaufwand verursacht. Eine detailliertere Darstellung zur weiteren Ausgestaltung dieser Ideen findet man z. B. in [Habe 76b] und in [Orga 72].

Im wesentlichen werden zwei Vorgehensweisen zur Vermeidung der eben skizzierten Schwierigkeiten verwendet:

1. Sämtliche in einem Prozeßsystem benötigten Modulinstanzen werden vor dem Systemstart erzeugt und zu so wenigen Segmenten zusammengefaßt, daß die Segmentregister beim Start geladen werden können und nicht mehr dynamisch verändert werden müssen, es sei denn, die Segmente werden verlagert. Dann können die Segmentanfangsadressen als Bestandteil der Prozeßkontrollblöcke geführt und die Segmentregister durch den Prozeßumschalter geladen werden.

2. Das Programmsystem wird in Module gegliedert, die aus einer Reihe von Prozessen bestehen und nur einer Operation zum Empfangen von Nachrichten. Mit Hilfe dieser Operation werden Aufträge in einen Auftragspool eingetragen. Die Prozesse enthalten NBL-Bedingungen, die die Ausführung einzelner Aktivitäten vom Zustand des Auftragspools abhängig machen. Ergebnisse eines Auftrags werden durch Aufruf der Empfangsoperation des Auftraggebers zurückgegeben. Enthält ein Modul mehrere Prozesse, so können diese für die Implementierung mit der in 2.3 beschriebenen Methode zu einem Prozeß zusammengefaßt werden. Das gesamte Programmsystem besteht dann aus Prozessen, die über einen Nachrichtenmechanismus Information austauschen. Diese Systemstruktur wird in der Literatur häufig als *Client-Server-Modell* bezeichnet. Diese Vorgehensweise bietet sich z. B. bei Verwendung von UNIX an. Als Nachrichtenmechanismus können die in 2.6.3 beschriebenen PIPE's verwendet werden. Zur Erzeugung einer Instanz aus einer in einer Datei hinterlegten Beschreibung einer Modulklasse wird mit Hilfe des Systemaufrufs FORK zunächst ein neuer Prozeß erzeugt. Dieser veranlaßt durch den UNIX-Systemaufruf EXEC(Dateiname, Parameterliste), daß sein Daten- und Befehlssegment entsprechend der Modulbeschreibung neu angelegt werden. Das Betriebssystem sorgt dabei ohne Zutun des Benutzers dafür, daß sämtliche Prozesse, die aus einer Modulbeschreibung erzeugt werden, das gleiche Befehlssegment benutzen.

Damit ist jeder Instanz eines Moduls ein eigener Prozeßkontrollblock zugeordnet, der unter anderem die Segmentanfangsadressen für Daten- und Befehlssegment enthält. Die Segmente können dann wie im Fall 1 verwaltet werden. Diese Verwendung der Grundmechanismen von UNIX kann als Möglichkeit der dynamischen Erzeugung und Anbindung von Instanzen gesehen werden. Der Aufruf von Operationen wird dabei durch Senden einer Nachricht mit unmittelbar folgendem Warten auf eine Antwort realisiert. Der damit verbundene Mehraufwand im Vergleich zu einem Prozeduraufruf im Fall 1 ist tolerierbar, wenn die anzustoßenden Operationen ihrerseits nicht zu einfach sind. Man spricht in diesem Zusammenhang davon, daß die durch die Modularisierung entstehende *Granularität* nicht zu fein sein darf.

Es sei noch darauf hingewiesen, daß die zuletzt geschilderte Technik den Bedürfnissen verteilter Systeme sehr entgegenkommt. Sie setzt lediglich voraus, daß ein Nachrichtenmechanismus existiert und auf den einzelnen Prozessoren ein Mehrprozeßbetrieb realisierbar ist.

Wenn das Betriebssystem die Segmentierung so gestaltet, daß alle Segmente verlagerbar sind, eröffnet sich, wie am Ende von Abschnitt 4.2 angedeutet, eine weitere Möglichkeit, der Speicherverwaltung, indem man den Speicher einfach fortlaufend von einem Ende her belegt und bei Erreichen des anderen Speicherendes eine *Verdichtung* (oder *Kompaktifizierung*) vornimmt. Dabei werden die noch nicht freigegebenen Segmente in dichter Folge an das Speicherende verlagert, von dem aus die Vergabe erfolgt. Der gesamte nicht belegte Platz sammelt sich so als eine einzige Lücke am anderen Speicherende. Zuteilungen und Freigaben sind dann sehr einfache Operationen, dafür verursacht die Verdichtung einen erheblichen Rechenaufwand. Eine Abschätzung des relativen Rechenzeitanteils für die Verdichtung liefert folgende Überlegung:

Es sei m die Speicherlänge in Worten,

V der relative Anteil des im Mittel ungenutzten Speichers,

s die mittlere Segmentlänge und

u die zwischen zwei aufeinanderfolgenden Platzanforderungen verstreichende Zeit, gemessen in Speicherzyklen.

Die Zeit t_1 zwischen zwei Verdichtungen errechnet sich zu

$$t_1 = \frac{mV}{s/u}.$$

Die Verdichtung benötigt pro zu verschiebendem Speicherwort mindestens einen Speicherzyklus für Lesen und für Schreiben des Wortes. Vernachlässigt man die bereits am Ausgangspunkt der Speichervergabe dicht liegenden Segmente (was nur eine geringe Verfälschung des Ergebnisses bedeutet, wenn die mittlere Segmentlänge im Vergleich zum Arbeitsspeicher klein ist) und berücksichtigt, daß auch noch organisatorischer Aufwand (Auffinden der Lücken, Modifikation der betroffenen Segmentanfangsadressen) erforderlich ist, so erhält man für die Verdichtungszeit t_2 die Beziehung

$$t_2 \geq 2m\,(1 - V)\,.$$

Für den relativen Anteil VZ der Verdichtungszeit zur Gesamtrechenzeit ergibt sich schließlich

$$VZ \;=\; t_2 / (t_1 + t_2) \;\geq\; (1 - V)\, /\, (1 - V + (Vu)\,/\,(2s))\,.$$

In Bild 4.2 ist für verschiedene Werte von $q = u/s$ die untere Grenze von VZ dargestellt.

Der Wert von q kann auch interpretiert werden als die mittlere Zahl der Zugriffe pro Wort während der Lebensdauer eines Segmentes. Bild 4.2 zeigt, daß z. B. bei $q = 100$ mindestens 16% der Rechenzeit für Verdichtung benötigt werden, wenn der Verschnitt im Mittel nicht über 10% liegen soll. Wegen dieses hohen Rechenaufwandes findet dieses Verfahren nur in Spezialfällen Verwendung.

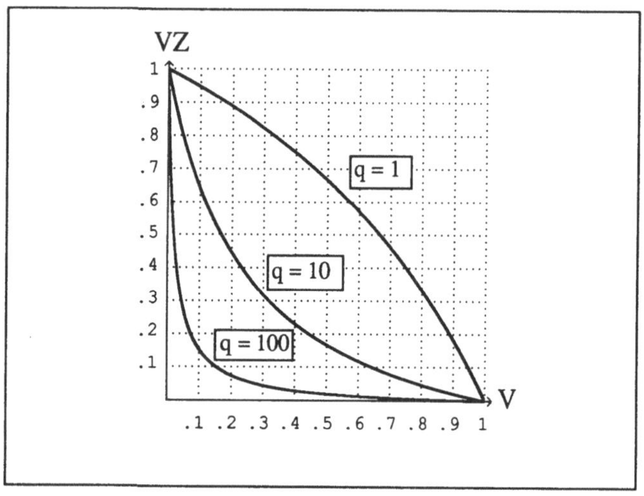

Bild 4.2 Untere Grenze des Anteils an Verdichtungszeit

4.4   Seitenadressierung

Die der Segmentierung zugrunde liegende Idee kann in leicht modifizierter Form auch benutzt werden, um die Probleme bei der Plazierung von Segmenten zu vereinfachen, wenn man folgenden Weg beschreitet:

Man unterteilt den Arbeitsspeicher in Abschnitte gleicher Länge, sogenannte *Kacheln* (*frames*), und zerlegt in einer für den Benutzer transparenten Weise seine Daten- und

Befehlssegmente in Stücke eben dieser Länge, die als *Seiten* (*pages*) bezeichnet werden. Jeder Seite wird in Analogie zu den Segmentregistern ein *Seitenregister* zugeordnet, das die Adresse der Kachel enthält, in der die betreffende Seite gespeichert ist. Zur Bildung eines *virtuellen Adreßraums* werden Seitenregister zu einer *Seiten-Kachel-Tabelle* zusammengefaßt. Die Ermittlung der physikalischen Speicheradresse wird vereinfacht, wenn man als Kachellänge eine Zweierpotenz wählt. Es genügt dann nämlich, im Seitenregister lediglich festzuhalten, in der wievielten Kachel die Seite hinterlegt ist. Für die Bildung der physikalischen Adresse wird dann keine Addition wie bei der Segmentierung benötigt, sondern die physikalische Adresse kann durch Konkatenation von Kachelnummer und Wortnummer gebildet werden. Faßt man die Seitennummer als höherwertigen Anteil der virtuellen Adresse auf und die Wortnummer als den niederwertigen, so bilden die virtuellen Adressen einen mit 0 beginnenden, zusammenhängenden Abschnitt der ganzen Zahlen. Wird bei Speicheranforderungen generell ein Vielfaches der Kachelgröße zugewiesen, so verschwinden die bisher diskutierten Plazierungsprobleme, da unbelegte Kacheln unabhängig von ihrer tatsächlichen Lage zur Bildung eines virtuell zusammenhängenden Segmentes herangezogen werden können. Dadurch verschwindet das Phänomen des externen Verschnitts. Allerdings entsteht ein sogenannter interner Verschnitt durch die Aufrundung der Anforderungen auf ein Vielfaches der Kachelgröße und den für die Seiten-Kachel-Tabellen benötigten Platz. Bild 4.3 veranschaulicht die Bildung der physikalischen Adresse bei Seitenadressierung.

Gelegentlich wird Seitenadressierung auch zur ökonomischeren Nutzung sehr großer Arbeitsspeicher herangezogen. Der Platzbedarf für Speicheradressen wächst mit *ld n*, wenn *n* die größte, als Speicheradresse angebbare Zahl ist. Bei sehr großen Arbeitsspeichern kann jedoch davon ausgegangen werden, daß der für einen Prozeß benötigte Adreßraum deutlich kleiner ist als der gesamte Arbeitsspeicher. In solchen Fällen kann durch Seitenadressierung der Platzbedarf zur Unterbringung von Adressen dadurch verringert werden, daß der einzelne Prozeß auf einen deutlich kleineren virtuellen Adreßraum eingeschränkt wird, d. h. er kann weniger Seiten ansprechen, als Kacheln vorhanden sind. Die gleiche Vorgehensweise erlaubt es auch, in Systemen, die aus technischen Gründen nur kleine Adressen zulassen (z. B. nur Adressen kleiner 2^{16} bei 8 und 16 Bit Mikroprozessoren) große Arbeitsspeicher nutzbar zu machen. Auch Segmentierung kann in dieser Weise genutzt werden, allerdings mit etwas größerem Hardwareaufwand, da die Bildung der physikalischen Adresse dann mit einer Addition verbunden ist.

Während bei der Segmentierung Überlegungen zur Programmstrukturierung im Vordergrund stehen, ist Seitenadressierung eher als eine Methode zur Erleichterung der Speichervergabe zu sehen.

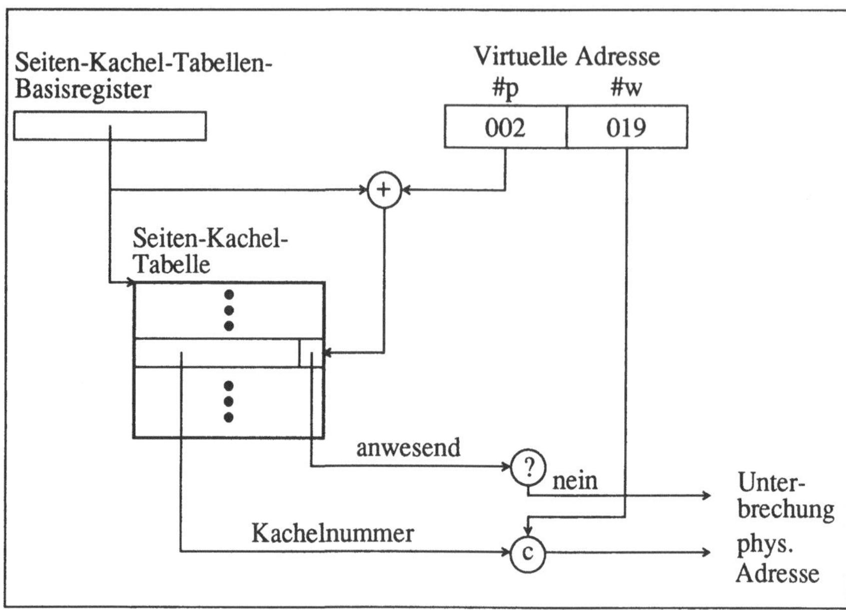

Bild 4.3 Bildung der physikalischen Adresse bei Seitenadressierung

4.5   Swapping

Um alle Teilkomponenten eines Rechensystems gut auslasten zu können, ist es wünschenswert, über einen großen Arbeitsvorrat zu verfügen, was zur Folge hat, daß eine große Menge an Instanzen gespeichert sein muß. Da jedoch innerhalb eines kleinen Zeitintervalls nur wenige davon wirklich aktiv werden, wird man versuchen einen Teil der Instanzen auf billigeren Speichermedien zwischenzulagern. Sie werden nur dann in den Arbeitsspeicher geholt, wenn damit zu rechnen ist, daß sie in nächster Zeit angesprochen werden. Dafür wird man solche, die vermutlich erst später angesprochen werden, auslagern. Die gleiche Vorgehensweise bietet sich bei Programmsystemen an, die so umfangreich sind, daß sie nicht vollständig im Arbeitsspeicher untergebracht werden können, was insbesondere bei Realzeitanwendungen häufig vorkommt. Es ist naheliegend, als Transporteinheit für die Ein- und Auslagerung die Segmente zu verwenden. Man bezeichnet diese Vorgehensweise als *Swapping*.

Swapping hat zur Folge, daß Lücken im Arbeitsspeicher nicht nur dann entstehen, wenn ein Segment nicht mehr benötigt wird, sondern auch als Folge von Auslagerungen auftreten. Umgekehrt setzen Einlagerungen voraus, daß im Arbeitsspeicher eine hinreichend große Lücke vorhanden ist, die notfalls erst durch Auslagerung geschaffen werden muß.

Das Verfahren des Swapping benötigt eine Reihe strategischer Maßnahmen:

1. Bestimmung der Zeitpunkte für Ein- und Auslagerungen,

2. Auswahl eines einzulagernden Segmentes,

3. Bestimmung eines zur Einlagerung geeigneten Platzes im Arbeitsspeicher und

4. Auswahl eines oder mehrerer Segmente zur Auslagerung, falls sonst kein geeigneter Platz für eine gewünschte Einlagerung gefunden werden kann.

Für Punkt 3 ist es von ausschlaggebender Bedeutung, ob ein einzulagerndes Segment wieder an den Platz muß, den es vor seiner letzten Auslagerung innehatte. Die Problematik ist dabei die gleiche, wie sie unter 4.3 im Zusammenhang mit der Verlagerung von Segmenten innerhalb des Arbeitsspeichers untersucht wurde. Bei Segmentierung oder Seitenadressierung übertragen sich deshalb die dortigen Überlegungen unmittelbar auf das Swapping.

Bei Rechenanlagen ohne Segmentierung oder Seitenadressierung wird zuweilen folgender Weg beschritten:

Das gesamte Prozeßsystem wird so in Teilsysteme zerlegt, daß verschiedene Teilsysteme keine gemeinsamen Variablen bearbeiten (meist wird ein Teilsystem identisch mit einem Benutzerprogramm gewählt, das sich eventuell aus mehreren Teilprozessen zusammensetzt). Der Arbeitsspeicher wird über einstellbare Betriebssystemparameter in Regionen (Partitionen, Transferbereiche) unterteilt. Die Teilsysteme werden beim Einbringen in das System einer (durch den Benutzer angebbaren) Region, die hinreichend groß sein muß, zugeordnet und in den entsprechenden Speicherabschnitt geladen. Bei Auslagerungen wird jeweils eine Region als ganzes ausgelagert und Wiedereinlagerung erfolgt stets in die Region, in der die Segmente vor der Auslagerung standen.

Da die Zugriffszeiten bei Plattenspeichern typischerweise wenigstens um den Faktor 10^4 über den Befehlsausführungszeiten liegen, wird man bei Verwendung von Swapping im Zusammenhang mit Segmentierung versuchen, möglichst häufig den Platz für die Einlagerung eines Segmentes durch eine einzige Auslagerung schaffen zu können. Dazu müßte der Platz des auszulagernden Segmentes zusammen mit evtl. anschließenden Lücken im Mittel ausreichen, um den Platzbedarf für das einzulagernde Segment abzudecken. Ob dies der Fall ist, hängt sicherlich wesentlich von dem Verhältnis der mittleren Lückengröße zur mittleren Segmentlänge ab und damit von der Größe des tolerierten Speicherverschnitts.

Um die Auswirkung des zugestandenen Speicherverschnitts quantifizieren zu können, werden den Ausführungen in [Habe 76a] folgend die Verhältnisse mit wahrscheinlichkeitstheoretischen Überlegungen und verschiedenen Annahmen über die Verteilung $S(x)$ der Segmentlängen und die Verteilung $L(x)$ der Lückengrößen untersucht. Da

$L(x)$, wie bereits erwähnt, nur schwer zu bestimmen ist, wird hier der Weg eingeschlagen, sowohl für $S(x)$ als auch für $L(x)$ sehr unterschiedliche Annahmen zu machen, um einen Eindruck zu bekommen, wie sensitiv die Abschätzungen auf Änderung der Verteilung der Segment- oder Lückenlängen reagiert. Es wird sich zeigen, daß die Ergebnisse trotzdem nicht allzuweit auseinanderliegen und daher als Indiz für die im wirklichen Betrieb zu erwartenden Verhältnisse angesehen werden können.

Im weiteren sei $F(k)$ die Wahrscheinlichkeit dafür, daß der von einem zufällig ausgewählten Segment belegte Platz zusammen mit einer evtl. benachbarten Lücke ausreicht, ein ebenfalls zufällig gewähltes Segment aufzunehmen, wenn die mittlere Lückengröße $E[L]$ das k-fache der mittleren Segmentlänge $E[S]$ beträgt.

Für die Verteilungen $S(x)$ und $L(x)$ müssen folgende Beziehungen gelten:

$$\int_0^\infty s(x)dx = \int_0^\infty l(x)dx = 1$$

und

$$k\int_0^\infty xs(x)dx = \int_0^\infty xl(x)dx \; .$$

Bezeichnet man mit x_1 die Länge des einzulagernden Segmentes, mit x_2 die des auszulagernden und mit x_3 die der anschließenden Lücke, so erhält man

$$P[x_2+x_3 \geq x_1] = 1 - P[x_2+x_3 \leq x_1] = 1 - \int_0^{x_1} s(u) \int_0^{(x_1-u)} l(t)dtdu$$

und

$$F(k) = \int_0^\infty s(x)P[x_2+x_3 \geq x]\,dx = 1 - \int_0^\infty s(x)\int_0^x s(u) \int_0^{(x-u)} l(t)dtdudx \; .$$

Es werden folgende Fälle untersucht:

1. $S(x) = 1 - e^{-x}$ $L(x) = 1 - e^{-cx}$

    $E[S] = 1$ $E[L] = 1/c$

    $c = 1/k$

2. $S(x) = 1 - e^{-x} - xe^{-x}$ $L(x) = 1 - e^{-cx}$

    $E[S] = 2$ $E[L] = 1/c$

    $c = 1/(2k)$

3. $\quad S(x) = 1 - e^{-x} - xe^{-x}$ $\qquad\qquad L(x) = 1 - e^{-cx} - cxe^{-cx}$

$\quad E[S] = 2$ $\qquad\qquad\qquad\quad E[L] = 2/c$

$\quad c = 1/k$

In Bild 4.4 sind für diese drei Fälle die Dichtefunktionen angegeben. Im Fall 1 ist sowohl für die Segment- als auch die Lückenlänge eine Exponentialverteilung angenommen, also ein starkes Überwiegen sehr kleiner Segmente. In den Fällen 2 und 3 ist angenommen, daß sich die Segmentlängen über einen größeren Bereich nahezu gleich verteilen. Für die Längen der Lücken ist in den Fällen 1 und 2 ein starkes Überwiegen sehr kleiner Lücken angenommen und einmal eine Verteilung ähnlich der der Segmentlängen.

Wegen

$$\int_0^\infty s(x) \int_0^\infty s(u) \int_0^\infty l(t)\, dt\, du\, dx = 1$$

folgt

$$F(k) = \int_0^\infty s(x) \int_0^\infty s(u) \int_0^\infty l(t)\, dt\, du\, dx - \int_0^\infty s(x) \int_0^x s(u) \int_0^{(x-u)} l(t)\, dt\, du\, dx$$

$$= \int_0^\infty s(x) \int_0^x s(u) \int_{(x-u)}^\infty l(t)\, dt\, du\, dx + \int_0^\infty s(x) \int_x^\infty s(u) \int_0^\infty l(t)\, dt\, du\, dx$$

$$= \int_0^\infty s(x) \int_0^x s(u) \int_{(x-u)}^\infty l(t)\, dt\, du\, dx + \int_0^\infty s(x) \int_x^\infty s(u)\, du\, dx \ .$$

Für den Fall 1 ermittelt man

$$\int_0^x e^{-u} \int_{(x-u)}^\infty c e^{-ct}\, dt\, du = \frac{e^{-cx}}{1-c} - \frac{e^{-x}}{1-c}$$

und daraus

$$F_1(k) = \frac{1}{2} + \int_0^\infty e^{-x} \int_0^x e^{-u} \int_{(x-u)}^\infty c e^{-ct}\, dt\, du\, dx = \frac{2+c}{2(1+c)} = 1 - \frac{1}{2(k+1)} \ .$$

Im Fall 2 errechnet man analog

$$F_2(k) = 1 - \frac{3k+1}{2(2k+1)^2}$$

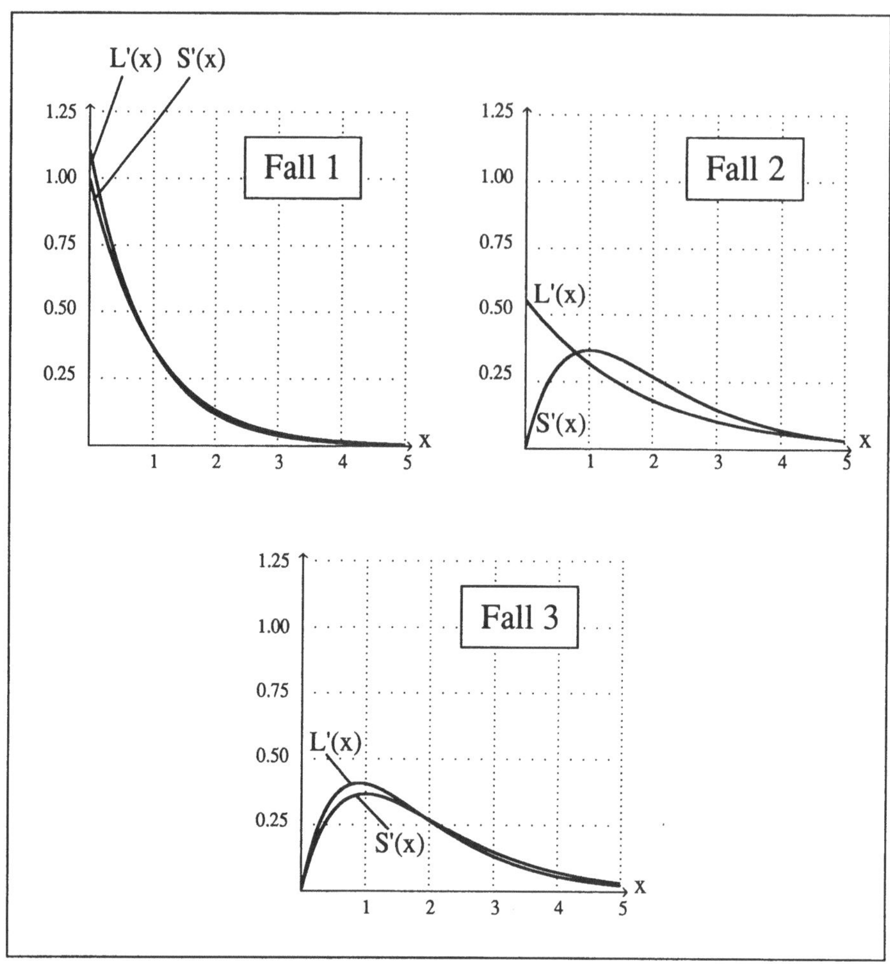

Bild 4.4 Dichtefunktionen der untersuchten Fälle für $k = 0.9$

und im Fall 3 ist

$$F_3(k) = 1 - \frac{2k+1}{2(k+1)^3} \, .$$

Die graphische Darstellung dieser Ergebnisse in Bild 4.5 zusammen mit der Speichernutzung, die nach der Regel des ungenutzten Speichers (siehe 4.2) zu erwarten ist ($= 1 - V(k)$), läßt erkennen, daß trotz der sehr unterschiedlichen Annahmen die Ergebnisse nicht allzuweit auseinanderliegen. Auch wenn die Bedeutung des Verhältnisses zwischen der Häufigkeit mit der mehr als ein Segment ausgelagert werden muß, um ein anderes einlagern zu können, im Vergleich zum Anteil des ungenutzten Speichers für die Wirtschaftlichkeit des Systems schwer allgemein zu gewichten ist, kann davon ausgegangen werden, daß Werte von k zwischen 0.5 und 1 sinnvoll sind. Um das Verhalten des Betriebssystems an die tatsächlichen Gegebenheiten anpassen zu können, sollte bei Verwendung dieser Vorgehensweise k ein einstellbarer Betriebssystemparameter sein.

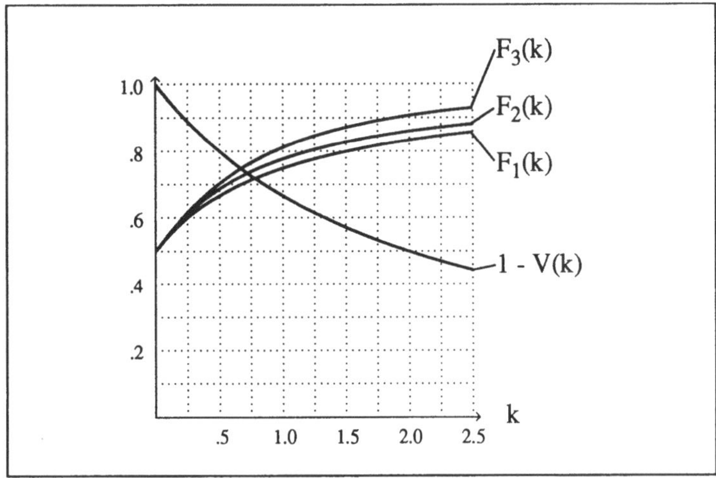

Bild 4.5 Zusammenhang zwischen der mittleren Lückengröße und der Wahrscheinlichkeit, daß die Einlagerung eines Segmentes nur eine Auslagerung erfordert.

Zur Wahl der Zeitpunkte und der ein- bzw. auszulagernden Segmente sind zwei Vorgehensweisen in Gebrauch.

1. Die Wahl erfolgt in erster Linie nach Gesichtspunkten einer möglichst weitgehenden Gleichbehandlung aller Benutzeraufträge. In diesem Fall wird in einem festen Zeitraster die bestehende Konfiguration überprüft und zur Entscheidung über Ein- bzw. Auslagerungen werden die bereits in Anspruch genommene Rechenzeit, die Zeit seit der letzten Ein- bzw. Auslagerung und die Zeit seit dem letzten Zugriff zu den einzelnen Segmenten herangezogen. Außerdem werden nur Segmente solcher Prozesse eingelagert, die nicht (z. B. wegen eines E/A-Aufrufs) blockiert sind. Ein Beispiel für diese Vorgehensweise (ohne Berücksichtigung der Zeit seit dem letzten Zugriff) bilden manche UNIX-Systeme.

Soll die Zeit seit dem letzten Zugriff berücksichtigt werden, so werden die Segmentregister um einen *Referenzindikator* ergänzt. Er wird bei jedem Ansprechen des Speichers in dem beteiligten Segmentregister gesetzt und durch das Betriebssystem abgefragt und rückgesetzt. Durch zyklisches Rücksetzen kann das Betriebssystem näherungsweise feststellen, wann zuletzt über das Segmentregister zugegriffen wurde.

2. Die zuletzt aktiven Befehlssegmente von Prozessen, die sich im Zustand bereit befinden, werden nicht ausgelagert. Einlagerungen erfolgen nur, wenn ein Segment tatsächlich angesprochen wird oder ein Befehlssegment eines deblockierten Prozesses ausgelagert ist. Auslagerungen erfolgen nur dann, wenn es für die Einlagerung eines angesprochenen Segmentes erforderlich ist. Bei starker Belastung des Arbeitsspeichers muß diese Vorgehensweise noch mit Varianten der unter 1 beschriebenen Art gekoppelt werden. Um dieses Verfahren effizient gestalten zu können, werden die Segmentregister um einen *Präsenzindikator* ergänzt. Wird über ein Segmentregister adressiert, das anzeigt, daß das entsprechende Segment nicht im Arbeitsspeicher verfügbar ist, so erfolgt eine Unterbrechung, die zur Aktivierung der entsprechenden Teile des Betriebssystems führt.

In beiden Fällen kann ein *Modifikationsindikator* in den Segmentregistern dazu genutzt werden, bei einem auszulagernden Segment festzustellen, ob es überhaupt seit der letzten Einlagerung verändert wurde. Ist dies nicht der Fall, was z. B. bei Befehlssegmenten meistens zutrifft, so kann der von ihm belegte Speicherplatz einfach freigegeben werden, da eine Kopie am Externspeicher bereits vorhanden ist.

4.6 Paging

Eine weitere Steigerung der Arbeitsspeichernutzung ist bei seitenadressierten Systemen möglich. Ausgangspunkt für diese Überlegungen ist die Tatsache, daß Programme während eines kurzen Zeitintervalls nur einen Ausschnitt ihres virtuellen Adreßraums bearbeiten und es deshalb genügt, nur die Seiten im Arbeitsspeicher zu halten, die in nächster Zeit benötigt werden. Dadurch kann die Zahl der ausführbaren Prozesse deutlich erhöht werden, was sich positiv auf die Gesamtauslastung des Rechensystems auswirkt. Für die Effizienz dieser *Paging* genannten Vorgehensweise sind vier strategische Maßnahmen von ausschlaggebender Bedeutung:

1. Die Wahl der Ein- bzw. Auslagerungszeitpunkte,

2. die Strategie, nach der einzulagernde Seiten ausgewählt werden (Holstrategie),

3. die Strategie, nach der bei Platzmangel auszulagernde Seiten bestimmt werden (Ersetzungsstrategie), und

4. die Strategie, nach der die Seitentransportaufträge abgearbeitet werden (Transportstrategie).

Bezüglich der Wahl der Ein- und Auslagerungszeitpunkte bestehen die gleichen Möglichkeiten, wie sie im Zusammenhang mit Swapping beschrieben wurden. Als *Demand-Paging* werden Strategien bezeichnet, die Seiten erst einlagern, wenn vergeblich versucht wurde, sie anzusprechen. Im anderen Fall bezeichnet man sie als *Prepaging*-Strategien.

Für Punkt 2 gelten die gleichen Überlegungen wie sie bereits beim Swapping dargelegt wurden.

4.6.1 Ersetzungsstrategien

Zur Präzisierung obiger verbaler Erläuterungen bedient man sich der nachfolgenden Modellvorstellungen.

Es sei $N = \{1, 2, ..., n\}$ die Menge der Nummern von Seiten, die ein Prozeß ansprechen kann,

und $M = \{1, 2, ..., m\}$ die Menge der Nummern der Kacheln, die den Arbeitsspeicher ausmachen.

Die Beobachtungszeitpunkte seien ab 1 durchnumeriert, T sei der letzte Beobachtungszeitpunkt.

Definition 4.1. Eine Folge $\omega = r_1...r_t...r_T \in N^T$ heißt Seitenreferenzfolge. Sie gibt an, daß der t-te Speicherzugriff die Seite r_t betrifft. $\qquad\square$

Definition 4.2. $M_m = \{W \mid W \subseteq N \wedge |W| \leq m\}$ ist die Menge der Speicherzustände. Die Elemente von M_m stellen die Menge der im Arbeitsspeicher befindlichen Seiten dar. $\qquad\square$

Definition 4.3. Ein Seitenaustauschalgorithmus ist ein Tripel $A = (Q, q_0, g)$, wobei

1. Q die Menge der Kontrollzustände des Algorithmus ist,

2. q_0 der Anfangskontrollzustand und

3. $g: M_m \times Q \times N \rightarrow M_m \times Q$ die Zuordnungsfunktion.

Der Kontrollzustand liefert die zum Speicherzustand W_t zusätzlich notwendige Information, die für einen Algorithmus zur Bestimmung des neuen Speicherzustand erforderlich ist. $\qquad\square$

Definition 4.4. Unter dem Zustand des Algorithmus versteht man die Paare $(W, q) \in M_m \times Q$.

Ausgehend vom Speicherzustand W_0 und der Seitenreferenzfolge $\omega = r_1...r_t...r_T$ verarbeitet der Algorithmus A die Folge ω durch die Erzeugung der Zustandsfolge

$$(W_0, q_0), (W_1, q_1), ..., (W_T, q_T) \text{ mit}$$

$$(W_t, q_t) = g(W_{t-1}, q_{t-1}, r_t) \text{ für } 1 \le t \le T.$$

In der weiteren Darstellung werden folgende Bezeichnungen verwendet:

1. W_t^m ist der Speicherzustand zum Zeitpunkt t bei Speichergröße m.

2. $W + x$ steht abkürzend für $W \cup \{x\}$.

3. $W - x$ steht abkürzend für $W - \{x\}$.

Zwischen zwei aufeinanderfolgenden Speicherzuständen besteht die Beziehung

$$W_t = W_{t-1} + X_t - Y_t$$

mit $X_t \subseteq N - W_{t-1}$ und $Y_t \subseteq W_{t-1}$, d. h. X_t ist die Menge der zum Zeitpunkt t eingelagerten Seiten und Y_t die der ausgelagerten. $\qquad\qquad\square$

Definition 4.5. Ein Seitenaustauschalgorithmus heißt *Demand-Paging*-Algorithmus, wenn für die Zuordnungsfunktion g gilt:

$$g(W, q, x) = \begin{cases} (W, q_1) & & x \in W \\ (W+x, q_2) & \text{falls} & x \notin W \wedge |W| < m \\ (W-y+x, q_3) & & x \notin W \wedge |W| = m \\ \quad \text{mit } y \in W \end{cases}.$$

Nachfolgend werden einige spezielle Demand-Paging-Algorithmen beschrieben.

1. *First-in-first-out (FIFO)*

Die Menge der Kontrollzustände ist definiert durch $Q = (\{\lambda\} \cup N)^m$. In den Zustandsvektoren $q \in Q$ sind die im Arbeitsspeicher befindlichen Seiten in der Reihenfolge ihrer Einlagerung angeordnet. Diese Anordnung kann auch als Auslagerungspriorität interpretiert werden, wobei die Seiten in q nach fallender Priorität angeordnet sind.

Anfänglich ist $W = \emptyset$ und $q = (\lambda, ..., \lambda)$.

$$g_{FIFO}(W, q, x) = \begin{cases} (W, q) & & x \in W \\ (W+x, q') & \text{falls} & x \notin W \wedge |W| < m \\ (W-y_1+x, q') & & x \notin W \wedge |W| = m \end{cases}$$

mit $q = (y_1, y_2, ..., y_m)$ und $q' = (y_2, y_3, ..., y_m, x)$. $\qquad\qquad\square$

Zugriff auf Seite		1	2	3	4	1	2	5	1	2	3	4	5
Speicher-zustand	Kachel 1	1	1	1	4	4	4	5	5	5	5	5	5
	Kachel 2		2	2	2	1	1	1	1	1	3	3	3
	Kachel 3			3	3	3	2	2	2	2	2	4	4
Kontroll-zustand	y_1	λ	λ	1	2	3	4	1	1	1	2	5	5
	y_2	λ	1	2	3	4	1	2	2	2	5	3	3
	y_3	1	2	3	4	1	2	5	5	5	3	4	4

Tabelle 4.1   Abarbeitung einer Seitenreferenzfolge nach FIFO

Zugriff auf Seite		1	2	3	4	1	2	5	1	2	3	4	5
Speicher-zustand	Kachel 1	1	1	1	1	1	1	5	5	5	5	4	4
	Kachel 2		2	2	2	2	2	2	1	1	1	1	5
	Kachel 3			3	3	3	3	3	3	2	2	2	2
	Kachel 4				4	4	4	4	4	4	3	3	3
Kontroll-zustand	y_1	λ	λ	λ	1	1	1	2	3	4	5	1	2
	y_2	λ	λ	1	2	2	2	3	4	5	1	2	3
	y_3	λ	1	2	3	3	3	4	5	1	2	3	4
	y_4	1	2	3	4	4	4	5	1	2	3	4	5

Tabelle 4.2   Abarbeitung einer Seitenreferenzfolge nach *FIFO*

Beispiel 4.1. Es sei $n = 5$ und $m = 3$.

Abgearbeitet werden soll die Referenzfolge $\omega = 1, 2, 3, 4, 1, 2, 5, 1, 2, 3, 4, 5$.

Der Speicher- und Kontrollzustand, der sich bei diesen speziellen Werten nach jedem Seitenzugriff ergibt, ist in Tabelle 4.2 dargestellt.

Bei der Darstellung der Speicherzustände ist die Nummer einer Seite fett gedruckt, wenn ihre Einlagerung erforderlich war.

Bei der Abarbeitung obiger Referenzfolge in einem Speicher mit drei Kacheln sind also unter Verwendung der Ersetzungsstrategie *FIFO* 9 Einlagerungen erforderlich.

Vergrößert man den Speicher um eine weitere Kachel, so ergibt sich der in Tabelle 4.2 dargestellte Verlauf.

Trotz des vergrößerten Arbeitsspeichers sind jetzt mehr Einlagerungen erforderlich als vorher. Dieser Effekt ist in der Literatur als *FIFO-Anomalie* bekannt [Bela 69]. Belady zeigt, daß sich die Zahl der Einlagerungen bei Vergrößerung des Kachelangebotes um eine Kachel nahezu verdoppeln kann. □

2. B_o

Dieser Algorithmus setzt voraus, daß die Referenzfolge von vornherein bekannt ist, was selbstverständlich als nicht realisierbar betrachtet werden muß. Seine Bedeutung liegt darin, daß er die geringste Anzahl von Einlagerungen veranlaßt [Bela 66] und daher eine wichtige Rolle bei der Beurteilung der Effizienz realisierbarer Seitenaustauschalgorithmen spielt.

Als Kontrollzustände werden die Elemente der Menge $Q = \{1, 2, ..., T\}$ genommen.

Zur Auslagerung wird jeweils die Seite mit dem größten Vorwärtsabstand ausgewählt, der definiert ist durch

$$d(x, t) = min \left(\{T + 1 - t\} \cup \{i \mid 0 < i \le T - t \wedge (r_{t+i} = x)\} \right).$$

Anfänglich ist $W = \emptyset$ und $q = 1$.

Die Zuordnungsfunktion wird definiert durch

$$g_{B_o}(W, q, x) = \begin{cases} (W, t+1) & x \in W \\ (W + x, t+1) & \text{falls} \quad x \notin W \wedge |W| < m \quad , \\ (W - y + x, t+1) & x \notin W \wedge |W| = m \end{cases}$$

wobei y so gewählt wird, daß es die Bedingung $\forall z \, (z \in W \Rightarrow d(y, t) \ge d(z, t))$ erfüllt.

Es sei noch darauf hingewiesen, daß nicht die tatsächlichen Vorwärtsabstände eine Rolle spielen, sondern lediglich die durch sie induzierte Anordnung der Seiten.

Für die Referenzfolge aus Beispiel 4.1 erzeugt B_o bei 3 Arbeitsspeicherkacheln 7 und bei 4 Arbeitsspeicherkacheln 6 Einlagerungen.

3. *Least-recently-used* (*LRU*)

In vielen Fällen wird man davon ausgehen können, daß im Mittel die Rückwärtsabstände $b(x, t)$, definiert durch

$$b(x, t) \;=\; min \, (\, \{t\} \,\cup\, \{i \,|\, 0 < i < t \wedge (r_{t-i} = x)\,\}\,) \,,$$

eine gute Schätzung für die Vorwärtsabstände darstellen. Wählt man bei Auslagerungen jeweils eine Seite mit größtem Rückwärtsabstand, so sollte ein nicht allzuweit vom Optimum entferntes Verhalten zu erwarten sein.

Anfänglich ist $W = \varnothing$ und $q = (\lambda, ..., \lambda)$.

Die Zuordnungsfunktion wird definiert durch

$$g_{LRU}(W, q, x) = \begin{cases} (W, q_1) & x \in W \\[2mm] (W + x, q_2) & \text{falls} \quad x \notin W \wedge |W| < m \\[2mm] (W - y_1 + x, q_2) & x \notin W \wedge |W| = m \end{cases}$$

mit $\quad q = (y_1, y_2, ..., y_m)\,,$

$\qquad q_1 = (y_1, ..., y_{k-1}, y_{k+1}, ..., y_m, x)\,$, wenn $x = y_k$ ist, und

$\qquad q_2 = (y_2, y_3, ..., y_m, x)\,.$

Für die Referenzfolge aus Beispiel 4.1 erzeugt *LRU* bei 3 Arbeitsspeicherkacheln 10 und bei 4 Arbeitsspeicherkacheln 8 Einlagerungen.

Man überzeugt sich leicht, daß B_o und *LRU* zur Klasse der *Kellerstrategien* [Bela 66] gehören, die charakterisiert sind durch

$$\forall m, m', t, T, \omega \, (m, m', t, T \in \mathbb{N}_0 \wedge 1 \le t \le T \wedge \omega \in N^T \wedge m \le m' \Rightarrow W_t^m \subseteq W_t^{m'})\,.$$

Aus dieser Eigenschaft folgt unmittelbar, daß bei Kellerstrategien keine Anomalien wie bei *FIFO* auftreten können. Eine ausführliche Darstellung der Theorie der Kellerstrategien und ihrer besonderen Eigenschaften findet sich in [Coff 73].

4. *Second-chance* (*SC*)

SC kann als Mischung aus *FIFO* und *LRU* angesehen werden. Der Hauptvorteil besteht darin, daß sich diese Strategie mit wachsender Auslagerungsrate an *LRU* annähert. Sie ist sehr einfach realisierbar, wenn die Register der Seiten-Kachel-Tabelle einen *Referenzindikator* (vgl. 4.5) enthalten.

Man geht konzeptionell davon aus, daß die Kacheln in einem Ring angeordnet sind. Bei einer Auslagerung wird beginnend mit der Kachel, in die die letzte Einlagerung erfolgte, in einer festgewählten Richtung in diesem Ring die nächste Kachel betrachtet. Ist deren Referenzindikator 0, so wird sie als Einlagerungsplatz gewählt und eine eventuell in dieser Kachel enthaltene Seite ausgelagert. Ist der Referenzindikator 1, so wird er auf 0 gesetzt und die nächste Kachel in der eben beschriebenen Weise behandelt. Das Verfahren führt spätestens nach einem Umlauf zur Zuordnung einer Kachel.

Die Menge Q der Kontrollzustände ist definiert durch

$$Q = ((\{\lambda\} \cup N) \times \{0, 1\})^m.$$

Anfänglich ist $W = \emptyset$ und $q = ((\lambda, 0), ..., (\lambda, 0))$.

Die Zuordnungsfunktion wird definiert durch

$$g_{SC}(W, q, x) = \begin{cases} (W, q_1) & x \in W \\ (W + x, q_2) & \text{falls} \quad x \notin W \wedge |W| < m \\ (W - y_k + x, q_2) & x \notin W \wedge |W| = m \end{cases}$$

Dabei ist

$$q = (z_1, z_2, ..., z_m),$$

mit $z_i = (y_i, b_i)$ für $1 \leq i \leq m$,

$$q_1 = (z_1, z_2, ..., z_{k-1}, (y_k, 1), z_{k+1}, ..., z_m),$$

wenn $x = y_k$ ist, und

$$q_2 = \begin{cases} (z_{k'+1}, ..., z_m, (y_1, 0), ..., (y_{k'}, 0), (x, 1)) \text{ mit } k' = \min\{i | b_i = 0\} \\ \quad \text{falls ein } i \text{ existiert mit } 1 \leq i \leq m \text{ und } b_i = 0 \\ ((y_2, 0), (y_3, 0), ..., (y_m, 0), (x, 1)) \\ \quad \text{sonst} \end{cases}.$$

Für die Referenzfolge aus Beispiel 4.1 erzeugt *SC* bei 3 Arbeitsspeicherkacheln 9 und bei 4 Arbeitsspeicherkacheln 10 Einlagerungen, weist also die schon bei *FIFO* beobachtete Speicheranomalie auf.

4.6.2   Transportstrategien

In Rechensystemen mit Demand-Paging wird man zum Erreichen einer guten Prozessornutzung stets davon ausgehen, daß sie im Mehrprogrammbetrieb arbeiten, damit die Zeiten von der Anforderung bis zur Verfügbarkeit einer Seite zur Bearbeitung andere

Prozesse genutzt werden können. Eine direkte Folge ist, daß meist mehrere Transportaufträge (Ein- oder Auslagerungsanforderungen) vorliegen. Damit drängt sich die Frage auf, ob die Strategie, nach der die Transportaufträge abgewickelt werden, merklichen Einfluß auf die Transportrate hat. Als Externspeicher für ausgelagerte Seiten sind vor allem Gerätetypen mit einem rotierenden Datenträger, der eine magnetisierbare Oberfläche besitzt, in Gebrauch. Die Schreib-/Leseköpfe können fest montiert sein, wobei man entsprechend der ältesten Bauart von Trommeln spricht, oder beweglich, wobei man dann von Plattenspeichern spricht (auch Floppy-Disks gehören in diese Kategorie). Da die beiden Speichertypen sehr unterschiedliche Zugriffscharakteristika besitzen, werden sie getrennt untersucht.

4.6.2.1 Trommel (paging drum)

Bei den Trommeln wird die gesamte Oberfläche in Spuren eingeteilt, die jeweils einem Schreib-/Lesekopf zugeordnet sind. Die Spuren ihrerseits sind in gleichlange Stücke, die Blöcke, unterteilt. Die Blöcke aller Spuren, die bezüglich der Drehachse zu gleichem Öffnungswinkel gehören bilden einen Sektor. Die Lage eines Blocks ist demgemäß durch seine Spur- und Sektornummer eindeutig bestimmt.

Die Gesamtausführungszeit eines Transportauftrags setzt sich zusammen aus:

1. der Wartezeit t_w von der Entstehung des Transportauftrags bis zu seiner Auswahl,

2. der Zugriffszeit t_z, die ab der Auswahl vergeht, bis der Anfang des betroffenen Sektors sich unter den Schreib-/Leseköpfen befindet, und

3. der eigentlichen Transferzeit t_t, die bestimmt ist durch die Übertragungsrate und die Menge der zu übertragenden Worte. Für den hier interessierenden Fall ist diese durch die Kachelgröße bestimmt.

Zwei Strategien sollen näher untersucht werden, nämlich

1. *First-come-first-served (FCFS)*

Transportaufträge werden in der Reihenfolge ihres Entstehens abgewickelt, es wird also jeweils der Auftrag ausgewählt, für den t_w maximal ist.

2. *Shortest-access-time-first (SATF)*

Es wird jeweils der Auftrag als nächster ausgeführt, für den t_z minimal ist.

Um einen Vergleich mit wahrscheinlichkeitstheoretischen Überlegungen vornehmen zu können, wird eine Reihe vereinfachender Annahmen gemacht, die jedoch die realen Verhältnisse hinreichend gut widerspiegeln.

1. Die Trommel besitze B Blöcke pro Spur, die Trommelumdrehungszeit sei *tr*.

2. Die Warteschlange der Transportaufträge habe die konstante Länge n. Diese Annahme kann als realistisch angesehen werden, wenn zu jedem Zeitpunkt hinreichend viele Prozesse lauffähig sind und Seitenanforderungen nicht zu selten auftreten.

3. Auszulagernde Seiten dürfen in einer beliebigen, freien Externspeicherkachel untergebracht werden. Dies ist lediglich eine organisatorische Frage, da nur sichergestellt werden muß, daß die Seite wieder aufgefunden werden kann. Nimmt man an, daß sich die freien Kacheln etwa gleichmäßig auf die Sektoren verteilen und stets deutlich mehr frei sind, als es Sektoren gibt, so können Auslagerungen immer sofort durchgeführt werden, wenn sich ein Sektoranfang unter den Schreib-/Leseköpfen befindet und bereits Schreibstatus eingestellt ist.

4. Da bei nichtleerer Warteschlange nach Abschluß eines Auftrags sofort der nächste eingeleitet werden kann, wirkt sich eine Umschaltung zwischen Schreib- und Lesestatus so aus, als ob er tr/B Zeiteinheiten erfordern würde.

5. Die Wahrscheinlichkeit, daß es sich bei einer bestimmten Anforderung um eine Leseanforderung handelt, hat unabhängig von der Zeit und der Strategie den Wert p.

6. Die Wahrscheinlichkeit dafür, daß eine Leseanforderung einen bestimmten Sektor betrifft, ist für alle Sektoren gleich groß nämlich $1/B$.

7. Die Lese- und Schreibzugriffe sind statistisch unabhängig.

Eine ausführliche Diskussion dieser Annahmen, sowie detaillierte Untersuchungen und Simulationsergebnisse findet man z. B. in [Bolc 77].

Im weiteren werden die Strategien *FCFS* und *SATF* unter diesen Annahmen untersucht. Dabei wird zu jedem Zeitpunkt der Sektor, der als nächster die Schreib-/Leseköpfe erreicht, als der *laufende Sektor* bezeichnet.

A) *FCFS*

1. Ermittlung der Zugriffszeiten für die verschiedenen Systemzustände

a) Leseanforderung, Lesestatus

Die Zugriffszeit t_z nimmt mit gleicher Wahrscheinlichkeit $1/B$ jeden der Werte

$$0, \frac{tr}{B}, \frac{2 \cdot tr}{B}, ..., \frac{(B-1) \cdot tr}{B} \text{ an.}$$

Somit ist $E_1[t_z] = \sum_{i=0}^{B-1} \frac{1}{B} \frac{i \cdot tr}{B} = \left(1 - \frac{1}{B}\right)\frac{tr}{2}$.

b) Leseanforderung, Schreibstatus

Die Zugriffszeiten erhöhen sich gegenüber a) um die Zeit tr/B, die zum Umschalten vom Schreib- in den Lesestatus benötigt wird. Die Zugriffszeit t_z nimmt jetzt mit der

Wahrscheinlichkeit $\frac{1}{B}$ jeden der Werte $\frac{tr}{B}$, $\frac{2 \cdot tr}{B}$, ..., $\frac{(B-1) \cdot tr}{B}$ und tr an.

Daraus errechnet man $E_2[t_z] = E_1[t_z] + \frac{tr}{B}$.

c) Schreibanforderung, Lesestatus

Als Zugriffszeit hat nur die Umschaltzeit zwischen Lese- und Schreibstatus einen Einfluß, da nach Annahme jeder Sektor wenigstens eine unbelegte Kachel enthält. Daher ist $E_3[t_z] = \frac{tr}{B}$.

d) Schreibanforderung, Schreibstatus

Da keine Statusänderung der Schreib-/Leseköpfe erforderlich ist, gilt $E_4[t_z] = 0$.

2. Berechnung der Wahrscheinlichkeiten für die verschiedenen Fälle

Auf Grund der Annahmen ergibt sich unmittelbar

$$p_1 = p^2 \qquad\qquad p_2 = p(1-p)$$

$$p_3 = (1-p)p \qquad\qquad p_4 = (1-p)^2 .$$

3. Damit erhält man als Erwartungswert für die Zugriffszeit bei der Strategie $FCFS$:

$$E_{FCFS}[t_z] = \sum_{i=1}^{4} p_i E_i[t_z] = p \cdot tr \cdot ((1-1/B)/2 + (1-p) \cdot 2/B).$$

Für $B \gg 1$ ergibt sich als Näherungsformel

$$E_{FCFS}[t_z] \cong p \cdot tr/2.$$

B) $SATF$

1. Ermittlung der Zugriffszeiten für die verschiedenen Systemzustände

a) Nur Leseanforderungen in der Warteschlange, Lesestatus

Bei der Strategie $SATF$ wird immer die Anforderung mit der kürzesten Zugriffszeit ausgewählt, d. h. es ist immer $t_z = min\{t_1, t_2, ..., t_n\}$, wenn t_i die Zugriffszeit des i-ten Auftrags der Warteschlange ist. Aus der Annahme, daß die Zugriffszeiten der verschiedenen Aufträge statistisch unabhängig sind, folgt

$$P(t_z > x) = P(min\{t_1, t_2, ..., t_n\} > x) = P(t_1 > x, t_2 > x, ..., t_n > x)$$

$$= (P(t > x))^n .$$

Für große Werte von B kann die diskrete Verteilung der Zugriffszeiten $P(t \le x)$ approximiert werden durch die kontinuierliche Verteilung

$$F_L(x) = \begin{cases} 0 & x < 0 \\ 1/(2B) + x/tr & \text{falls} \quad 0 \le x \le (1 - 1/(2B))\, tr = \alpha . \\ 1 & \alpha < x \end{cases}$$

Daraus erhält man $P(t_z \le x) = 1 - P(t_z > x) = 1 - (1 - F_L(x))^n$.

Bei Verteilungen $H(x)$ mit $H(x) = 0$ für $x < 0$ und $H(x) = 1$ für $x \ge \alpha$ ist, ermittelt man durch partielle Integration $E[X] = \int\limits_0^\alpha (1 - H(x))\, dx$.

Damit errechnet man im vorliegenden Fall

$$E_1(t_z) \cong \int\limits_0^\alpha (1 - F_L(x))^n dx = \left(1 - \frac{1}{2B}\right)^{n+1} \frac{tr}{n+1}.$$

Für $B \gg 1$ erhält man $E_1(t_z) \cong \left(1 - \frac{n+1}{2B}\right)\frac{tr}{n+1}$.

b) Nur Leseanforderungen in der Warteschlange, Schreibstatus

Entsprechend 1. errechnet man $E_2(t_z) = E_1(t_z) + \dfrac{tr}{B}$.

c) Mindestens eine Schreibanforderung in der Warteschlange, Lesestatus
Man erhält unmittelbar

$$E_3[t_z] = \begin{cases} 0 & \text{Leseanf. für den laufenden Sektor} \\ tr/B & \text{sonst} \end{cases} \quad \text{falls}$$

d) Mindestens eine Schreibanforderung in der Warteschlange, Schreibstatus
In diesem Fall ist

$$E_4[t_z] = 0.$$

2. Berechnung der Wahrscheinlichkeiten für die vier Fälle

Die nachstehenden Überlegungen gehen davon aus, daß ein bestimmter Auftrag in der Warteschlange ebenfalls mit Wahrscheinlichkeit p eine Leseanforderung ist. Diese Annahme gibt die realen Verhältnisse nicht ganz korrekt wieder, da Schreibaufrufe durch *SATF* bevorzugt abgewickelt werden, so daß in Wirklichkeit eine bestimmte Anforderung in der Warteschlange mit etwas größerer Wahrscheinlichkeit eine Leseanforderung ist (vgl. z. B. [Bolc 77]). Die Ergebnisse können jedoch als brauchbare Näherung angesehen werden.

a) Nur Leseanforderungen in der Warteschlange, Lesestatus

$$p_1 = P(\textit{keine Schreibanforderung in der Warteschlange, Lesestatus})$$
$$= p^{n+1}$$

b) Nur Leseanforderungen in der Warteschlange, Schreibstatus

Wegen $P(\textit{Schreibstatus}) = 1 - p$ erhält man

$$p_2 = P\,(\textit{keine Schreibanforderung, Schreibstatus}) = (1-p)\,p^n.$$

c) Mindestens eine Schreibanforderung, Lesestatus

Es ist nur der Fall zu betrachten, der einen Beitrag zum Mittelwert liefert, d. h. in dem keine Leseanforderungen für den laufenden Sektor in der Warteschlange vorhanden sind.

Da k Leseanforderungen und $(n - k)$ Schreibanforderungen auf $\binom{n}{k}$ Weisen zustande kommen können, ist

$$P(k\,\textit{Leseanforderungen, }(n-k)\,\textit{Schreibanforderungen})$$
$$= \binom{n}{k} p^k \, (1-p)^{n-k} \, .$$

Außerdem ist

$$P(\textit{keine der k Leseanforderungen auf laufenden Sektor})$$
$$= \left(1 - \frac{1}{B}\right)^{k} .$$

Zusammenfassend ergibt sich

$$p_3 = P(k\,\textit{Leseanforderungen, keine auf laufenden Sektor})$$
$$= \left(1 - \frac{1}{B}\right)^{k} \binom{n}{k} p^k \, (1-p)^{n-k}.$$

Summation von $k = 0$ bis $k = n - 1$ ergibt

$$Q = P(\textit{Zahl der Leseanforderungen} < n,\ \textit{keine auf laufenden Sektor})$$
$$= P(\textit{Zahl der Schreibanforderungen} \geq 1,\ \textit{keine auf laufenden Sektor})$$
$$= \left(1 - \frac{p}{B}\right)^{n} - p^n \left(1 - \frac{1}{B}\right)^{n}$$

und somit ist

$$p_3 = P \, (\textit{Zahl der Schreibanforderungen} \geq 1,$$
$$\textit{keine Leseanforderung auf laufenden Sektor},$$
$$\textit{Lesestatus} \,)$$

$$= pQ = p^{n+1} \left(\left(\frac{1}{p} - \frac{1}{B} \right)^n - \left(1 - \frac{1}{B} \right)^n \right).$$

d) Mindestens eine Schreibanforderung, Schreibstatus

Dieser Fall braucht nicht näher betrachtet zu werden, da $E_4 \, [t_z] \; = 0$ ist.

Zusammenfassend ermittelt man

$$E_{\mathrm{SATF}} \, [t_z] \; = \; \sum_{i=1}^{4} p_i E_i \, [t_z]$$

$$= \; tr \, p^n \frac{p}{n+1} \left(1 - \frac{1}{2B} \right)^{n+1} + \frac{1-p}{n+1} \left(\left(1 - \frac{1}{2B} \right)^{n+1} + \frac{n+1}{B} \right)$$

$$+ \frac{p}{B} \left(\left(\frac{1}{p} - \frac{1}{B} \right)^n - \left(1 - \frac{1}{B} \right)^n \right).$$

Für $B \gg 1$ und $n \gg 1$ erhält man als Näherungsformel

$$E_{\mathrm{SATF}} \, [t_z] \; = \; tr \frac{p}{B}.$$

Aus der mittleren Zugriffszeit lassen sich eine Reihe weiterer wichtiger Kenngrößen berechnen.

1. Gesamtbedienzeit t_I für eine Anforderung

$$E \, [t_I] \; =_{Df} E \, [t_z] + \frac{tr}{B}$$

$$E_{\mathrm{FCFS}} \, [t_I] \; = \; tr \frac{p}{2}$$

$$E_{\mathrm{SATF}} \, [t_I] \; = \; tr \frac{1+p}{B}$$

2. Verweilzeit t_G für eine Anforderung

$$E_{\mathrm{FCFS}} \, [t_G] \; \cong \; nE_{\mathrm{FCFS}} \, [t_I] \; \cong \; ntr \frac{p}{2}$$

Bei *SATF* berücksichtigt man zur Abschätzung, daß von n wartenden Anforderungen n/B den gleichen Sektor betreffen. Eine neu ankommende Anforderung benötigt daher die Zeit

$n \cdot tr/B$ — bis die Anforderung bedient wird,

$tr/2$ — bis der betroffene Sektor unter den Schreib-/Leseköpfen ist,

tr/B — für den eigentlichen Transfer.

Insgesamt erhält man

$$E_{\mathrm{SATF}}\,[t_G] \cong tr\left(\frac{1}{2} + \frac{n+1}{B}\right) \cong \frac{tr}{2}\,.$$

3. Ausnutzungsgrad $H =_{\mathrm{Df}} \dfrac{t_t}{E\,[t_z] + t_t}$

$$H_{\mathrm{FCFS}} \cong \frac{2}{pB+2}$$

$$H_{\mathrm{SATF}} \cong \frac{1}{p+1}$$

4. Durchsatzfaktor $D =_{\mathrm{Df}} \dfrac{1}{E\,[t_I]}$

$$D_{\mathrm{FCFS}} \cong \frac{2}{tr\,p}$$

$$D_{\mathrm{SATF}} \cong \frac{B}{tr\,(1+p)}$$

Beispiel 4.2. Es sei $tr\ =\ 16.7$ msec entsprechend 3600 Trommelumdrehungen pro Minute. Eine Spur enthalte 64 Sektoren zu je 4096 Worten (Kachelgröße). Die Warteschlangenlänge sei 10. Bild 4.6 stellt $E\,[t_z]$ in Abhängigkeit von p dar. $\qquad\square$

4.6.2.2 Plattenspeicher

Bei Plattenspeichern setzt sich die magnetisierbare Oberfläche aus den Oberflächen einer oder mehrerer um eine gemeinsame Achse rotierender Platten zusammen. Pro Plattenoberfläche ist an einem beweglichen Arm ein Schreib-/Lesekopf montiert. Bei jeder Armeinstellung überstreicht jeder der Schreib-/Leseköpfe eine Spur einer Plattenoberfläche. Die Gesamtheit der mit einer Armeinstellung bearbeitbaren Spuren wird als Zylinder bezeichnet. Die Spuren ihrerseits sind in Blöcke unterteilt. Ein Zylinder verhält

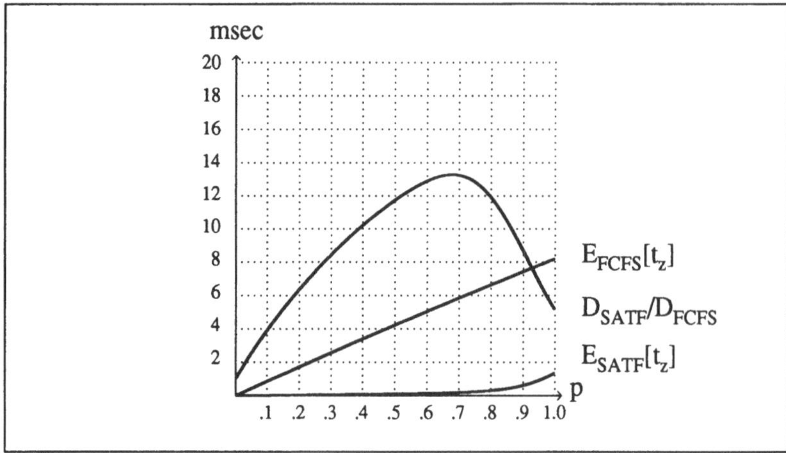

Bild 4.6 Vergleich der Strategien *FCFS* und *SATF* unter Verwendung der genauen Formeln

sich also wie ein Trommelspeicher. Die Gesamtausführungszeit eines Transportauftrags setzt sich zusammen aus:

1. der Wartezeit t_w von seiner Einreihung in die Warteschlange bis zu seiner Auswahl,

2. der Einstellzeit t_z des Arms auf den betreffenden Zylinder,

3. der Zugriffszeit t_b, die ab Armeinstellung vergeht, bis der gewünschte Blockanfang sich unter einem der Schreib-/Leseköpfe befindet, und

4. der eigentlichen Übertragungszeit t_t.

Für Plattenspeicher sind vorwiegend zwei Strategietypen in Gebrauch:

A) *FCFS* und

B) *SCAN*.

Bei der Strategie *SCAN* wird versucht die Armbewegungen dadurch gering zu halten, daß der Arm abwechselnd von außen nach innen und umgekehrt fährt. Dabei werden jeweils alle auf seinem Weg liegenden Anforderungen bearbeitet. Eine Richtungsumkehr findet nur statt, wenn für die momentane Richtung keine weiteren Aufträge in der Warteschlange vorhanden sind.

Im weiteren wird zur Vereinfachung der Analyse abweichend von *SCAN* angenommen, daß der Arm auf jeden Fall ganz nach innen bzw. außen fährt, bevor eine Richtungswechsel vorgenommen wird.

Für einen Vergleich von *FCFS* und dem modifizierten *SCAN* werden folgende Annahmen gemacht:

1. Der Plattenspeicher ist in Z Zylinder unterteilt, jede Spur setzt sich aus B Blöcken zusammen und tr ist die für eine Plattenumdrehung benötigte Zeit.

2. Die Wahrscheinlichkeit, daß für einen Zylinder mehr als eine Anforderung vorliegt, ist vernachlässigbar klein.

3. Die Anforderungen sind über alle Blöcke und damit auch über alle Zylinder gleichverteilt.

4. Der Arm bewegt sich unter *SCAN* bei zufällig gewählten Beobachtungszeitpunkten mit der Wahrscheinlichkeit $1/2$ von außen nach innen bzw. umgekehrt.

5. Die Warteschlangenlänge hat den festen Wert n.

6. Die Einstellzeit $t_z(x)$, die benötigt wird, wenn der Abstand zwischen der momentanen Stellung des Arms und der gewünschten den Wert x hat, berechnet sich gemäß $t_z(x) = ax + b$.

A) *FCFS*

Ist der Arm auf Zylinder k eingestellt, so nimmt der Abstand $d(k)$ zwischen der momentanen Einstellung und der für den nächsten Auftrag benötigten mit Wahrscheinlichkeit $1/Z$ einen der Werte $k-1, k-2, ..., 2, 1, 0, 1, 2, ..., Z-k$ an und somit ist

$$E\,[d(k)] \;=\; \sum_{i=1}^{k-1} i/Z + \sum_{i=1}^{Z-k} i/Z \;=\; \frac{1}{2Z}\,(k\,(k-1) + (Z-k)\,(Z-k+1))\,.$$

Für den mittleren Abstand zweier Aufträge ergibt sich daraus

$$E\,[d] \;=\; \sum_{k=1}^{Z} \frac{1}{Z} E\,[d(k)] \;=\; \frac{Z}{3} - \frac{1}{3Z}\,.$$

Für $Z \gg 1$ erhält man somit $E\,[d] \cong \dfrac{Z}{3}$.

Die Berechnung von t_b erfolgt wie bei 4.6.2.1 so, daß für die Bedienzeit $t_s =_{Df} t_z + t_b + t_l$ gilt:

$$E\,[t_s] \cong a\frac{Z}{3} + b + \frac{B+1}{B}\frac{tr}{2}\,.$$

Die mittlere Verweilzeit eines Auftrags beträgt also

$$E\,[t_G] \cong nE\,[t_s] \cong n\,(\,(\,(B+1)\,/B)\,(tr/2) + (Za)\,/3 + b)\,.$$

B) *SCAN*

Der Arm bewege sich in Richtung aufsteigender Zylindernummern. Der Abstand $d_+(k)$ zwischen der momentanen Einstellung und der, die ein neu in der Warteschlange ankommender Auftrag benötigt, nimmt unter der Annahme der Gleichverteilung jeden der Werte $2(Z-k)+k-1, ..., 2(Z-k)+1, 0, 1, 2, ..., Z-k$ mit Wahrscheinlichkeit $1/Z$ an. Also ist

$$E[d_+(k)] = \sum_{i=1}^{Z-k} i/Z + \sum_{i=2(Z-k)+1}^{2(Z-k)+k-1} i/Z$$

$$= \frac{1}{2Z}(Z^2 + 2Zk - 2k^2 - 3Z + 2k)$$

und daher

$$E[d_+(k)] = \sum_{k=1}^{Z} \frac{1}{Z} E[d(k)] = \frac{2Z}{3} - 1 + \frac{1}{3Z}.$$

Für $Z \gg 1$ gilt somit näherungsweise $E[d_+] \cong (2Z)/3$.

Aus Symmetriegründen ermittelt man für die Gegenrichtung die analoge Formel. Da beide Bewegungsrichtungen gleichwahrscheinlich sind, berechnet man

$$E[d] = (E[d_+] + E[d_-])/2 \cong (2Z)/3.$$

Da die Warteschlangenlänge konstant ist, beträgt die Entfernung zweier unter *SCAN* unmittelbar nacheinander auszuführender Aufträge im Mittel ungefähr $Z/(n+2)$. Somit ist

$$E[t_s] = E[t_z] + E[t_b] + E[t_t] \cong \frac{B+1}{B}\frac{tr}{2} + \frac{Z}{n+2}a + b.$$

Da ein neu ankommender Auftrag im Mittel eine Armposition betrifft, die von der momentanen den Abstand $(2/3)Z$ hat, werden im Mittel $(2/3)n - 1$ Aufträge in der Warteschlange vor ihm abgewickelt. Man ermittelt daher für die Gesamtverweilzeit

$$E[t_G] \cong \frac{2}{3}nE[t_s] \cong n\left(\frac{B+1}{B}\frac{tr}{3} + \frac{2}{3}\frac{Z}{n+2}a + \frac{2}{3}b\right).$$

Beispiel 4.3. Es sei $tr = 16.7$ msec. Der Plattenspeicher sei in $Z = 800$ Zylinder unterteilt mit jeweils $B = 12$ Blöcken. Die minimale Einstellzeit sei 10 msec, die maximale 60 msec, d. h. es ist $b = 10$ msec und $a = 0.0625$ msec. In Bild 4.7 ist $E[t_G]$ für die Strategien *FCFS* und *SCAN* in Abhängigkeit von n dargestellt. $\square$

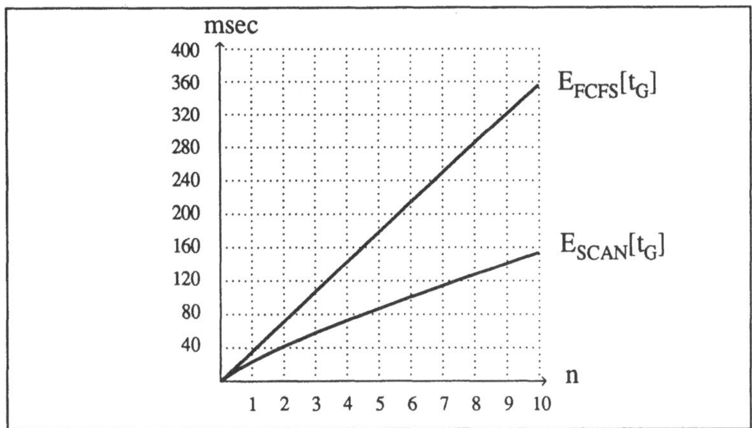

Bild 4.7 Verweilzeit eines Transportauftrags unter *FCFS* und *SCAN*

4.7   Segmentierung mit Seitenadressierung

Um sowohl die Vorteile der Segmentierung für die Strukturierung von Benutzerprogrammen nutzen zu können als auch die Vorteile der Seitenadressierung im Hinblick auf Speicherverwaltungsprobleme, sind bei manchen Typen von Rechenanlagen beide Adressierungsverfahren gleichzeitig verfügbar. Dabei gibt es zwei Varianten:

1. Jedem Segment wird ein eigene Seiten-Kachel-Tabelle zugeordnet, auf deren Anfangsadresse das Segmentregister verweist. Die Wortnummer der ursprünglichen virtuellen Adresse wird als virtuelle Adresse für die Seitenadressierung aufgefaßt. Man kann dieses Verfahren so betrachten als bestünden virtuelle Adressen aus einer Segmentnummer (zur Bestimmung der zuständigen Seiten-Kachel-Tabelle), einer Seitennummer und einer Wortnummer. Dieser Variante liegt die Vorstellung zu Grunde, daß Programmme in große Segmente unterteilt werden und die Seitenadressierung zur besseren Nutzung des Arbeitsspeichers herangezogen wird. Insbesondere erlaubt diese Adressierungsart, Dateien als Segmente zu betrachten, sodaß bei einer Dateieröffnung lediglich ein Segmentregister geeignet besetzt werden muß. Die Zugriffe zu Teilen der Datei können mit den üblichen Maschinenbefehlen für Arbeitsspeicherzugriffe erfolgen, da der Transfer der angesprochenen Dateiausschnitte zwischen Arbeits- und Externspeicher dem Demand-Paging überlassen werden kann.

2. Mit Hilfe der Seitenadressierung wird zunächst ein großer Adreßraum geschaffen, der dann mittels Segmentierung strukturiert werden kann, d. h. es gibt nur eine globale Seiten-Kacheltabelle, die für die Interpretation der Adressen benutzt wird, die nach An-

wendung der Segmentierung entstehen. Diese Variante erlaubt die effiziente Handhabung kleiner Segmente, wie sie besonders dann auftreten, wenn Programme gemäß der in Kapitel 1 betrachteten objektbasierten Strukturierungsmethode gegliedert werden. Typische Beispiele für diese Vorgehensweise sind die Mikroprozessoren 80386 und 80486 der Firma Intel.

Den Überlegungen in [Habe 76a] folgend wird nachstehend die erste Variante zusammen mit segmentweisem Swapping näher betrachtet.

Die Verwendung der Seitenadressierung zusätzlich zur Segmentierung bedingt einen internen Speicherverschnitt, da im allgemeinen der Platzbedarf eines Segmentes kein ganzzahliges Vielfaches der Kachellänge sein wird und außerdem Platz für die Seiten-Kachel-Tabellen benötigt wird. Bei gegebener Kachelgröße p kann die Segmentlänge sl dargestellt werden in der Form:

$$sl = kp + r \text{ mit } 0 \leq r < p .$$

Nimmt man an, daß r gleichverteilt ist, so errechnet man für den mittleren internen Verschnitt (ohne Tabellenplatz) pro Segment:

$$v = (p - 1) / 2 .$$

Die Annahme kann als zutreffend angesehen werden, wenn die Segmentgrößen nicht systematisch gewählt werden und die mittlere Segmentlänge deutlich größer als p ist. Beides wird im weiteren grundsätzlich unterstellt und kann in einem Rechenzentrumsbetrieb als erfüllt angesehen werden.

Bezeichnet man mit sl die mittlere Segmentlänge, so ergibt sich für den mittleren Speicherbedarf b eines Segmentes in Abhängigkeit von p

$$b(p) = sl + (p - 1) / 2 .$$

Die benötigte Zahl von Kacheln ist im Mittel gegeben durch

$$z = b(p) / p .$$

Daraus ermittelt man für den durch internen Verschnitt bedingten, ungenutzten Anteil I des Speichers

$$I = \frac{v}{b(p)} = \frac{1}{(2sl) / (p - 1) + 1} .$$

Man erkennt unmittelbar, daß der interne Verschnitt mit wachsender Kachelgröße zunimmt und somit möglichst kleine Kachelgrößen wünschenswert erscheinen.

Andererseits steigt jedoch mit der Anzahl der pro Segment benötigten Kacheln der Platzbedarf für die Seiten-Kachel-Tabellen. Wegen der Latenzzeit beim Zugriff zu Externspeichern erhöht sich die insgesamt pro Segment benötigte Einlagerungzeit und insbesondere der nicht nutzbare Anteil an der Übertragungskapazität zwischen Arbeitsspeicher und externem Speicher. Für die Wahl einer geeigneten Kachelgröße ist es daher erforderlich, diese Werte in Abhängigkeit von Kachelgröße und Latenzzeit zu untersuchen.

Unter der Speichernutzung G wird das Verhältnis des bei Segmentierung pro Segment benötigten Arbeitsspeicherplatzes (einschließlich eines Segmentregisters) zu dem bei Seitenadressierung benötigten (einschließlich internem Verschnitt und Seiten-Kachel-Tabellen) verstanden. Die weitere Untersuchung nimmt an, daß Segment- und Seitenregister in einer Speichereinheit untergebracht werden können.

Es ergibt sich dann

$$G(p) \;=\; \frac{sl + 1}{(sl + (p - 1)\,/\,2)\,(1 + 1\,/\,p)} \;.$$

Um den Nutzungsgrad N des Übertragungskanals zu bestimmen, wird als Zeiteinheit die Zeit für die Übertragung einer Speichereinheit zugrunde gelegt. Nimmt man für die mittlere Latenzzeit t Zeiteinheiten an, so ergibt sich

$$N(p,\,t) \;=\; \frac{sl + t}{(p + t)\,z} \;=\; \frac{sl + t}{(1 + t\,/\,p)\,(sl + (p - 1)\,/\,2)} \;.$$

Setzt man $k = sl\,/\,p$ (als gute Näherung für die im Mittel pro Segment benötigte Kachelzahl) und $q = sl\,/\,t$, erhält man mit guter Näherung

$$I(k) \cong 1\,/\,(2k + 1)\,,$$

$$G(k) \cong (2k)\,/\,(2k + 1)\,,$$

$$N(q,\,k) \cong (G(k)\,(q + 1))\,/\,(q + k)\,.$$

Bild 4.8 vermittelt einen Eindruck von diesen Zusammenhängen.

4.8 Mehrprogrammbetrieb und Demand-Paging

Die in Abschnitt 4.6 dargelegten Ersetzungsstrategien bezogen sich auf die Betrachtung eines einzigen Prozesses. Im Mehrprogrammbetrieb bedürfen diese Verfahren einer Modifikation, da im Arbeitsspeicher befindliche Seiten solcher Prozesse, denen der Prozessor nicht zugeordnet ist, bei den Strategien *LRU* und *SC* sehr schnell Kandidaten für Auslagerung werden. Dies hat zur Folge, daß der jeweils laufende Prozeß sehr wahrscheinlich Seiten eines Prozesses verdrängt, der sich im Zustand bereit befindet und diese Seiten bei erneuter Prozessorzuordnung möglicherweise sofort wieder anfordert. Dies führt zu dem als *Thrashing* oder *Seitenflattern* bekannten Effekt, der eine sehr ge-

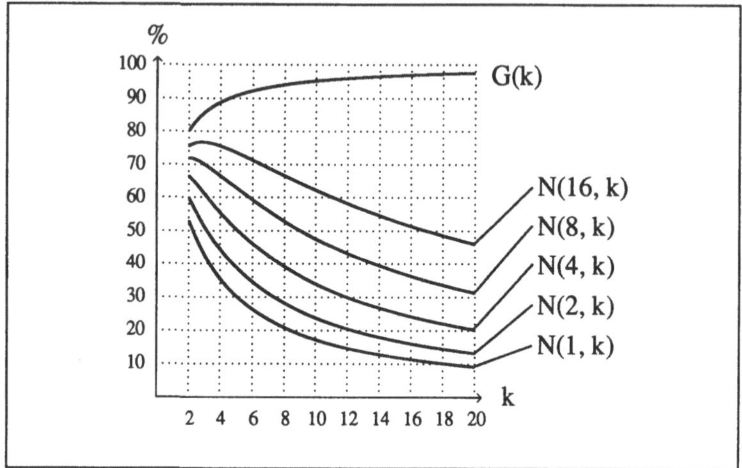

Bild 4.8 Speicher- und Kanalnutzung bei Segmentierung mit Seitenadressierung

ringe Prozessornutzung zur Folge hat, da die überwiegende Zeit auf die Bereitstellung
angeforderter Seiten gewartet werden muß. Eine grundlegende Idee zur Vermeidung
dieses Effektes besteht darin, für jeden Prozeß, der sich im Zustand bereit oder laufend
befindet, eine bestimmte Menge an Kacheln, die sogenannte *Arbeitsmenge* vorrätig zu
halten und die Seitenaustauschalgorithmen prozeßspezifisch auf diese Kachelmengen
anzuwenden. Da die Summe der Arbeitsmengen größer sein kann, als die Zahl der Arbeitsspeicherkacheln, werden gemäß Bild 4.9 für die Prozesse noch die *Superzustände*
aktiv und *inaktiv* eingeführt mit der Bedingung, daß die Summe der Arbeitsmengen der
aktiven Prozesse kleiner sein muß als die Zahl der Arbeitsspeicherkacheln. Für die Prozessorzuordnung werden nur noch die Prozesse betrachtet, die sich im Superzustand *aktiv* und Unterzustand *laufend* oder *bereit* befinden. Wird diese Bedingung verletzt, so
müssen weitere Prozesse *deaktiviert* werden, d. h. sie werden vom Superzustand *aktiv*
in den Superzustand *inaktiv* versetzt. Umgekehrt werden jeweils so viele Prozesse aktiviert, wie ohne Verletzung dieser Bedingung möglich ist.

Die Hauptprobleme bei dieser Vorgehensweise sind die Bestimmung der Arbeitsmen-
gengrößen und die Aktivierungs- bzw. Deaktivierungsstrategien.

Der Begriff der Arbeitsmenge wurde von Denning [Denn 68] in die Literatur eingeführt.
Er hat grundlegende Beziehungen zwischen der Wahl der Arbeitsmengengröße und der
Seitenaustauschrate anhand statistischer Überlegungen gewonnen. Wie Slutz und
Traiger in [Slut 74] zeigten, können diese Beziehungen auch mit Hilfe der operationel-
len Methode durch die nachfolgenden Überlegungen gewonnen werden.

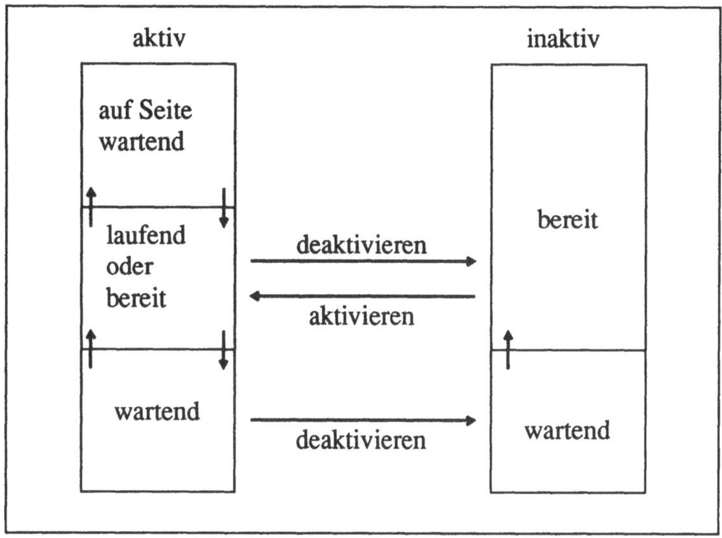

Bild 4.9 Erweitertes Prozeßzustands-Diagramm

Es sei $N = \{1, 2, ..., n\}$ die Menge der Seiten, die ein Prozeß während seiner Existenz anspricht und $\omega = r_1, r_2, ..., r_k$ die Referenzfolge. Für $t \leq k$ wird mit ω_t das Anfangsstück $r_1, r_2, ..., r_t$ der Referenzfolge bezeichnet.

Die *Arbeitsmenge* $W(t, T)$ zum Zeitpunkt t bei *Fensterbreite* T wird definiert durch

$$W(t, T) = \{i \mid \exists j \, (max(1, 1 - t + T) \leq j \leq T \wedge (i = r_{t-T+j}))\}$$
$$= \{i \mid b(i, t + 1) \leq T\}$$

(zur Definition von $b(x, y)$ siehe 4.6.1 unter *LRU*).

Zur Arbeitsmenge gehören also genau die zu den letzten T Zeitpunkten angesprochenen Seiten.

Die *Arbeitsmengengröße* $w(t, T)$ ist definiert als $|W(t, T)|$, wobei $w(0, T) = 0$ gesetzt wird.

Im weiteren wird generell vorausgesetzt, daß $w(k, k) = n$ ist, d. h. alle Seiten kommen in der Referenzfolge vor.

An zusätzlichen Größen interessieren:

- die mittlere Arbeitsmengengröße

$$s_k(T) =_{\text{Df}} \frac{1}{k} \sum_{t=1}^{k} w(t, T)$$

- die mittlere Seitenaustauschrate

$$m_k(T) =_{Df} \frac{1}{k} \left| \{t \mid r_{t+1} \notin W(t, T) \wedge 0 \le t < k\} \right|$$

- die charakteristische Funktion der Einlagerungen

$$\Delta(t, T) =_{Df} \begin{cases} 1 & \\ 0 & \end{cases} \quad \text{falls} \quad \begin{matrix} r_{t+1} \notin W(t, T) \\ \text{sonst} \end{matrix}$$

- die Interreferenzintervalle

$$x_t =_{Df} \begin{cases} max\ \{T \mid r_t \notin W(t-1, T-1)\} & \\ \infty & \end{cases} \quad \text{falls} \quad \begin{matrix} b(r_t, t) < t \\ b(r_t, t) = t \end{matrix}$$

- die Zahl der Interreferenzintervalle der Länge x

$$c_k(x) =_{Df} \left| \{t \mid (x_t = x \wedge 1 \le t \le k)\} \right|$$

- die Interreferenzintervalldichte

$$f_k(x) =_{Df} c_k(x)/k$$

- die Interreferenzintervallverteilung

$$F_k(x) =_{Df} \sum_{y=1}^{x} f_k(y)$$

Die wichtigsten Zusammenhänge zwischen diesen Größen sind in Satz 4.1 und Satz 4.2 zusammengefaßt.

Satz 4.1

1. $$m_k(T) = \frac{1}{k} \sum_{t=0}^{k-1} \Delta(t, T)$$

2. $$(\Delta(t, T)=1) \Leftrightarrow T < x_{t+1}$$

3. $$w(t+1, T+1) = w(t, T) + \Delta(t, T)$$

4. $$m_k(T) = 1 - F_k(T)$$

5. $$s_k(T+1) = s_k(T) + \frac{1}{k}\left(k - \sum_{x=1}^{T} c_k(x) - w(k, T)\right)$$

Beweis: Die Aussagen 1, 2 und 3 folgen unmittelbar aus den Definitionen.

4.
$$m_k(T) = \frac{1}{k} \sum_{t=0}^{k-1} \Delta(t, T) \qquad \text{(nach 1.)}$$

$$= \frac{1}{k} | \{ t \mid (x_{t+1} > T \wedge 0 \le t < k) \} | \qquad \text{(wegen 2.)}$$

$$= 1 - \frac{1}{k} | \{ t \mid (x_{t+1} \le T \wedge 0 \le t < k) \} |$$

$$= 1 - \frac{1}{k} \sum_{x=1}^{T} | \{ t \mid (x_t = x \wedge 1 \le t \le k) \} |$$

$$= 1 - \sum_{x=1}^{T} c_k(x)$$

$$= 1 - F_k(T) \ .$$

5.
$$s_k(T+1) = \frac{1}{k} \sum_{t=1}^{k} w(t, T+1) \qquad \text{(nach Def.)}$$

$$= \frac{1}{k} \sum_{t=1}^{k} (w(t-1, T) + \Delta(t-1, T)) \qquad \text{(wegen 3.)}$$

$$= s_k(T) - \frac{1}{k} w(k, T) + m_k(T)$$

$$= s_k(T) + \frac{1}{k} (k (1 - F_k(T)) - w(k, T)) \qquad \text{(nach Def.)}$$

$$= s_k(T) + \frac{1}{k} \left(k - \sum_{x=1}^{T} c_k(x) - w(k, T) \right) \qquad \text{(nach Def.)} \qquad \square$$

Satz 4.2. Es ist $\lim\limits_{k \to \infty} s_k(T) = \lim\limits_{k \to \infty} \sum\limits_{z=0}^{T-1} m_k(z) \ .$

Beweis: Setzt man

$$h_t(z) =_{\mathrm{Df}} \begin{cases} 1 & \\ 0 & \end{cases} \quad \text{falls} \quad \begin{matrix} \exists y \, (z = max \, \{ T \mid y \in W(t, T-1) \}) \\ \\ \text{sonst} \end{matrix}$$

(d. h. $h_t(z)$ hat genau dann den Wert 1, wenn eine Seite y existiert, deren Ansprechen zum Zeitpunkt $t + 1$ zu einem Interreferenzintervall der Länge z führen würde),

so gilt $w(k, T) = \sum\limits_{x=1}^{T} h_k(x)$.

Daraus erhält man

$$s_k(T+1) = s_k(T) + \frac{1}{k}\left(k - \sum_{x=1}^{T} (c_k(x) + h_k(x))\right) .$$

Durch vollständige Induktion ermittelt man daraus

$$s_k(T) = \sum_{j=0}^{T-1}\left(1 - \frac{1}{k}\sum_{x=1}^{j}(c_k(x) + h_k(x))\right)$$

$$= \sum_{j=0}^{T-1} m_k(j) - \frac{1}{k}\sum_{j=0}^{T-1}\sum_{x=1}^{j} h_k(x) .$$

Da $\sum\limits_{x=1}^{j} h_k(x) \leq n$ ist, erhält man unmittelbar die Behauptung. $\qquad\square$

Der Beweis von Satz 4.2 zeigt, daß die Größen $m_k(T)$ und $s_k(T)$ leicht berechnet werden können, wenn $c_k(x)$ und $h_k(x)$ bekannt sind. Ein einfacher Algorithmus zu ihrer Berechnung wurde in [Denn 72] angegeben:

```
VAR time: ARRAY[1 .. n] OF INTEGER;
         /* n ist die maximale Seitennummer; in dem Vektor time wird zu je-
            der Seite der Zeitpunkt ihres letzten Ansprechens festgehalten */
    ck: ARRAY[1 .. k] OF INTEGER;
         /* k ist die Länge der Referenzfolge; ck [x]  enthält nach Ablauf des
            Algorithmus den Wert ck(x) */
    hk: ARRAY[1 .. k] OF INTEGER;
         /* hk [x]  enthält nach Ablauf des Algorithmus den Wert hk(x) */
    page: INTEGER;
         /* Hilfsvariable, die rt enthält */
    t, i: INTEGER;
         /* t zählt die Seitenreferenzen, i dient als allgemeine Zählvariable */
```

```
BEGIN
    /* Vorbesetzung der Variablen mit dem Wert 0 */
    FOR i := 1 TO n DO time[i] := 0;
    FOR i := 1 TO k DO BEGIN ck[i] := 0; hk[i] := 0 END;
    /* Berechnungsalgorithmus */
    FOR t := 1 TO k DO
        BEGIN
            read(page);                        /* Eingabe von r_t */
            IF 0<time[page]
                THEN ck[t-time[page]] := ck[t-time[page]] + 1;
            time[page] := t
        END;
    FOR i := 1 TO n DO hk[k-time[i]+1] := 1;
END
```

Die Bedeutung dieses Algorithmus liegt vor allem darin, daß er ein einfaches Meßverfahren zur schnellen Ermittlung der mittleren Arbeitsmengengröße $s_k(T)$ und der mittleren Seitenaustauschrate $m_k(T)$ in Abhängigkeit von der Fensterbreite T liefert.

Die exakte, dynamische Bestimmung der Arbeitsmenge setzt erheblichen Aufwand in der Hardware voraus. Zur approximativen Bestimmung der Arbeitsmenge genügt jedoch bereits der Referenzindikator. Er kann vom Betriebssystem in einem festen Zeitraster abgefragt und zur ungefähren Bestimmung des letzten Ansprechens des Kachelinhalts herangezogen werden, indem man jeder Kachel einen Zähler zuordnet, der immer dann erhöht wird, wenn der Referenzindikator bei dieser Abfrage nicht gesetzt war. War er gesetzt, so wird der Zähler wieder auf Null rückgestellt. Erreicht der Zähler einen der Fensterbreite entsprechenden Wert, so heißt dies, daß die betreffende Seite nicht mehr zur Arbeitsmenge gehört. Da der notwendige dynamische Aufwand nicht unerheblich ist, wurde von Carr und Hennessy ein Algorithmus entwickelt, der die Vorteile von Arbeitsmengen-Strategien mit der einfachen Realisierbarkeit von *second-chance* verbindet und in [Carr 81] in seinen wesentlichen Zügen dargestellt ist.

Zur Vereinfachung der Datenstrukturen wird vorausgesetzt, daß die Prozesse keine gemeinsamen Seiten besitzen.

Die Strategie geht wie *second-chance* von der Vorstellung aus, daß die Kacheln des Arbeitsspeichers ringförmig angeordnet sind. Bei den Seitenregistern wird ein Referenz- und ein Modifikationsindikator vorausgesetzt. Im Gegensatz zu *second-chance* werden Seiten mit gelöschtem Referenzindikator nur dann als Auslagerungskandidaten herangezogen, wenn der zugeordnete Prozeß deaktiviert ist oder die Seite hinreichend lange nicht mehr angesprochen wurde. Als Zeitmaß wird jeweils die bereits verbrauchte CPU-

Zeit des Prozesses verwendet, dem die Seite gehört. In der Literatur hat sich für dieses Zeitmaß der Begriff *virtuelle Zeit* eingebürgert.

Die Bestimmung ersetzbarer Kacheln wird nach folgendem Algorithmus vorgenommen:

```
TYPE

  Seitenregister  =  RECORD
                       modifiziert: BOOLEAN;
                            /* Modifikationsindikator */
                       benutzt: BOOLEAN;
                            /* Referenzindikator */
                         .
                         .
                         .
                       END;
  Prozeß  =  RECORD
               aktiv : BOOLEAN;
                        /* Diese Komponente hat genau dann den Wert
                        TRUE, wenn sich der Prozeß im Superzustand
                        aktiv befindet. */
               v_Zeit: INTEGER;
                        /* Virtuelle Zeit, die angibt, wieviel CPU-Zeit
                        der Prozeß bereits verbraucht hat. */
                 .
                 .
                 .
               END;
VAR
   Kacheltabelle  : ARRAY[1 .. m] OF
                      RECORD  sr          :  &Seitenregister;
                              pid         :  &Prozeß;
                              in_Transport:  BOOLEAN;
                              v_Zeit      :  INTEGER
                      END;
```

/* Die Kacheltabelle enthält zu jeder der *m* Arbeitsspeicherkacheln

- einen Verweis *sr* auf das Seitenregister, das auf diese Kachel verweist, bzw. *NIL*, wenn die Kachel nicht belegt ist;

- in *pid* die Identifikation des Prozesses, für den eine Seite in dieser Kachel gespeichert ist, bzw. *NIL*, wenn die Kachel nicht belegt ist;

- in *in_Transport* die Angabe, ob für diese Kachel ein Ein- oder Austransfer läuft; diese Größe wird durch das Betriebssystem nach Abschluß des Seitentransfers wieder auf *FALSE* gesetzt;

- in *v_Zeit* die virtuelle Zeit des zugehörigen Prozesses bei der Einlagerung bzw. bei der letzten Überprüfung darauf, ob diese Seite ausgelagert werden kann. */

sz   : INTEGER;

/* Suchzeiger, der festhält, welche Kachel zuletzt darauf überprüft wurde, ob sie als Auslagerungskandidat in Frage kommt. */

•

•

•

PROCEDURE freie_Kachel_bestimmen(VAR Kachelnummer: INTEGER;
                                   VAR Status: INTEGER);
/* Die Prozedur liefert in *Kachelnummer* die Nummer einer freien Kachel zurück bzw. den Wert -1, wenn eine solche nicht gefunden werden konnte.

In *Status* wird

der Wert 1 zurückgegeben, wenn eine freie Kachel gefunden wurde,

der Wert 0, wenn keine freie Kachel gefunden wurde, aber sich bereits Seiten in Austransfer befinden, und

der Wert -1 sonst, d. h. wenn Einlagerungen erst wieder möglich sind, nachdem Prozesse deaktiviert wurden oder ihre Arbeitsmenge verkleinert haben. * /

VAR Platz_vorhanden: BOOLEAN;
     Platz_gefunden: BOOLEAN;
     Zahl_überprüfter_Kacheln: INTEGER;
BEGIN
     Platz_vorhanden := FALSE;
     Platz_gefunden := FALSE;
     Zahl_überprüfter_Kacheln := 0;
     REPEAT
         sz := (sz+1) MOD m;
         Zahl_überprüfter_Kacheln := Zahl_überprüfter_Kacheln + 1;

```
IF Kacheltabelle[sz].sr = NIL
   THEN BEGIN
      Platz_gefunden := TRUE;
      END;
   ELSE
      IF NOT Kacheltabelle[sz].in_Transport
         THEN
            IF Kacheltabelle[sz].sr&.benutzt
               THEN BEGIN
                  Kacheltabelle[sz].v_Zeit
                     := Kacheltabelle[sz].pid&.v_Zeit;
                  Kacheltabelle[sz].sr&.benutzt := FALSE;
                  END;
            IF Kacheltabelle[sz].pid&.v_Zeit
                        - Kacheltabelle[sz].v_Zeit
                  > Fensterbreite
               OR NOT Kacheltabelle[sz].pid&.aktiv
               THEN BEGIN
                  IF NOT Kacheltabelle[sz].sr&.modifiziert
                     THEN BEGIN
                        Platz_gefunden := TRUE;
                        Kacheltabelle[sz].sr&.anwesend := FALSE
                        Kacheltabelle[sz].sr := NIL
                        END
                     ELSE BEGIN
                        Auslagerung_veranlassen;
                        Kacheltabelle[sz].in_Transport := TRUE;
                        Kacheltabelle[sz].sr&.modifiziert := FALSE
                        END
                  END
         ELSE
            Platz_vorhanden := TRUE;
UNTIL Platz_gefunden OR Zahl_überprüfter_Kacheln = m;
IF Platz_gefunden
   THEN BEGIN
      Kachelnummer := sz;
      Status := 1;
      END
```

```
ELSE
    IF Platz_vorhanden
        THEN BEGIN
            Kachelnummer := -1;
            Status := 0;
        END
    ELSE BEGIN
        Kachelnummer := -1;
        Status := -1;
    END
END;
```

Bei Terminierung eines Prozesses wird in der Kacheltabelle bei allen durch ihn belegten Kacheln die Komponente *sr* mit *NIL* besetzt.

Deaktivierungen erfolgen, wenn

1. ein Prozeß seit seiner letzten Aktivierung ein bestimmtes Quantum an CPU-Zeit verbraucht hat oder

2. bei einem vollen Umlauf des Suchzeigers keine zur Einlagerung geeignete Kachel gefunden werden konnte.

Simulationen haben ergeben, daß ein gutes Gesamtverhalten erzielt wird, wenn im zweiten Fall der Prozeß deaktiviert wird, dem die wenigsten Kacheln zugeordnet sind. Ähnlich gutes Verhalten wird erreicht, wenn man den jeweils zuletzt aktivierten Prozeß deaktiviert oder den, der seit seiner letzten Aktivierung die wenigste CPU-Zeit verbraucht hat.

Aktivierungen erfolgen, wenn nach Abzug der Summe der von aktiven Prozessen belegten Kacheln noch wenigstens so viele Kacheln vorhanden sind, wie dem zu aktivierenden Prozeß bei seiner letzten Deaktivierung zugeordnet waren.

Bei Aktivierungen ist noch zu berücksichtigen, daß Prozesse nach einer Aktivierung eine Anlaufphase mit hoher Einlagerungsrate besitzen, während der sie nicht deaktiviert werden sollten. Die Untersuchungen von Carr und Hennessy haben gezeigt, daß es bei Verwendung nur eines Hintergrundspeichers für die Speicherung ausgelagerter Seiten, zweckmäßig ist, während der Anlaufphase eines Prozesses keine weiteren zu aktivieren.

Die Dauer der Anlaufphase ist zwar sehr schwer zu bestimmen, es hat sich aber als ausreichend erwiesen, dafür eine feste virtuelle Zeitspanne vorzusehen, die so gewählt wird, daß die Mehrzahl der Prozesse ihre Anlaufphase in dieser Zeit beendet. Außerdem wird die Anlaufphase als abgeschlossen betrachtet, wenn der Prozeß eine Ein- oder Ausgabe anstößt, da er sonst bis zur Beendigung der Ein-/Ausgabeoperation nicht deaktiviert werden könnte.

5 Dateien und Dateiverwaltung

5.1 Der Dateibegriff

Ein wichtiger und häufig auftretender Fall in der Datenverarbeitung ist die langfristige Speicherung sehr umfangreicher Datenmengen, zu deren Komponenten über ihre Bezeichnung zugegriffen wird, jedoch im zeitlichen Mittel nur selten. Solche Daten wird man vorzugsweise auf Speichermedien hinterlegen, die Direktzugriff erlauben, aber wesentlich billiger sind als Arbeitsspeicher, auch wenn dadurch der Zugriff zu ihnen verlangsamt wird. Derzeit werden für die Speicherung solcher Daten vorwiegend Plattenspeicher verwendet.

Das Betriebssystem sollte derart gespeicherte Daten dem Benutzer in einer Art zugänglich machen, die sich in die bisherigen Konzepte einfügt. Die Verarbeitung sollte sich bis auf die Zugriffsgeschwindigkeit nicht wesentlich von der Bearbeitung von Daten, die im Arbeitsspeicher hinterlegt sind, unterscheiden.

Da die Übertragung mehrerer, am Externspeicher adreßmäßig aufeinanderfolgender Speicherworte zwischen Arbeitsspeicher und Externspeicher bei diesen Datenträgern wesentlich schneller erfolgt als die Summe der Dauern bei Einzeltransfer, muß an der Betriebssystemschnittstelle die Möglichkeit bestehen, mehrere Daten zu einer größeren Einheit zusammenzufassen. Diese Einheiten werden als *Sätze* bezeichnet. Der Satz hat für die Gliederung eines am Externspeicher gelagerten Datensegmentes dieselbe Bedeutung wie der Begriff des Speicherwortes bei Segmenten, die im Arbeitsspeicher liegen.

Die Adressierung der Daten muß sich demnach im Benutzerprogramm auf Sätze beziehen. Wegen der Speicherverwaltungsprobleme sollte sie losgelöst sein von der physikalischen Adressierung des Externspeichers. Dies macht im Betriebssystem eine Umsetzung der im Programm verwendeten *Satzidentifikatoren* in physikalische Adressen unabdingbar. Die Satzidentifikatoren werden auch als *Satzschlüssel* bezeichnet. Wenn schon eine Umsetzung durch das Betriebssystem stattfinden muß, so wird man versuchen, die Wahl der Satzschlüssel nicht bereits fest im Betriebssystem zu verankern, sondern sie in weitem Umfang durch den Programmierer festlegen zu lassen.

Als Beispiel kann man an eine Speicherung von Personaldaten denken, wobei sich die Sätze aus den einer Person zugeordneten Einzeldaten zusammensetzen und als Satzschlüssel die Personennamen (Eindeutigkeit vorausgesetzt) gewählt werden. Der Wertevorrat einer *Datei* läßt sich dann auffassen als die Menge aller Abbildungen der Schlüsselmenge (Menge aller Personennamen) in den Wertevorrat der Sätze.

In PASCAL-ähnlicher Notation läßt sich der Wertevorrat einer Datei beschreiben durch

ARRAY[Schlüsseltyp] OF Satztyp .

5.2   Dateiorganisation

Bei der Realisierung von Dateien entstehen am Externspeicher die gleichen Verschnittprobleme wie sie in Abschnitt 4.2 für den Arbeitsspeicher untersucht wurden. Als einfachste Lösungsmöglichkeit bietet es sich analog zu Abschnitt 4.4 an, den Externspeicher in Kacheln gleicher Länge zu unterteilen und den Inhalt einer Datei nach aufsteigenden Schlüsseln sortiert in einer linear verketteten Liste von Kacheln abzulegen. Dieses Verfahren besitzt zwar den Vorteil, einfach implementierbar zu sein, ist aber praktisch nur dann anwendbar, wenn die Dateibearbeitung die Sätze stets nach aufsteigenden Schlüsseln, d. h. sequentiell abarbeitet.

Schwieriger wird die Situation, wenn ein Direktzugriff erforderlich ist, worunter man versteht, daß die Benutzerschnittstelle etwa so spezifizierbar ist:

MODULE Datei(Schlüsseltyp: TYPE; Satztyp: TYPE);

DECLARATIONS

Inhalt: ARRAY[Schlüsseltyp] OF Satztyp;

OPERATIONS

lesen(Schlüssel: Schlüsseltyp) → Satz: Satztyp;

EFFECTS

Satz = 'Inhalt[Schlüssel];

schreiben(Schlüssel: Schlüsseltyp; Satz: Satztyp);

EFFECTS

Inhalt[Schlüssel] = Satz;

END_MODULE

Im wesentlichen sind die gängigen Vorgehensweisen zur Realisierung von Dateien mit Direktzugriff von zwei Besonderheiten bestimmt:

1. Häufig ist die Schlüsselmenge sehr viel größer als die Menge derjenigen Schlüssel, unter denen wirklich ein Satz abgelegt wurde, d. h. es handelt sich um eine partielle Abbildung der Schlüsselmenge in den Wertevorrat der Sätze.

2. Bei Dateien mit einer großen Zahl von Sätzen müssen Adreßumsetzungstabellen ebenfalls am Externspeicher abgelegt werden.

Punkt 1 führt dazu, daß es unwirtschaftlich wäre, von vornherein für jeden möglichen

Schlüssel am Externspeicher Platz zu reservieren. Um Punkt 2 Rechnung zu tragen, liegt es nahe, nur die Schlüssel in die Adreßumsetzungstabelle aufzunehmen, denen tatsächlich ein Satz zugeordnet ist. Dies führt dazu, daß die Tabelle dynamisch erweiterbar sein muß. Würde man neue Einträge jeweils am Ende der Tabelle anfügen, müßte bei der Adreßumsetzung ein erheblicher Suchaufwand mit entsprechender Transferzahl geleistet werden. Die darzustellende Organisationsform hat zum Ziel, diesen Suchaufwand zu reduzieren.

Die realisierten Verfahren basieren auf zwei Grundgedanken:

1. In geordneten Mengen kann der Aufwand für Suchvorgänge deutlich reduziert werden, wenn die Elemente baumartig gespeichert sind und alle vom i-ten Unterknoten eines Knotens aus erreichbaren Schlüssel kleiner sind als die vom $(i + 1)$-ten Unterknoten aus erreichbaren.

2. Die Zahl der Einträge in der Umsetzungstabelle kann reduziert werden, wenn größere Intervalle der Schlüsselmenge in Sektoren mit fortlaufenden Sektornummern gespeichert werden. Eine Vergrößerung der Intervalle führt einerseits zu einer Verringerung des Tabellenplatzes, andererseits wird dadurch der Verschnitt am Externspeicher erhöht, so daß nach einem geeigneten Kompromiß gesucht werden muß. Im weiteren wird eine Lösungsmöglichkeit spezifiziert die auf der Idee der B^+-Bäume [Come 79] beruht.

Man geht dabei von der Vorstellung aus, daß die Schlüsselmenge linear geordnet ist und die Sätze nach aufsteigenden Schlüsseln gespeichert sind. Diese Folge wird in Abschnitte einer bestimmten maximalen Länge unterteilt und jeder Abschnitt wird in einem *Datenblock* gespeichert, wobei ein Eintrag jeweils aus einem Schlüssel und dem zugeordneten Satz besteht. Aus noch zu erläuternden Gründen wird die tatsächliche Größe der einzelnen Abschnitte so gewählt, daß sie die Datenblöcke im allgemeinen nur teilweise ausfüllen. Das Auffinden eines Satzes über seinen Schlüssel erfolgt mit Hilfe eines hierarchischen Inhaltsverzeichnisses. Die unterste Ebene des Inhaltsverzeichnisses enthält nach aufsteigenden Schlüsseln sortiert zu jedem Datenblock den höchsten Schlüssel und einen Verweis auf den Datenblock. Diese Folge von Paaren aus Schlüssel und Verweis auf einen Datenblock wird wiederum in Abschnitte einer gegebenen maximalen Länge unterteilt und die Abschnitte werden in *Indexblöcken* gespeichert. Für die nächst höhere Ebene des Inhaltsverzeichnisses wird jeweils die darunter liegende nach dem gleichen Muster behandelt. Die Erzeugung höherer Ebenen wird so weit fortgeführt, daß die Einträge der höchsten Ebene in einem einzigen Indexblock untergebracht werden können, der als Wurzel des Inhaltsverzeichnisses bezeichnet wird. Damit entsteht eine Struktur wie sie an einem Beispiel in Bild 5.1 unter Verwendung der ganzen Zahlen von 0 bis 99 als Schlüssel dargestellt ist. In dem Bild wird davon ausgegangen, daß die vertikal gezeichneten Datenblöcke maximal vier Paare bestehend aus

Schlüssel und Satz aufnehmen können und die horizontal gezeichneten Indexblöcke je vier Paare bestehend aus Schlüssel und Verweis auf einen Index- oder Datenblock. Bei den Einträgen der Datenblöcken ist nur der Schlüssel angegeben, da der Satzinhalt für den Adressierungsvorgang unerheblich ist. Bei den Einträgen der Indexblöcke ist der Verweis auf einen anderen Block durch einen entsprechenden Pfeil angedeutet. Die Suche nach einem bestimmten Schlüssel geht so vor sich, daß in der Wurzel des Inhaltsverzeichnisses der erste Schlüssel, der größer oder gleich dem gewünschten ist, gesucht wird. Verweist dieser Eintrag auf einen weiteren Knoten des Inhaltsverzeichnisses, so wird dieser dem gleichen Suchverfahren unterworfen und der Vorgang solange wiederholt, bis ein Verweis auf einen Datenblock gefunden wird. Dieser Datenblock muß dann den gewünschten Satz enthalten, falls er schon definiert (eingetragen) wurde.

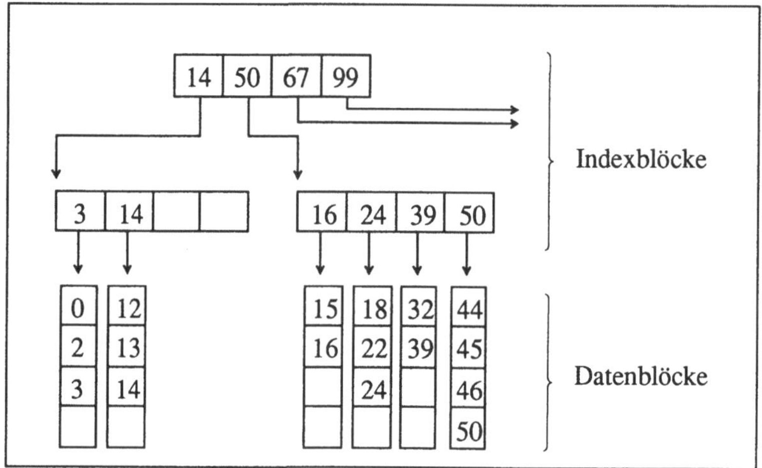

Bild 5.1 Beispiel eines B$^+$-Baums

Besondere Aufmerksamkeit verdient der Vorgang des Einfügens eines Satzes unter einem bislang nicht eingetragenen Schlüssel. Es wird dabei von der Wurzel des Inhaltsverzeichnisses ausgehend der Block ermittelt, in dem der Satz, falls vorhanden, zu finden wäre. Kann der betreffende Datenblock noch einen Eintrag aufnehmen, so wird der neue Satz mitsamt Schlüssel entsprechend einsortiert. Damit dies in der überwiegenden Zahl der Fälle zutrifft, werden wie oben erwähnt die Blöcke nicht voll belegt. Ist ein Einfügen nicht möglich, werden die in dem Datenblock enthaltenen Einträge zusammen mit dem neuen möglichst gleichmäßig auf den bisherigen und einen neuen Datenblock verteilt. Dieser Vorgang wird als Splitten bezeichnet. Die unterste Ebene des Inhaltsverzeichnisses muß entsprechend modifiziert werden, d. h. es muß in dem übergeordneten

Knoten des Inhaltsverzeichnisses ein zusätzlicher Eintrag erfolgen und eventuell der Eintrag modifiziert werden, der auf den alten Datenblock verweist. Dieser Vorgang erfolgt analog zu dem vorangehenden mit eventuellem Splitten eines Indexblocks und führt möglicherweise dazu, daß die nächst höhere Ebene des Inhaltsverzeichnisses ebenfalls ergänzt werden muß. Schlimmstenfalls zieht sich der Splitvorgang bis zur Wurzel hoch, so daß eine neue Wurzel geschaffen werden muß. In Bild 5.2 ist die Struktur dargestellt, die sich auf diese Weise ergibt, wenn in die in Bild 5.1 dargestellte Datei ein Satz mit Schlüssel 43 aufgenommen wird. Es führt dies zu einem Splitten des Datenblocks, in dem der Schlüssel 43 liegen müßte, und zur Splittung sämtlicher Indexblöcke, die auf dem Pfad von der Wurzel des Inhaltsverzeichnisses zu diesem Datenblock liegen.

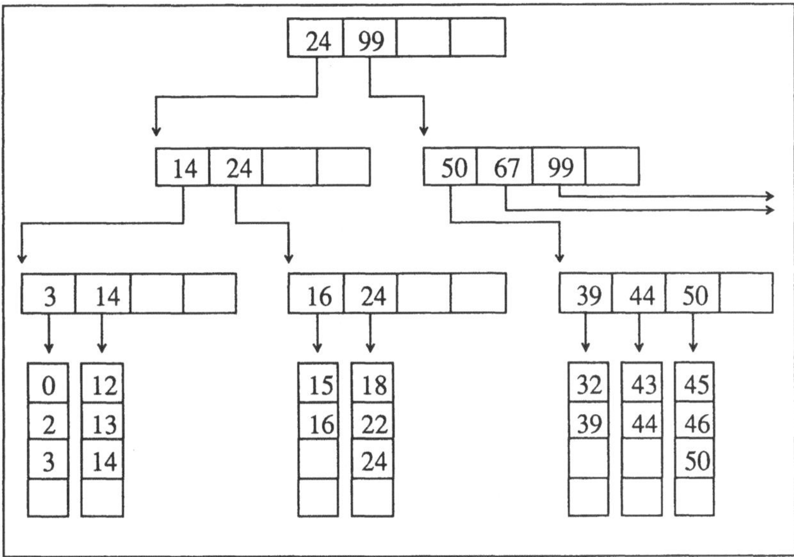

Bild 5.2 Endzustand nach Einfügen des Schlüssels 43 in den Baum von
Bild 5.1

Algorithmen die diese Idee implementieren findet man z. B. in [Baye 72] und [Wirt 75].

Die nachfolgend dargestellte Spezifikation geht einen anderen Weg als die üblichen algorithmischen Darstellungen, der aus folgenden Gründen gewählt wurde:

1. Zahlreiche, realisierte Organisationsformen können als Spezialisierung der zu entwickelnden Spezifikation aufgefaßt werden.

2. Diese Dateiorganisation eignet sich hervorragend als Beispiel für eine den Vorstellungen von Abschnitt 1 folgende Modularisierung.

3. Bei Mehrprogrammbetrieb arbeiten unter Umständen mehrere Programme mit der gleichen Datei. Wegen der durch die Ein- und Auslagerung von Index- und Datenblöcken benötigten Wartezeiten ist es dann unzweckmäßig, jeweils eine Lese- oder Schreibanforderung vollständig abzuarbeiten, bevor die nächste in Angriff genommen wird. Eine zeitlich verzahnte Bearbeitung mehrerer Anforderungen setzt aber wegen des Splittens besondere Koordinierungsmaßnahmen voraus. Diese Dateiorganisation liefert deshalb ein gutes Beispiel für die Spezifikation von Koordinierungsmaßnahmen.

4. Die Spezifikation soll die Möglichkeit offen lassen, eine Datei auf mehrere Rechensysteme zu verteilen, worauf die genannten Literaturstellen nicht eingehen.

Zur Vereinfachung wird vorausgesetzt, daß bei der Erzeugung einer Datei die Struktur so angelegt wird, als ob für den größten Schlüssel bereits ein Eintrag erfolgt sei.

Es sei noch angemerkt, daß eine Fassung für Monoprozessoren, die keine oder nur wenige Systemprozesse benötigt, leicht mit den in Abschnitt 2.5 dargelegten Überlegungen aus nachstehender Spezifikation abgeleitet werden kann. Durch einfache Optimierungen kann die Effizienz der üblichen Algorithmen erreicht werden.

Läßt man zunächst das Splitting außer acht, so hat die Aufgabenstellung sehr starke Ähnlichkeit mit dem in Abschnitt 1.3 erläuterten Paketverteiler. Den Paketen entsprechen hier die Lese-/Schreibanforderungen, die an den zuständigen Datenblock weiterzuleiten sind. Erschwerend wirkt sich aus, daß der Pfad durch das Inhaltsverzeichnis nicht von vornherein festliegt und wegen Punkt 3 Überholvorgänge möglich sein sollen. Beibehalten werden sollen jedoch die grundsätzlichen strukturellen Überlegungen, d. h. jeder Index- und Datenblock wird durch eine eigene Instanz implementiert, um Parallelverarbeitung zu ermöglichen. Das Verhalten einer Lese-/Schreibanforderung mit als Parameter übergebenem Suchschlüssel kann wie folgt beschrieben werden:

1. Als *aktueller Indexblock* wird die Wurzel gewählt.

2. Im aktuellen Block wird der Eintrag mit dem kleinsten Schlüssel gesucht, der größer oder gleich dem Suchschlüssel ist. Aktueller Block wird der, den der zugehörige Verweis identifiziert.

3. Ist der aktuelle Block ein Indexblock, so wird mit Schritt 2 fortgefahren. Andernfalls ist der einschlägige Datenblock gefunden.

In PASCAL ähnlicher Notation:

lesen(Schlüssel: Schlüsseltyp) → Satz: Satztyp;

```
    BEGIN
        aktueller_Block := Wurzel_des_Inhaltsverzeichnisses;
        WHILE aktueller_Block ∈ &Indexblock DO
            aktueller_Block&.lesen(Schlüssel) → aktueller_Block;
```

```
        aktueller_Block&.lesen(Schlüssel) → Satz
    END


schreiben(Schlüssel: Schlüsseltyp; Satz: Satztyp);
    BEGIN
        aktueller_Block := Wurzel_des_Inhaltsverzeichnisses;
        WHILE aktueller_Block ∈ &Indexblock DO
            aktueller_Block&.schreiben(Schlüssel) → aktueller_Block;
        aktueller_Block&.schreiben(Schlüssel, Satz)
    END
```

Dieses Ablaufschema soll auch dann beibehalten werden, wenn Mehrprogrammbetrieb
und Splitting zugelassen sind. Damit wird die Aufgabe der Koordinierung und der Um-
konstruktion der Baumstruktur an die Module Index- und Datenblock verwiesen.

Als Koordinierungsverfahren wird die dritte der in [Baye 77] beschriebenen Methoden
verwendet. Ihre Motivation soll kurz erläutert werden.

Offensichtlich bedürfen Leseanforderungen untereinander keiner besonderen Koordinierung.

Schreibanforderungen bereiten deshalb Schwierigkeiten, weil die Suchvorgänge von
der Wurzel zu den Datenblöcken laufen, während sich Splitvorgänge in der umgekehr-
ten Richtung fortpflanzen und damit Zwischenergebnisse eines Suchvorgangs ungültig
machen können. Um dies auszuschließen, werden bereits während des Suchvorgangs
die auf dem Suchpfad liegenden Indexblöcke in der Reihenfolge ihres Aufsuchens gegen Suchvorgänge weiterer Schreibaufrufe gesperrt. Diese Sperrung ist erforderlich für
den Teil des Suchpfades, der möglicherweise von einem Splitvorgang betroffen ist. Daher können bei Erreichen eines nicht voll belegten Indexblocks bis dorthin erfolgte
Sperren sofort wieder aufgehoben werden.

Für die Koordinierung zwischen Lese- und Schreibanforderungen wird die Tatsache genutzt, daß sie bis zum Beginn der Modifikation eines Datenblocks zeitlich verzahnt bearbeitet werden können. Der durch eine Schreibanforderung gesperrte Pfad muß allerdings unmittelbar vor Beginn einer Splittung auch gegenüber Suchvorgängen von Leseanforderungen gesperrt werden. Der Splitvorgang kann beginnen, sobald sich keine
Leseanforderungen mehr auf dem gesperrten Pfad befinden. Um dies zu erreichen wird
bei einer Schreibanforderung, sobald ein Datenblock erreicht ist, der gesperrte Pfad zu-
rückverfolgt und der Anfangsblock auch gegen Leseanforderungen gesperrt. Es wird
dann abgewartet bis keine Suchvorgänge für Leseanforderungen mehr Verweise auf den

Nachfolgeblock in dem zu sperrenden Pfad besitzen, was mit Sicherheit nach endlicher Zeit eintritt. Dann wird der Nachfolger ebenfalls gegen Leseanforderungen gesperrt und mit diesem das Verfahren wiederholt, bis der zu modifizierende Datenblock wieder erreicht ist. Es können dann die Splittungen durchgeführt und mit ihrem Abschluß die Sperren aufgehoben werden.

Zur Durchführung dieser Vorstellungen sind in den Datenstrukturen der Module an Variablen und Operationen vorgesehen:

Leser:
Es wird gezählt, wieviele Leseanforderungen zur Zeit durch Ausführung der Operation *lesen* Information aus diesem Modul besitzen und noch nicht durch *l_abmelden* mitgeteilt haben, daß sie nicht mehr benötigt wird.

Schreibstatus:
Der Zustand *vorgemerkt* charakterisiert, daß dieses Modul gegen Suchvorgänge weiterer Schreibanforderungen gesperrt ist. Der Zustand *schreibend* zeigt an, daß er auch gegen neue Suchvorgänge für Leseanforderungen gesperrt ist. Ist beides nicht der Fall, so besitzt diese Variable den Wert *frei*.

Vorgänger, Nachfolger:
Diese Variablen dienen der Vorwärts- bzw. Rückwärtsverkettung gesperrter Pfade. Die Sperre gegen weitere Schreibanforderungen erfolgt durch die Operationen *schreiben*, die Rückwärtsverfolgung eines auch gegen Leseanforderungen zu sperrenden Pfades durch *s_belegen* und die Sperrung gegen Lese- und Schreibanforderungen durch *s_belegen* bzw. *s_zuordnen*.

Inhalt:
Es handelt sich um ein Feld, das die Einträge der Instanz enthält. In Indexblöcke werden maximal *imax* Einträge aufgenommen und in Datenblöcke maximal *dmax*. Die Spezifikation setzt voraus, daß *imax* und *dmax* geradzahlig sind. Die Einträge sind fortlaufend ab Index 1 gespeichert und nach aufsteigenden Schlüsseln sortiert.

Die Einfügung eines Eintrags wird durch eine Operation *einfügen* vorgenommen. Zur Vereinfachung des Splitvorgangs ist noch eine Operation *eintragen* vorgesehen, deren Verwendung voraussetzt, daß die Instanz mit Sicherheit den Eintrag noch aufnehmen kann, ohne daß sie gesplittet werden muß.

Länge:
Diese Variable gibt an, wieviele Einträge in *Inhalt* gespeichert sind.

Operation:
Da der verwendeten Spezifikationsmethode die Idee des *remote procedure call* (Abschnitt 1.2.1) zugrunde liegt, würden z. B. bei der Rückverfolgung der Pfade tiefe Auf-

rufschachtelungen entstehen, was sich negativ auf die mögliche Parallelität in der Verarbeitung auswirkt. Deshalb nehmen diese Operationen im wesentlichen nur den Auftrag entgegen, während die weitere Bearbeitung durch modulinterne, zyklische Prozesse erfolgt. Aus Gründen der Übersichtlichkeit ist jeder Operation - soweit es erforderlich ist - ein eigener Prozeß zugeordnet.

Die modulinterne Kommunikation zwischen solchen Operationen und ihren zugeordneten Prozessen erfolgt über die Variable Operation, die signalisiert, ob der zugeordnete Prozeß einen Durchlauf machen soll.

neuer_Schlüssel, neue_Adresse:
Die beiden Variablen dienen zur Informationsweitergabe an modulinterne Prozesse bei Operationen, die Aufträge zur Aufnahme neuer Einträge entgegennehmen.

neuer_Indexblock, neuer_Datenblock, Wurzelersatz:
Bei Splitvorgängen enthält *neuer_Indexblock* bzw. *neuer_Datenblock* einen Verweis auf einen neu geschaffenen Index- bzw. Datenblock. Muß die Wurzel gesplittet werden, so wird ein zweiter neuer Indexblock benötigt, auf den die Variable *Wurzelersatz* verweist.

Für Implementierungen können die modulinternen Prozesse mit den Methoden des Abschnitts 2.5 zusammengefaßt werden.

Umfangreich sind lediglich der Prozeß *Prozeß_einfügen* für Indexblöcke und der Prozeß *Prozeß_schreiben* für Datenblöcke, die die Aufnahme eines neuen Eintrags mit eventuellem Splitten vornehmen.

Das Zusammenspiel der Prozesse *Prozeß_abmelden*, *Prozeß_belegen*, *Prozeß_zuordnen* und *Prozeß_schreiben*, um die notwendige Koordinierung bei Schreibaufrufen zu erreichen, ist in Bild 5.3 veranschaulicht. In der Graphik sind Operationen bzw. Prozesse durch einen Polygonzug dargestellt, dessen Abarbeitungsrichtung durch einen Pfeil angedeutet ist. Beschriftet sind sie mit dem jeweiligen Operations- bzw. Prozeßnamen. Aktivitäten ohne NBL-Prädikat sind mit einer durchgezogenen Linie angedeutet, Aktivitäten mit NBL-Prädikat durch |⎯| . Einflüsse, die dazu führen, daß ein NBL-Prädikat den Wert *true* annimmt, sind durch ⟶ dargestellt. Der Pfeil geht von der Aktivität aus, die die Erfüllung des Prädikats bewirkt, die Pfeilspitze zeigt auf die Aktivität mit dem beeinflußten NBL-Prädikat. Zur Erhöhung der Übersichtlichkeit ist in den Prozessen *Prozeß_zuordnen* das Zusammenwirken mit den Operationen *lesen* und *l_abmelden* nicht eingezeichnet. Deren Wirkung besteht darin, daß sie die Prozesse *Prozeß_zuordnen* blockieren, bis kein Leseaufruf mehr Verweise auf den jeweiligen Index- bzw. Datenblock besitzt.

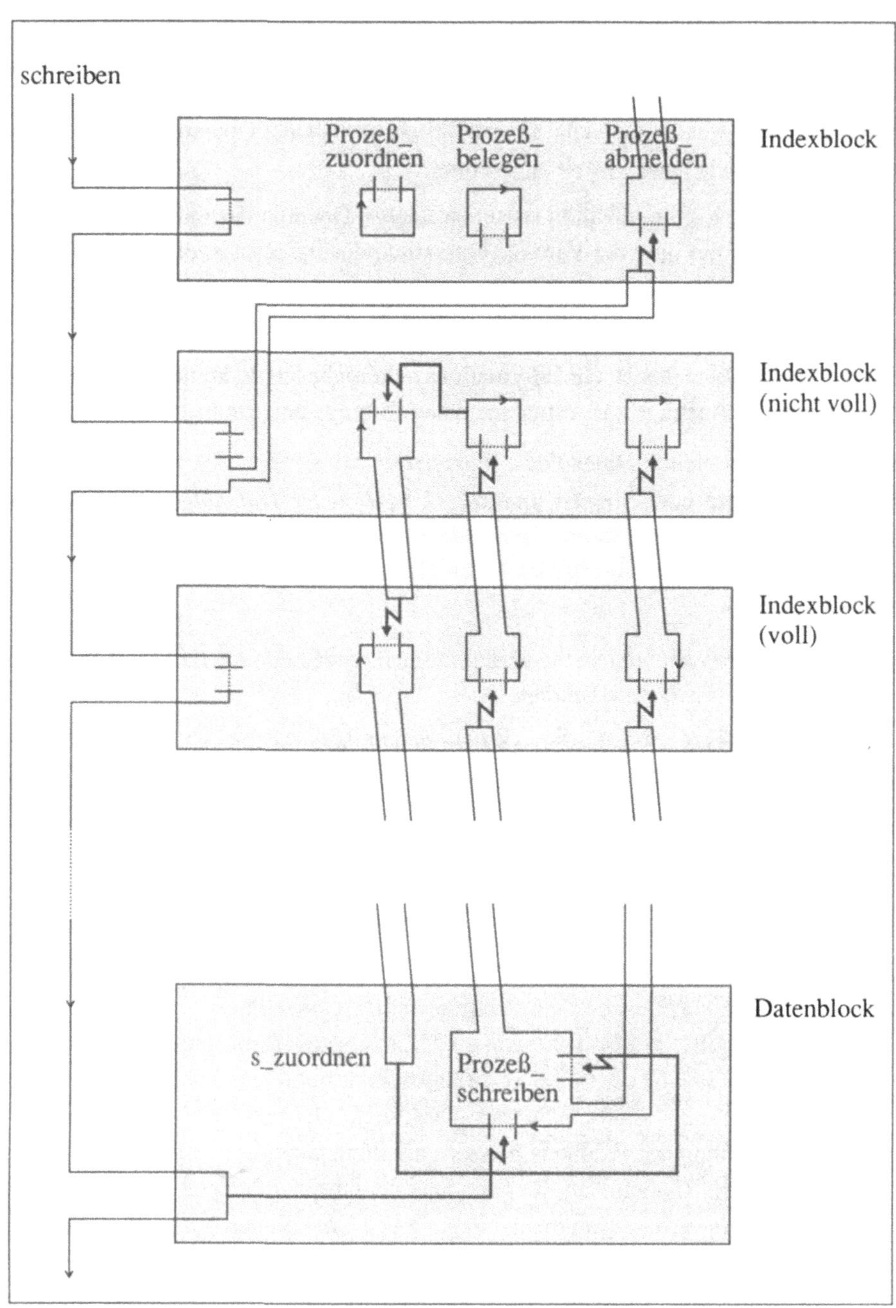

Bild 5.3 Koordinierung bei Schreibaufrufen in B$^+$-Bäumen

In den nachfolgenden Effektbeschreibungen steht *index*(*x*) für die Funktion, die das größte *i* mit '*Inhalt*[*i*].*Schlüssel* ≤ *x* bestimmt.

MODULE Indexblock;

    TYPES Adreßtyp = &Indexblock ∪ &Datenblock;

DECLARATIONS

    Inhalt   : ARRAY[1 .. imax + 1] OF

        /* Da während eines Einfügevorgangs, der zu einer Splittung führt, zeitweise *imax* + 1 Einträge zu betrachten sind, wird der Einfachheit wegen in jeder Instanz Platz für *imax* + 1 Einträge vorgesehen. */

                      RECORD   Schlüssel   : Schlüsseltyp;
                                      Adresse   : Adreßtyp
                    END;

Vorgänger	: &Indexblock;
Nachfolger	: Adreßtyp;
neuer_Schlüssel	: Schlüsseltyp;
neue_Adresse	: Adreßtyp;
neuer_Indexblock	: &Indexblock;
Wurzelersatz	: &Indexblock;
Leser	: INTEGER;
Schreibstatus	: (frei, vorgemerkt, schreibend);
Operation	: SET OF (op_abmelden, op_belegen, op_zuordnen, op_einfügen);
Länge	: (0 .. imax + 1);

INITIALLY

    Vorgänger = NIL AND Leser = 0 AND Schreibstatus = frei AND Operation = ∅ AND Länge = 0

OPERATIONS

    Vorgänger_ändern(Vater: &Indexblock);

      EFFECTS

        Vorgänger = Vater;

    lesen(Schlüssel: Schlüsseltyp) → Blockadresse: Adreßtyp;

      /* Wird während des Suchvorgangs durch Leseanforderungen aufgerufen */

      NBL

        'Schreibstatus ≠ schreibend;

EFFECTS

Blockadresse = 'Inhalt[Index(Schlüssel)].Adresse
AND Leser = 'Leser + 1;

EFFECTS

'Vorgänger ≠ NIL
/* d. h. der Indexblock ist nicht die Wurzel des Baumes */
IMPL 'Vorgänger&.l_abmelden;

l_abmelden;
/* Teilt mit, daß der durch die Operation *lesen* zurückgelieferte Verweis
nicht mehr benötigt wird. */
EFFECTS

Leser = 'Leser - 1;

schreiben(Schlüssel: Schlüsseltyp) → Blockadresse: Adreßtyp;
/* Wird während des Suchvorganges bei Schreibanforderungen aufgeru-
fen. */
NBL

'Schreibstatus = frei;
EFFECTS

Blockadresse = 'Inhalt[Index(Schlüssel)].Adresse
AND Nachfolger = 'Inhalt[Index(Schlüssel)].Adresse
AND Schreibstatus = vorgemerkt;

EFFECTS

'Länge < imax AND Vorgänger ≠ NIL
/* d. h. bisherige Sperren können wieder aufgehoben werden, da dieser Block sicher nicht gesplittet werden muß. */
IMPL 'Vorgänger&.s_abmelden;

eintragen(Schlüssel: Schlüsseltyp; Adresse: Adreßtyp);
/* Es wird ein den Parametern entsprechender Eintrag vorgenommen */
PRE

Länge < imax;
EFFECTS

FOR_ALL j(Index(Schlüssel) ≤ j ≤ 'Länge
              IMPL   Inhalt[j + 1] = 'Inhalt[j])
AND Inhalt[Index(Schlüssel) = (Schlüssel, Adresse)
AND Länge = 'Länge + 1
AND Adresse&.Vorgänger_ändern(&MYSELF);

s_abmelden;

/* *Schreibstatus* wird auf *frei* gesetzt und die Freigabe des übergeordneten Knotens wird veranlaßt, sofern er existiert. */

EFFECTS

Schreibstatus = frei

AND ('Länge = imax

IMPL Operation = 'Operation $\cup$ {op_abmelden});

s_belegen;

/* Rückwärtsverfolgung eines nur gegen Schreibanforderungen gesperrten Pfades. Wenn der Anfang erreicht ist, dann auch gegen Leseanforderungen sperren. */

EFFECTS

IF 'Länge = imax AND Vorgängern $\neq$ NIL

THEN Operation = 'Operation $\cup$ {op_belegen}

ELSE (Operation = 'Operation $\cup$ {op_zuordnen}

AND Schreibstatus = schreibend);

s_zuordnen;

/* Auch gegen Leseanforderungen sperren und das gleiche beim Nachfolgeknoten veranlassen */

EFFECTS

Operation = 'Operation $\cup$ {op_zuordnen}

AND Schreibstatus = schreibend;

einfügen(Schlüssel: Schlüsseltyp; Adresse: Adreßtyp);

/* Einfügen eines Eintrags und gegebenenfalls Splitten veranlassen. */

EFFECTS

neuer_Schlüssel = Schlüssel

AND neue_Adresse = Adresse

AND Operation = 'Operation $\cup$ {op_einfügen};

Prozeß_belegen;

/* Der Operation *s_belegen* zugeordneter Prozeß. */

CYCLIC

NBL

op_belegen $\in$ 'Operation;

EFFECTS

Operation = 'Operation - {op_belegen}

AND Vorgänger&.s_belegen;

Prozeß_zuordnen;

/* Der Operation *s_zuordnen* zugeordneter Prozeß. */

CYCLIC

NBL

op_zuordnen $\in$ 'Operation AND 'Leser = 0;

EFFECTS

Operation = 'Operation - {op_zuordnen}

AND Nachfolger&.s_zuordnen;

Prozeß_abmelden;

/* Der Operation *s_abmelden* zugeordneter Prozeß. */

CYCLIC

NBL

op_abmelden $\in$ 'Operation;

EFFECTS

Operation = 'Operation - {op_abmelden}

AND ('Vorgänger $\neq$ NIL AND 'Länge = imax

IMPL 'Vorgänger&.s_abmelden);

Prozeß_einfügen;

/* Der Operation *einfügen* zugeordneter Prozeß. */

CYCLIC

NBL

op_einfügen $\in$ 'Operation;

EFFECTS

Inhalt[Index('neuer_Schlüssel)]

= ('neuer_Schlüssel, 'neue_Adresse)

AND FOR_ALL j

(Index('neuer_Schlüssel) $\leq$ j $\leq$ 'Länge

IMPL Inhalt[j + 1] = 'Inhalt[j])

AND Länge = 'Länge + 1;

/* Gegebenenfalls wird ein neuer Indexblock geschaffen. Es werden
die ersten *imax*/2 Einträge in den neuen Indexblock übertragen. Eine
Übertragung der zweiten Hälfte wäre zwar einfacher, hätte aber dafür im übergeordneten Indexblock mehr Änderungen zur Folge. */

EFFECTS

IF 'Länge $\leq$ imax

THEN neuer_Indexblock = NIL

```
ELSE (
    neuer_Indexblock = NEW(Indexblock)
    AND neuer_Indexblock&.
                    Vorgänger_ändern('Vorgänger)
    AND FOR_ALL j
            (1 ≤ j ≤ imax/2
                IMPL neuer_Indexblock&.eintragen
                                    ('Inhalt[j]))
    AND neuer_Schlüssel = 'Inhalt[imax/2].Schlüssel
    AND FOR_ALL j
            (1 ≤ j ≤ imax/2 + 1
                IMPL Inhalt[j] = 'Inhalt[j + imax/2] )
    AND Länge = imax/2 + 1 );
```

/* Falls ein neuer Indexblock angelegt wurde, wird eine entsprechende Modifikation des übergeordneten Indexblocks veranlaßt. */

```
EFFECTS
    ('neuer_Indexblock ≠ NIL IMPL
        IF 'Vorgänger ≠ NIL
            /* d. h. es handelt sich nicht um die Wurzel des Inhaltsverzeich-
            nisses. */
            THEN 'Vorgänger&.einfügen(  'neuer_Schlüssel,
                                    'neuer_Indexblock)
        ELSE (
            /* Splitten der Wurzel des Inhaltsverzeichnisses */
            Wurzelersatz = NEW(Indexblock)
            AND FOR_ALL j
                    (1 ≤ j ≤ 'Länge
                        IMPL Wurzelersatz&.eintragen
                                    ('Inhalt[j].Schlüssel,
                                    'Inhalt[j].Adresse) )
            AND Inhalt[1]
                    = ('neuer_Schlüssel, neuer_Indexblock)
            AND Inhalt[2]
                    = ('Inhalt[Länge.Schlüssel, Wurzelersatz)
            AND Länge = 2
            AND 'neuer_Indexblock&.Vorgänger_ändern
                                    (&MYSELF)
```

                                AND Wurzelersatz&.Vorgänger_ändern
                                                        (&MYSELF)))
                        AND Schreibstatus = frei
                        AND Operation = 'Operation - {op_einfügen};

END_MODULE

MODULE Datenblock;

DECLARATIONS

Inhalt   : ARRAY[1 .. dmax + 1] OF
                          /* Da während eines Einfügevorgangs, der zu einer Splittung führt, zeit-
                          weise *dmax* + 1 Einträge zu betrachten sind, wird der Einfachheit wegen in
                          jeder Instanz Platz für *dmax* + 1 Einträge vorgesehen. */
                                        RECORD   Schlüssel:Schlüsseltyp;
                                                  Satz   : Satztyp
                                        END;
Länge   : (0 .. dmax);
neuer_Schlüssel   : Schlüsseltyp;
neuer_Satz   : &Satztyp;
Operation   : SET OF (op_schreiben);
Vorgänger   : &Indexblock;
neuer_Datenblock : &Datenblock;
Leser   : INTEGER;
Schreibstatus   : (frei, vorgemerkt, schreibend);

INITIALLY

Länge = 0 AND Leser = 0 AND Operation = ∅
AND Schreibstatus = frei AND Vorgänger = NIL;

OPERATIONS

Vorgänger_ändern(Vater: &Indexblock);

EFFECTS
    Vorgänger = Vater;

lesen(Schlüssel: Schlüsseltyp) → Satz: &Satztyp;
    /* Wird während des Suchvorgangs durch Leseanforderungen aufgerufen
    */

NBL
    'Schreibstatus = schreibend;

EFFECTS
    IF 'Inhalt[Index(Schlüssel)].Schlüssel = Schlüssel
        THEN Satz& = 'Inhalt[Index(Schlüssel)].Satz
        ELSE Satz& = leerer_Satz;

EFFECTS
    Vorgänger&.l_abmelden;

schreiben(Schlüssel: Schlüsseltyp; Satz: &Satztyp);
    /* Wird während des Suchvorgangs bei Schreibanforderungen aufgerufen
    */

NBL
    'Schreibstatus = frei;
EFFECTS
    Operation = 'Operation $\cup$ {op_schreiben}
    AND neuer_Schlüssel = Schlüssel
    AND neuer_Satz = Satz
    AND Schreibstatus = vorgemerkt;

eintragen(Schlüssel: Schlüsseltyp: Satz: Satztyp);
    /* Es wird ein den Parametern entsprechender Eintrag vorgenommen. */
    PRE
        Länge < dmax;
    EFFECTS
        FOR_ALL j
            (Index(Schlüssel) $\leq$ j $\leq$ 'Länge
                IMPL Inhalt[j + 1] = 'Inhalt[j])
        AND Inhalt[Index(Schlüssel)] = (Schlüssel, Satz)
        AND Länge = 'Länge + 1;

s_zuordnen;
    /* Auch gegen Leseanforderungen sperren. */
    EFFECTS
        Schreibstatus = schreibend;

Prozeß_schreiben;
    /* Der Operation *schreiben* zugeordneter Prozeß, der das Eintragen und
    eventuelle Splitten vornimmt und dann die Sperren wieder aufhebt. */
    CYCLIC

NBL
    op_schreiben $\in$ 'Operation;

```
EFFECTS
    IF 'Länge < dmax
        THEN (  'Vorgänger&.s_abmelden
                    AND Schreibstatus = schreibend )
        ELSE 'Vorgänger&.s_belegen;

NBL
    'Schreibstatus = schreibend;
EFFECTS
    IF 'neuer_Schlüssel = 'Inhalt[Index('neuer_Schlüssel)].Schlüssel
        THEN (Inhalt[Index('neuer_Schlüssel)].Satz = 'neuer_Satz&
            AND ('Länge = dmax
                IMPL 'Vorgänger&.s_abmelden) )
        ELSE (   Inhalt[Index('neuer_Schlüssel)]
                        = ('neuer_Schlüssel, 'neuer_Satz&)
                AND FOR_ALL j
                        (Index('neuer_Schlüssel) ≤ j ≤ Länge
                            IMPL Inhalt[j + 1] = 'Inhalt[j])
                AND Länge = 'Länge + 1 );
```

/* Gegebenenfalls wird ein neuer Datenblock geschaffen. Es werden die
ersten *dmax*/2 Einträge in den neuen Datenblock übertragen. Eine Übertragung der zweiten Hälfte wäre zwar einfacher, hätte aber dafür im übergeordneten Indexblock mehr Änderungen zur Folge. */

```
EFFECTS
    IF 'Länge ≤ dmax
        THEN neuer_Datenblock = NIL
        ELSE (neuer_Datenblock = NEW(Datenblock)
            AND neuer_Datenblock&.Vorgänger_ändern('Vorgänger)
            AND FOR_ALL j(1 ≤ j ≤ dmax/2
                IMPL neuer_Datenblock&.eintragen('Inhalt[j]) )
            AND FOR_ALL j(1 ≤ j ≤ dmax/2 + 1
                IMPL Inhalt[j] = 'Inhalt[j + dmax/2] )
            AND neuer_Schlüssel = 'Inhalt[dmax/2].Schlüssel
            AND Länge = dmax/2 + 1 );
```

/* Falls ein neuer Datenblock angelegt wurde, wird eine entsprechende
Modifikation des übergeordneten Indexblocks veranlaßt. */

EFFECTS
    ('neuer_Datenblock $\neq$ NIL
        IMPL vorgänger&.einfügen('neuer_Schlüssel, 'neuer_Datenblock))
    AND Schreibstatus = frei
    AND Operation = 'Operation - {op_schreiben};

END_MODULE

Die spezifizierte Organisationsform hat die Eigenschaft, daß

1. der Pfad von der Wurzel des Inhaltsverzeichnisses zu den Datenblöcken für alle Datenblöcke gleich lang ist und daß

2. die Höhe des Baumes bei n Sätzen und $n \geq dmax/2$ nicht größer werden kann als $1 + \lceil log_{imax/2}((2n)/dmax) \rceil$.

Auch eine Operation zum Löschen von Einträgen, die so konstruiert ist, daß die beiden obigen Eigenschaften erhalten bleiben, kann ohne größere Schwierigkeiten realisiert werden. Für einen Überblick über die zahlreichen Varianten und über weiterführende Literatur sei auf [Come 79] verwiesen.

Für Implementierungen obiger Spezifikation ist es zweckmäßig, von der Vorstellung eines virtuellen Adreßraums auszugehen, wie er in Abschnitt 4.4 erläutert wurde. Für die Zwecke der Dateibearbeitung reicht es aus, wenn die Seiten-Kachel-Tabellen und die Adreßberechnung softwaremäßig im Betriebssystem realisiert werden, da Zugriffe zu Dateien generell über Betriebssystemaufrufe erfolgen und damit der Aufwand für die Umrechnung der virtuellen in die physikalische Adresse nicht ins Gewicht fällt. Die Kachelgröße, sowie die Werte *imax* und *dmax* wird man so wählen, daß jeweils ein Index- oder Datenblock gerade eine Kachel belegt. Verfügt das Betriebssystem für die Arbeitsspeicherverwaltung über *demand-paging* mit sehr großem virtuellem Adreßraum, so kann man Dateien durch geeignete Besetzung der Seitenkacheltabelle in den virtuellen Adreßraum legen. Die Ein- und Auslagerung der Index- und Datenblöcke kann dann im Rahmen des *demand-paging* abgewickelt werden und benötigt keine besonderen Mechanismen.

Aus der obigen Spezifikation lassen sich auch leicht Varianten ableiten, die zugunsten anderer Vorteile auf die Einhaltung der beiden erwähnten Eigenschaften von B^+-Bäumen verzichten. Ein Beispiel ist die Dateiorganisation unter UNIX. Sie arbeitet mit einer einzigen, im Betriebssystem verankerten Schlüsselmenge, nämlich den ganzen Zahlen von 0 bis zu einer betriebssystemspezifischen Obergrenze n. Der Satztyp ist identisch mit dem Standarddatentyp *Byte*. Da die Schlüsselmenge somit festliegt, kann auch von vornherein die Struktur eines vollständigen Inhaltsverzeichnisses festgelegt wer-

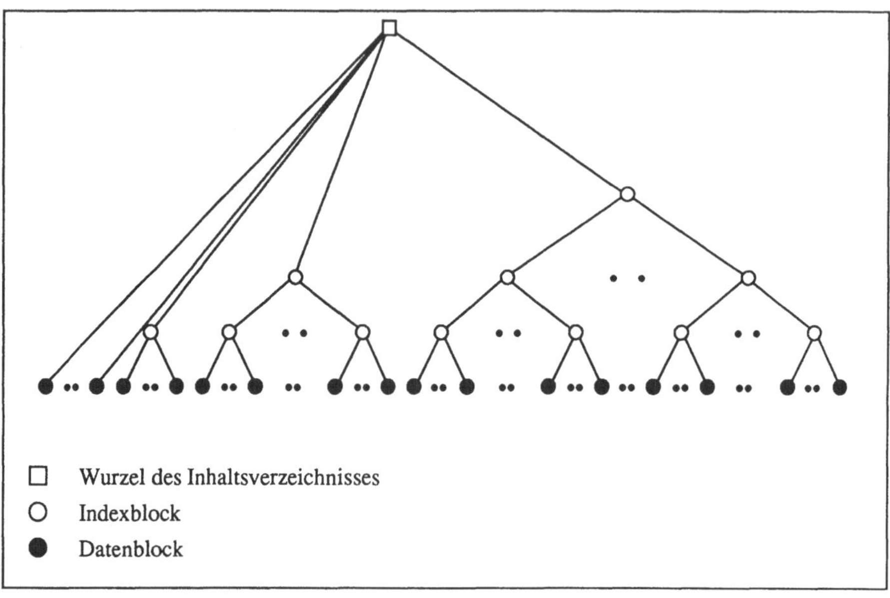

Bild 5.4 UNIX-Dateiorganisation

den. Sie variiert etwas zwischen den verschiedenen UNIX-Systemen, hat aber stets den in Bild 5.4 dargestellten prinzipiellen Aufbau.

Da sowohl die Schlüsselmenge als auch die Struktur des Inhaltsverzeichnisses unveränderlich sind, kann auf ein explizites Speichern von Schlüsseln verzichtet werden. In jedem Index- und Datenblock kann aus der Schlüsselangabe berechnet werden, der wievielte Eintrag die zugehörige Information (bei Indexblöcken den Verweis auf den nächsten Index- oder Datenblock, bei Datenblöcken auf das gewünschte Byte) enthält. Mit Ausnahme der Wurzel haben alle Index- und Datenblöcke die gleiche Länge von B Bytes. In den Indexblöcken belegt ein Eintrag 4 Bytes, d. h. es ist $imax = B/4$ und $dmax = B$. Typische Werte für B bei den verschiedenen UNIX-Systemen sind 512, 1024 und 2048.

Die Struktur von Bild 5.4 ist jeweils nur soweit aufgebaut, wie es auf Grund der vorangehenden Schreibanforderungen nötig ist. Der gesamte Speicherraum für Dateien wird als virtueller Speicher mit einem softwaremäßig durch UNIX realisierten *demand-paging* (vgl. Abschnitt 4.6) betrieben, als Grundmuster für die Auslagerungsstrategie wird *LRU* verwendet.

Ein anderes Beispiel ist die Darstellung markierter Bäume. Man löst sich dazu von der Forderung, daß die Schlüssel einer Ebene des Inhaltsverzeichnisses höchste Schlüssel der Blöcke in der nächst tieferen Ebene sind, und braucht dann nur bei den Indexblöcken die Verweise als Baumkanten aufzufassen und die Schlüssel als Kantenmarkierungen. Bei den Einträgen in den Datenblöcken betrachtet man die Sätze als Blätter und ihre Schlüssel als Markierung einer vom Datenblock zum jeweiligen Blatt führenden Kante.

5.3 Dateiverwaltung

Der Dateiverwaltung obliegt die Aufgabe, die Dateien als Ganzes zu verwalten. Sie setzt sich zusammen aus den Komponenten:

1. Zugriffsmethoden. Sie führen Lese- und Schreibanforderungen für Dateien auf Operationen zurück, die durch die Module der im Betriebssystem verankerten Dateiorganisationsformen (z. B. sequentiell und B^+-Baum) zur Verfügung gestellt werden. Welche Zugriffsmethode im Einzelfall zuständig ist, wird beim erstmaligen Anlegen einer Datei entschieden (z. B. anhand von Parametern der Operation zur Erzeugung von Dateien).

2. Dateimanagement. Es beinhaltet Dienste

a) zur Herstellung und Lösung der Verbindung zwischen benutzendem Prozeß und Datei (meist mit *open* und *close* bezeichnet),

b) zum Anlagen von Dateien (*create*) und

c) zur Tilgung von Dateien (*delete*).

3. Allgemeine organisatorische Dienste. Sie geben z. B. Auskunft über

a) den Zeitpunkt des Anlegens einer Datei,

b) den Zeitpunkt des letzten Zugriffs und

c) den Zeitpunkt der letzten Modifikation.

4. Datensicherung. Hierunter sind Maßnahmen zur Beschränkung der Zugangsmöglichkeiten zu verstehen sowie Maßnahmen, die nach dem Auftreten inkonsistenter Dateizustände (infolge von Hardware-, Software- oder Bedienungsfehlern) wieder einen definierten und konsistenten früheren Zustand herzustellen gestatten (Recovery). Dabei ist zuweilen erheblicher Aufwand erforderlich, um den durch Recovery verlorengehenden Arbeitsaufwand möglichst gering zu halten.

Die zur Lösung dieser Aufgaben benötigten Informationen (oder Hinweise darauf) werden in einem Dateideskriptor (Dateikennblock) zusammengefaßt. Zur Verwaltung der Dateideskriptoren kann die bereits besprochene Organisationsform herangezogen werden, was den Vorteil hat, daß einheitliche Algorithmen zur Dateiverwaltung und zur Bearbeitung von Dateien verwendet werden können. Als Schlüssel dienen die Dateibezeichnungen, als Sätze die Dateideskriptoren. Sollen Dateien unter mehreren, unterschiedlichen Bezeichnungen ansprechbar sein, so werden in den Datenblöcken nicht unmittelbar die Dateideskriptoren hinterlegt, sondern lediglich Verweise auf sie, d. h. es wird eine zusätzliche Indirektionsstufe eingefügt.

Bei der Namensgebung für Dateien ist noch zu berücksichtigen, daß sie möglichst wenig Absprachen zwischen den verschiedenen Benutzern einer Dateiverwaltung erfordern soll. Meist wird der Weg beschritten, daß die Namen aus Silben aufgebaut werden, die durch ein besonderes Zeichen (bei UNIX den Schrägstrich) getrennt sind. Anschaulich kann dann der Name als Pfadname in einem baumartig strukturierten Inhaltsverzeichnis angesehen werden (was natürlich nicht heißt, daß die Datenstrukturen der Implementierung in dieser Art aufgebaut sein müssen). Die i-te Silbe kann als Markierung eines Verweises der i-ten zur $(i + 1)$-ten Ebene (von der Wurzel aus gezählt) aufgefaßt werden. Diese Vorstellung ist unter der Bezeichnung *hierarchische Adreßbücher* bekannt.

Die notwendigen Absprachen für die Dateibenennung werden dadurch reduziert, daß jedem Benutzer ein Pfadname zugeteilt wird, der (implizit) allen von ihm angegebenen Dateinamen als Präfix vorangestellt wird.

Geht man, wie UNIX davon aus, daß dem Benutzer das genaue Präfix nicht bekannt zu sein braucht, dann ist es zweckmäßig, noch Möglichkeiten zur Kürzung des Präfixes vorzusehen.

Des weiteren sind Methoden in Gebrauch, die nicht mit einem einzigen Präfix arbeiten, sondern es anhand sogenannter *Kontextregeln* bestimmen. So ist es in UNIX üblich, eine geordnete Folge von Präfixen vorzusehen und als zuständiges, das erste zu wählen, das zu einer erfolgreichen Suche führt.

6 Betrieb der peripheren Geräte

Die peripheren Geräte weisen eine erhebliche Variationsbreite hinsichtlich ihrer Steuerung und der Übertragungswege auf. Es ist deshalb wünschenswert, den unmittelbaren Betrieb dieser Geräte in einer eigenen Komponente des Betriebssystems zusammenzufassen, die für die übrigen Teile eine vereinheitlichte Schnittstelle zur Verfügung stellt und von Details der technischen Realisierung zu abstrahieren gestattet. So wird in UNIX diese (betriebssysteminterne!) Schnittstelle für jedes Gerät durch fünf Operationen dargestellt, die in Abhängigkeit von den Eigenschaften des Gerätes unter Umständen nur teilweise verfügbar sind oder bei ihrem Aufruf lediglich zu einer Fehlermeldung führen. Zuweilen werden auch mehrere dieser Operationen durch eine Prozedur realisiert, wobei die gewünschte Operation durch einen Parameter charakterisiert wird.

1. *open.* Durch diese Operation wird eine Verbindung zwischen dem Gerät und dem Auftraggeber hergestellt. Je nach Gerätetyp kann diese Verbindung exklusiv sein oder nicht. Die Operation hat außerdem die Aufgabe, das Gerät in den erforderlichen Anfangszustand zu versetzen (z. B. durch Seitenvorschub bei einem Drucker).

2. *close.* Durch diesen Aufruf wird ein ordnungsgemäßer Abbau der bestehenden Verbindung vorgenommen (der z. B. die Ausgabe von Pufferinhalten erforderlich macht, wenn eine Ausgabe durch die Betriebssystemkomponente *Ein-/Ausgabe* gepuffert wird).

3. *read.* Diese Operation führt die Übertragung vom peripheren Gerät in einen (als Parameter) angegebenen Bereich des Arbeitsspeichers durch. Sie zeigt auch an, wieweit dieser Bereich durch die Übertragung tatsächlich beschrieben wurde.

4. *write.* Die Operation write überträgt einen angebbaren Bereich des Arbeitsspeichers zum peripheren Gerät.

5. *ioctl.* Diese Operation dient - soweit es das Gerät zuläßt - zur Feststellung und Modifikation des Gerätezustandes (z. B. der Übertragungsrate, des Zeilenabstandes und des Zeichensatzes bei Druckern).

Wegen der großen Vielfalt beim Anschluß und bei der Funktionsweise peripherer Geräte, lassen sich nur sehr wenige Aussagen zur Strukturierung der Betriebssystemkomponente machen, die diese Schnittstelle realisieren soll.

Die Teile des Betriebssystems, die die unmittelbare Steuerung der Geräte vornehmen und die vereinheitlichte Schnittstelle erzeugen, werden üblicherweise als (Geräte-)Treiber bezeichnet.

6.1   Klassifikation der Anschlußschemata

Die Kommunikation zwischen den peripheren Geräten und dem Zentralprozessor, die
einerseits die Beauftragung des Gerätes betrifft und andererseits die Meldung über die
Fertigstellung des Auftrags, kann - den Überlegungen in [Wett 78] folgend - für die Bedürfnisse der Betriebssystemstrukturierung grob in drei Klassen eingeteilt werden.

6.1.1   Anschlußschema 1: Integrierte Ausführung

Bei integrierter Ausführung besitzt der Zentralprozessor Spezialbefehle zur Anforderung von Dienstleistungen des Gerätes, deren Ausführung bereits durch die Hardware
als atomare Aktion erfolgt. Ihre Verwendung bedarf keiner besonderen Unterstützung
durch das Betriebssystem, da keinerlei Parallelarbeit zwischen Zentraleinheit und peri-
pherem Gerät möglich ist.

Bei Mehrprogrammbetrieb wird es im allgemeinen erforderlich sein, vom Betriebssystem her zu überwachen, welchen Prozessen wann die Ausführung derartiger Spezialbefehle gestattet wird. Dies ist jedoch als Aufgabe übergeordneter Betriebssystem-
schichten zu sehen und tangiert nicht direkt die Ein-/Ausgabe. Im Sinne der verwendeten Spezifikationsmethode sind Dienste eines Gerätes, die nach diesem Schema
verfügbar sind, als Prozeduren zu sehen, die durch einen Fernaufruf von anderen Modulen aus ansteuerbar sind, wobei nach Beendigung des Aufrufs der angeforderte Dienst
vollständig erledigt ist.

Dieses Schema wird in sehr starkem Maße in Mikrocomputern verwendet. Bei größeren
Rechensystemen wird das Schema häufig benutzt, um einfache Zustandsänderungen bei
den peripheren Geräten zu veranlassen. Ein typischer Fall ist die Übergabe von Parametern für komplexere Operationen wie z. B. die Vorgabe der Zylindernummer für einen
nachfolgenden Suchauftrag bei Plattenspeichern oder die Codeauswahl bei druckenden
Geräten.

6.1.2   Anschlußschema 2: Abgesetzte Ausführung

Bei abgesetzter Ausführung wird das Gerät durch spezielle Ein-/Ausgabebefehle gestar-
tet. Anschließend arbeiten Zentralprozessor und peripheres Gerät parallel. Der Gerätezustand kann von dem Zentralprozessor durch einen Spezialbefehl nach Anschlußschema 1 (z. B. *sense status*) abgefragt werden.

Da hier Parallelarbeit zwischen Benutzerprogramm und der Aktivität des peripheren
Gerätes möglich ist, muß das Betriebssystem die Überwachung des peripheren Gerätes
vornehmen. Eine Überprüfung auf Fertigstellung des Auftrags ist allerdings nur dann
durchführbar, wenn das Betriebssystem von einem Benutzerprogramm her angespro-

chen wird oder aus anderen Gründen eine Unterbrechung verursacht wurde (z. B. durch eine angeschlossene Uhr). Für diese Vorgehensweise hat sich die Bezeichnung *Polling* eingebürgert. Verwendung findet dieses Schema vor allem bei einfachen Rechensystemen, aber auch bei größeren Rechnern für Dienste, die innerhalb weniger Takte abwickelbar sind.

Nach diesem Schema angeschlossene Dienste eines peripheren Gerätes können in einer Spezifikation des Gerätes nach folgendem Muster beschrieben werden:

MODULE peripheres_Gerät;

DECLARATIONS

    Operation   : SET OF (op_1, op_2, ..., op_i, ..., op_n);

    . . .

OPERATIONS

    . . .

Dienst_i(...);
/* Veranlassung des i-ten Dienstes, den das periphere Gerät mit abgesetzter Ausführung bearbeitet. */

    PRE   op_i $\notin$ 'Operation;

    EFFECTS
        Operation = 'Operation $\cup$ {op_i}
        AND Übernahme_eventueller_Parameter;

    . . .

Status_abfragen $\rightarrow$ status: SET OF (op_1, ..., op_n, ...);

    EFFECTS
        status = 'Operation AND ...;

    . . .

Aktivität_i;
    /* Ausführen eine mit *Dienst_i* angeforderten Leistung */

    CYCLIC

    NBL op_i $\in$ 'Operation
    EFFECTS
        ausführen_des_Dienstes_i;

    . . .

```
    EFFECTS
        Operation = 'Operation - {op_i}

 . . .

END_MODULE
```

6.1.3   Anschlußschema 3: Selbständige Ausführung

Bei diesem Anschlußschema erfolgt die Beauftragung genauso wie bei abgesetzter Ausführung. Der Abschluß eines Auftrags löst im Zentralprozessor eine Unterbrechung aus. Sie wird von der Unterbrechungsbearbeitung des Betriebssystems umgewandelt in einen Aufruf einer bestimmten Operation der Instanz, die zum Betreiben des Gerätes dient. Das System kann also konzeptionell so spezifiziert werden, als ob das periphere Gerät zum Abschluß des angeforderten Dienstes eine Operation einer anderen Instanz aufruft. Dieses Anschlußschema ist sehr weit verbreitet, da es eine besonders gute Auslastung des Gerätes ermöglicht. Die Instanz zum Betrieb des Gerätes kann dann nämlich so gestaltet werden, daß sie eine Warteschlange von Aufträgen führt und unmittelbar nach Abschluß eines Auftrags den nächsten zur Ausführung bringt. Nach diesem Schema angeschlossene Dienste eines peripheren Gerätes können in einer Spezifikation des Gerätes nach folgendem Muster beschrieben werden:

MODULE peripheres_Gerät;

DECLARATIONS

    Operation: SET OF (op_1, op_2, ..., op_i, ..., op_n);

        Auftraggeber: &auftraggebendes_Modul;

            /* Diese Variable muß einen Verweis auf die beauftragende Instanz enthalten, die eine Operation *Dienst_i_abgeschlossen* zur Verfügung stellen muß. Diese wird nach Abschluß von *Dienst_i* durch das Gerätemodul aufgerufen. Die Initialisierung dieser Variablen wird im allgemeinen während des Anlaufs des Betriebssystems vorgenommen. */

        . . .;

OPERATIONS

    . . .

    Dienst_i(...);

        PRE $op\_i \notin$ 'Operation;

```
        EFFECTS
            Operation = 'Operation ∪ {op_i}
            AND Übernahme_eventueller_Parameter;

    ...

    Aktivität_i;

        CYCLIC

        NBL  op_i ∈ 'Operation
        EFFECTS
            ausführen_des_Dienstes_i;

        EFFECTS
            Auftraggeber&.Dienst_i_abgeschlossen
            AND Operation = 'Operation - {op_i};

    ...
END_MODULE
```

6.2   Beispiel mit Teilwegbelegung

Oft sind die Endgeräte (Plattenspeicher, Drucker, Sichtgeräte, usw.) nicht direkt an den Zentralprozessor angeschlossen, sondern sie sind zu mehreren an einer Steuereinheit zusammengefaßt, die sich dem Zentralprozessor gegenüber wie ein peripheres Gerät verhält. Soll das Endgerät angesprochen werden, so wird hierzu der Pfad vom Zentralprozessor über die Steuereinheit zum Endgerät benötigt. Bei Geräten mit hohen Übertragungsraten muß der gesamte Pfad für die Ausführung eines Transportes exklusiv belegt werden. In komplexeren Rechensystemen ist zwischen Zentralprozessor und Steuereinheit noch ein Kanal zwischengeschaltet, der sich dem Zentralprozessor gegenüber wiederum wie ein peripheres Gerät verhält. Da solche Systeme für manche Dienste nur Teile des Weges vom Zentralprozessor zum Endgerät benötigen, ist es zweckmäßig, die Wegebelegung so zu gestalten, daß nur der jeweils exklusiv benötigte Teil belegt wird. Eine solche Vorgehensweise wird als Teilwegbelegung bezeichnet.

Da die Steuereinheit für mehrere Geräte tätig ist und der Kanal für mehrere Steuereinheiten, sind Belegungen dann am weitesten vorbereitbar, wenn sie vom Endgerät her erfolgen.

Zur Veranschaulichung soll die Teilwegbelegung an einem Beispiel demonstriert werden. Die Darstellung lehnt sich eng an einen realisierten UNIX-Plattentreiber an.

Die Hardwaregegebenheiten sind in Bild 6.1 skizziert. In diesem Fall sind die Platten-

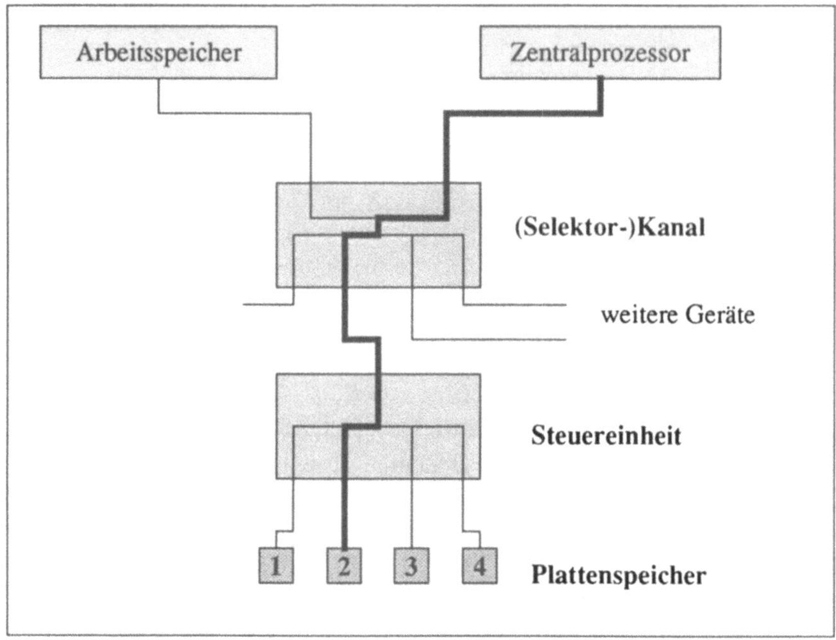

Bild 6.1 Dem Beispiel *Teilwegbelegung* zugrundeliegende Konfiguration.

speicher P_1 bis P_4 an eine gemeinsame Steuereinheit angeschlossen und diese an einen *Selektorkanal*, der seinerseits mit dem zentralen Prozessor und dem Arbeitsspeicher (über einen *direct memory access*) in Verbindung steht. Kanal, Steuereinheit und Plattenspeicher verhalten sich dem Zentralprozessor gegenüber wie periphere Geräte, deren Dienste nach verschiedenen der dargestellten Schemata angeschlossen sind. Der Kanal hat zwei Durchschaltemodi, nämlich

1. eine Durchschaltung der Befehlsleitung von dem Prozessor zur zuletzt angesprochenen Steuereinheit. Nur in diesem Modus können vom Zentralprozessor Befehle an eine Steuereinheit und an ihr angeschlossene Plattenspeicher abgegeben werden;

2. eine Durchschaltung der Verbindung zwischen Arbeitsspeicher und der zuletzt angesprochenen Steuereinheit. Dieser Modus ist erforderlich, wenn Daten zwischen einem von dieser Steuereinheit verwalteten Plattenspeicher und dem Arbeitsspeicher ausgetauscht werden sollen.

Die Modulklassen Kanal, Steuereinheit und Plattenspeicher beschreiben (bis auf die Behandlung von Fehlersituationen) das Verhalten der Hardware, soweit es für die Konzeption der Ein-/Ausgabesteuerung des Betriebssystems erforderlich ist. Der Wertevorrat Kanaloperation (Steuereinheitsoperation, Plattenspeicheroperation) beschreibt die

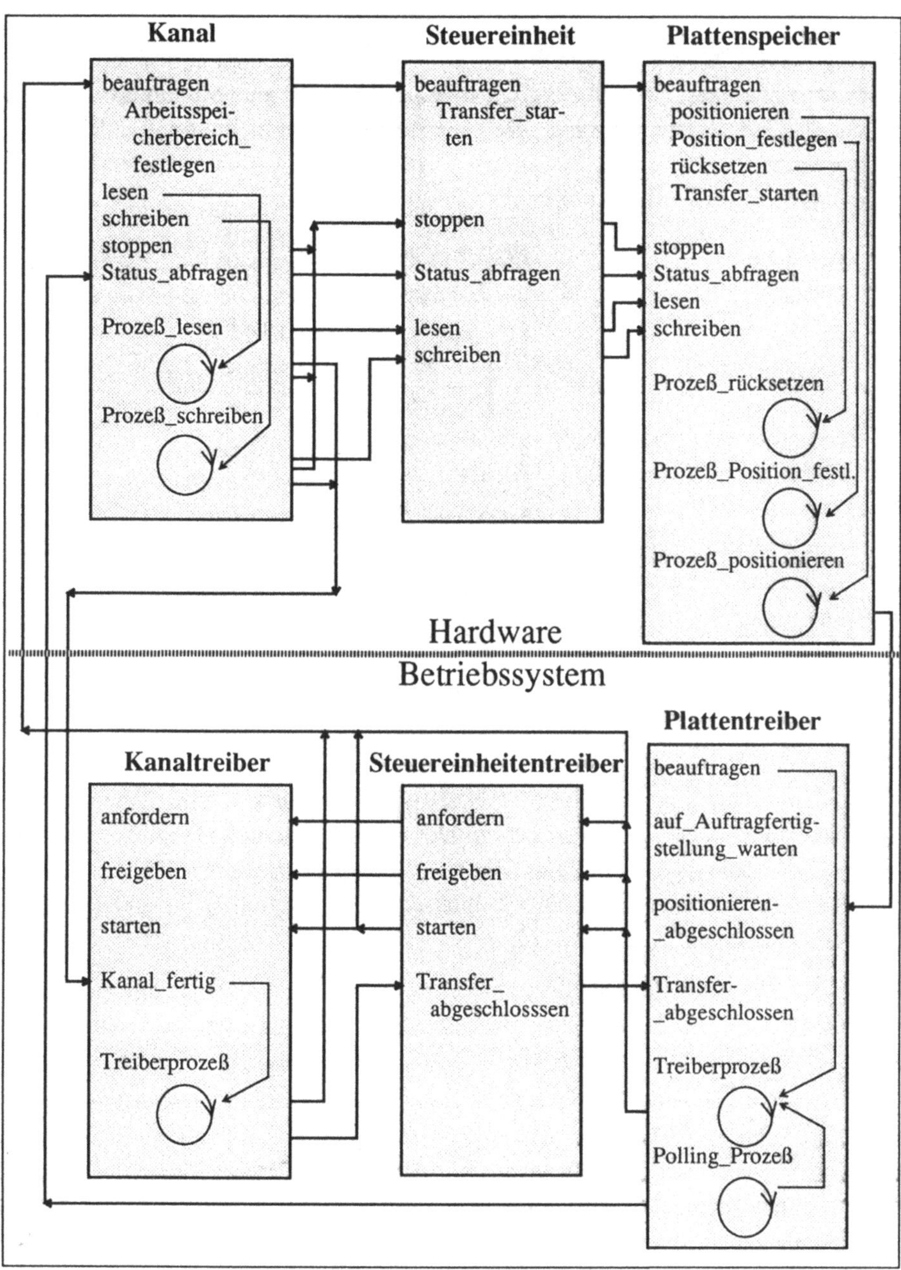

Bild 6.2 Klasssen, Operationen und Aktivitätsträger für das Beispiel *Teilwegbelegung*

durch den Zentralprozessor anstoßbaren Operationen des Kanals (der Steuereinheit, des Plattenspeichers). Nicht näher spezifiziert ist der Arbeitsspeicher mit dem Vorgang des *direct memory access*. Es wird lediglich vorausgesetzt, daß eine Modulklasse *Arbeitsspeicher* die Operationen *lesen* und *schreiben* zur Verfügung stellt, die jeweils ein Byte transportieren.

TYPES

```
Adreßtyp                 = &Kanal ∪ &Steuereinheit ∪ &Plattenspeicher;
Diensttyp                = Kanaloperation ∪ Steuereinheitsoperation
                           ∪ Plattenspeicheroperation;
Kanaloperation           = (stoppen, Arbeitsspeicherbereich_festlegen,
                           lesen, schreiben);
Steuereinheitsoperation  = (Transfer_starten);
Plattenspeicheroperation = (Position_festlegen, positionieren,
                           rücksetzen, Transfer_starten);
Parametertyp             = SEQUENCE OF INTEGER;
Zylindernummer           = (0 .. maximale_Zylindernummer);
Spurnummer               = (0 .. maximale_Spurnummer);
Sektornummer             = (0 .. maximale_Sektornummer);
Auftrag                  = RECORD
                              Operation: (lesen, schreiben);
                              ASP_Anfang: INTEGER;
                              ASP_Ende: INTEGER;
                              Zylinder: Zylindernummer;
                              Spur  : Spurnummer;
                              Sektor: Sektornummer;
                           END;
```

MODULE Kanal;

DECLARATIONS

```
Modus         : (transparent, aktiv);
ASP_a, ASP_e  : INTEGER;
Operation     : SET OF (op_lesen, op_schreiben);
Vorgänger     : &Arbeitsspeicher;
Nachfolger    : &Steuereinheit;
Treiber       : &Kanaltreiber;
```

INITIALLY

Modus = transparent AND Operation = $\emptyset$ AND ...
/* *Vorgänger* ist durch die Hardwareverbindungen festgelegt, *Treiber* durch die Unterbrechungsbearbeitung des Betriebssystems (vgl. Erläuterungen zum Anschlußschema 3). */

OPERATIONS

beauftragen(Ziel: Adreßtyp; Dienst: Diensttyp;
$\qquad\qquad\qquad\qquad$ **Parameter: Parametertyp);**

PRE
$\quad$ 'Modus = transparent
$\quad$ OR (Ziel = &MYSELF AND Dienst = stoppen);

EFFECTS
$\quad$ IF Ziel $\neq$ &MYSELF
$\qquad$ THEN Nachfolger = Verbindungsstruktur.Steuereinheit(Ziel);
$\qquad$ /* Die Klasse *Verbindungsstruktur*, die hier nicht formal spezifiziert wird, soll, wie in Abschnitt 1.3.3 die Klasse *System*, die Verbindungen zwischen den Hardwarekomponenten festlegen. Die Operation *Steuereinheit* einer Instanz dieser Klasse liefert zu einer Zielangabe, die eine Steuereinheit bezeichnet, den Identifikator der zuständigen Steuereinheiteninstanz. Kennzeichnet *Ziel* einen Plattenspeicher, so wird als Ergebnis der Identifikator der Instanz derjenigen Steuereinheit zurückgeliefert, an die der Plattenspeicher angeschlossen ist. */

EFFECTS
$\quad$ IF Ziel = &MYSELF
$\qquad$ THEN$\quad$ CASE Dienst OF
$\qquad\qquad$ Arbeitsspeicherbereich_festlegen:
$\qquad\qquad$ /* arbeitet nach Anschlußschema 1 */
$\qquad\qquad\quad$ ASP_a = Parameter.first()
$\qquad\qquad\quad$ AND ASP_e = Parameter.tail().first()

$\qquad\qquad$ lesen:
$\qquad\qquad$ /* arbeitet nach Anschlußschema 3 */
$\qquad\qquad\quad$ Operation = 'Operation $\cup$ {op_lesen}
$\qquad\qquad\quad$ AND Modus = aktiv

$\qquad\qquad$ schreiben:
$\qquad\qquad$ /* arbeitet nach Anschlußschema 3 */

$$\text{Operation = 'Operation} \cup \{\text{op\_schreiben}\}$$
$$\text{AND Modus = aktiv}$$

stoppen:
/* arbeitet nach Anschlußschema 1 */
'Nachfolger&.stoppen
AND Modus = transparent

END_CASE
ELSE 'Nachfolger&.beauftragen(Ziel, Dienst, Parameter);

Status_abfragen(Ziel: Adreßtyp) $\rightarrow$ Status: (frei, aktiv);

PRE
Modus = transparent OR Ziel = &MYSELF;

EFFECTS
IF Ziel = &MYSELF
THEN   IF 'Modus = aktiv
THEN Status = aktiv
ELSE Status = frei
ELSE Status = 'Nachfolger&.Status_abfragen (Ziel);

Prozeß_lesen;

CYCLIC

NBL
'Modus = aktiv AND op_lesen $\in$ 'Operation;
EFFECTS
IF 'ASP$_a$ $\leq$ 'ASP$_e$
THEN   Wert = 'Nachfolger&.lesen
AND 'Vorgänger&.schreiben(Wert)
/* realisiert durch direct memory access */
AND ASP$_a$ = 'ASP$_a$ + 1
ELSE   'Treiber&.Kanal_fertig
AND 'Nachfolger&.stoppen
AND Modus = transparent
AND Operation = 'Operation - {op_lesen};

Prozeß_schreiben;

CYCLIC

NBL
'Modus = aktiv AND op_schreiben $\in$ 'Operation;

EFFECTS
   IF $'ASP_a \leq 'ASP_e$
      THEN   Wert = 'Vorgänger&.lesen
                /* realisiert durch *direct memory access* */
                AND 'Nachfolger&.schreiben(Wert)
                AND $ASP_a = 'ASP_a + 1$
      ELSE   'Treiber&.Kanal_fertig
                AND 'Nachfolger&.stoppen
                AND Modus = transparent
                AND Operation = 'Operation - {op_schreiben};

END_MODULE

MODULE Steuereinheit;

  DECLARATIONS

    Modus   : (transparent, aktiv);
    Vorgänger : &Kanal;
    Nachfolger : &Plattenspeicher;

  INITIALLY

    Modus = transparent AND ...
      /* *Vorgänger* ist durch die Hardwareverbindungen festgelegt. */

  OPERATIONS

    beauftragen(Ziel: Adreßtyp; Dienst: Diensttyp;
                         Parameter: Parametertyp);

    PRE
      'Modus = transparent;

    EFFECTS
      IF Ziel $\neq$ &MYSELF THEN Nachfolger = Ziel;

    EFFECTS
      IF Ziel = &MYSELF
          THEN   CASE Dienst OF
                    Transfer_starten:
                      /* arbeitet nach Anschlußschema 1 */
                        Modus = aktiv
                  END_CASE
          ELSE   'Nachfolger&.beauftragen(Ziel, Dienst, Parameter);

stoppen;

  EFFECTS
    'Nachfolger&.stoppen AND Modus = transparent;

lesen → Wert: BYTE;

  PRE
    'Modus = aktiv;

  EFFECTS
    Wert = 'Nachfolger&.lesen;

schreiben(Wert: BYTE);

  PRE
    'Modus = aktiv;

  EFFECTS
    'Nachfolger&.schreiben(Wert);

Status_abfragen(Ziel: Adreßtyp) → Status: (frei, aktiv);

  PRE
    'Modus = transparent OR Ziel = &MYSELF;

  EFFECTS
    IF Ziel = &MYSELF
      THEN   IF 'Modus = aktiv
               THEN Status = aktiv
               ELSE Status = frei
      ELSE   Status = 'Nachfolger&.Status_abfragen;

END_MODULE

MODULE Plattenspeicher;

  DECLARATIONS

Modus	: (frei, aktiv);	
Operation	: SET OF	(op_Position_festlegen, op_positionieren, op_rücksetzen);
aktueller_Zylinder	: Zylindernummer;	
aktuelle_Spur	: Spurnummer;	
aktueller_Sektor	: Sektornummer;	
gewünschte_Position	: SEQUENCE OF INTEGER;	
Index	: INTEGER;	

Inhalt   : ARRAY[(maximale_Zylindernummer + 1)
                                                  * (maximale_Spurnummer + 1)
                                                  * (maximale_Sektornummer + 1)
                                                  * Sektorlänge]
                                              OF BYTE;
/* d. h. konzeptionell wird der Plattenspeicher als ein fortlaufend adressierter Speicher mit Direktzugriff aufgefaßt. */

Vorgänger   : &Steuereinheit;
Treiber   : &Plattenspeichertreiber;

INITIALLY

Modus = frei AND Operation = $\varnothing$ AND ...
/* *Vorgänger* ist durch die Hardwareverbindungen festgelegt, *Treiber*
durch die Unterbrechungsbearbeitung des Betriebssystems (vgl. Erläuterungen zum Anschlußschema 3). */

OPERATIONS

beauftragen(Ziel: Adreßtyp; Dienst: Diensttyp;
                                   Parameter: Parametertyp);

PRE
   'Modus = frei AND Ziel = &MYSELF;

EFFECTS
   CASE Dienst OF
      Position_festlegen:
      /* arbeitet nach Anschlußschema 2 */
         Operation = 'Operation $\cup$ {op_Position_festlegen}
         AND gewünschte_Position = Parameter
         AND Modus = aktiv

      positionieren:
      /* arbeitet nach Anschlußschema 3 */
         Operation = 'Operation $\cup$ {op_positionieren}
         AND Modus = aktiv

      rücksetzen:
      /* arbeitet nach Anschlußschema 2 */
         Operation = 'Operation $\cup$ {op_rücksetzen}
         AND Modus = aktiv

            Transfer_starten:
            /* arbeitet nach Anschlußschema 1 */
                Modus = aktiv
        END_CASE;

Status_abfragen → Status: (frei, aktiv);

   EFFECTS
      Status = 'Modus;

lesen → Wert: BYTE;

   PRE
      Modus = aktiv;

   EFFECTS
      Wert = 'Inhalt['Index] AND Index = 'Index + 1;

schreiben(Wert: BYTE);

   PRE
      Modus = aktiv;

   EFFECTS
      Inhalt['Index] = Wert AND Index = 'Index + 1;

stoppen;

   EFFECTS
      Modus = frei AND Operation = $\varnothing$;

Prozeß_Position_festlegen;

   CYCLIC

   NBL
      op_Position_festlegen $\in$ 'Operation;

   EFFECTS
      aktueller_Zylinder = 'gewünschte_Position.first()
      AND aktuelle_Spur = 'gewünschte_Position.tail().first()
      AND aktueller_Sektor = 'gewünschte_Position.tail().tail().first()
      AND Modus = frei
      AND Operation = 'Operation - {op_Position_festlegen};

Prozeß_rücksetzen;

 CYCLIC

 NBL

  op_rücksetzen $\in$ 'Operation;

 EFFECTS

  Modus = frei AND Operation = $\varnothing$;

Prozeß_positionieren;

 CYCLIC

 NBL

  op_positionieren $\in$ 'Operation;

 EFFECTS

  Index = ((('aktueller_Zylinder * (maximale_Spurnummer + 1)

       + aktuelle_Spur)

     * (maximale_Sektornummer + 1)

     + aktueller_Sektor)

    * Sektorlänge;

 EFFECTS

  'Treiber&.positionieren_abgeschlossen

  AND Operation = 'Operation - {op_positionieren}

  AND Modus = frei;

END_MODULE

Die Betriebssystemteile, die die Steuerung der so spezifizierten Hardware durchführen, werden durch die Module Plattentreiber, Steuereinheitentreiber und Kanaltreiber beschrieben. Die Beauftragung der Ein-/Ausgabe mit einem Lese- bzw. Schreibauftrag geschieht durch Aufruf der Operation *beauftragen* einer Instanz *Plattenspeichertreiber,* wobei als Parameter ein Verweis auf den Auftragsblock (Parameterblock) übergeben wird. Der Auftragsblock enthält die Festlegung eines Arbeitsspeicherbereichs, die Anfangsposition am Externspeicher und die Transferrichtung. Die Ausführung des Auftrags geschieht asynchron zu den weiteren Tätigkeiten des Auftraggebers. Zur Überprüfung, ob der Auftrag abgewickelt ist, dient die Operation *auf_Fertigstellung_warten.* Falls der Auftrag noch nicht abgewickelt ist, wird die Ausführung dieser Operation bis zu seiner Fertigstellung verzögert.

Das Zusammenwirken der Treibermodule bei der Abwicklung eines Leseauftrags ist in Bild 6.3 veranschaulicht. Typisch ist das Durchreichen der Anforderungen vom Platten-

über den Steuereinheiten- zum Kanaltreiber und die Fortpflanzung von Fertigmeldungen in umgekehrter Richtung. Für die in Bild 6.1 dargestellte Konfiguration enthält die Ein-/Ausgabekomponente des Betriebssystems vier Instanzen der Klasse *Plattentreiber* und je eine der Klassen *Steuereinheiten-* und *Kanaltreiber*. Die Zusammenschaltung der Hardware schlägt sich in der entsprechenden Vorbesetzung der Variablen *Vorgänger* nieder, die auf den Treiber des nächsten Gerätes auf dem Pfad zum Zentralprozessor verweist. Die Variable *Gerät* verweist jeweils auf die das Geräteverhalten beschreibende Instanz. Aufrufe an Operationen dieser Instanz sind in realen Rechensystemen durch spezielle Ein-/Ausgabebefehle des Zentralprozessors realisiert.

Der Steuereinheitentreiber enthält keinen modulinternen Prozeß, da die Steuereinheit nur Dienste nach Anschlußschema 1 zur Verfügung stellt.

MODUL Plattentreiber;

    DECLARATIONS

Vorgänger	: &Steuereinheitentreiber;
Gerät	: &Plattenspeicher;
Gerätezustand	: (frei, beauftragt, aktiv);
zuständiger_Kanal	: &Kanal;
Auftragswarteschlange	: SET OF &Auftrag;
aktiver_Auftrag	: &Auftrag;

    INITIALLY

Gerätezustand = frei
AND Auftragswarteschlange = $\emptyset$
AND Vorgänger = ...
AND Gerät = ...
AND zuständiger_Kanal = ...;

    OPERATIONS

    beauftragen(auszuführender_Auftrag: &Auftrag);

        EFFECTS

            Auftragswarteschlange
                = 'Auftragswarteschlange $\cup$ {auszuführender_Auftrag};

    auf_Auftragsfertigstellung_warten
                    (zu_überprüfender_Auftrag: &Auftrag);

        NBL
            zu_überprüfender_Auftrag $\notin$ 'Auftragswarteschlange;

EFFECTS
   TRUE;

positionieren_abgeschlossen;

EFFECTS
   Gerätezustand = frei;

Transfer_abgeschlossen;

EFFECTS
   Gerätezustand = frei;

Treiberprozeß;

CYCLIC

NBL
   Auftragswarteschlange $\neq \varnothing$;
EFFECTS
   aktiver_Auftrag $\in$ 'Auftragswarteschlange;

EFFECTS
   'Vorgänger&.anfordern(&MYSELF);

EFFECTS
   'zuständiger_Kanal&.beauftragen ('Gerät, rücksetzen, λ)
   AND Gerätezustand = aktiv;

NBL
   'Gerätezustand = frei;
EFFECTS
   'zuständiger_Kanal&.beauftragen
       ('Gerät, Position_festlegen,
       'aktiver_Auftrag&.Zylinder $\bullet$ 'aktiver_Auftrag&.Spur
         $\bullet$ 'aktiver_Auftrag&.Sektor)
   AND Gerätezustand = aktiv;

NBL
   'Gerätezustand = frei;
EFFECTS
   'zuständiger_Kanal&.beauftragen ('Gerät, positionieren, λ)
   AND Gerätezustand = beauftragt;

EFFECTS
   'Vorgänger&.freigeben;

```
NBL
    'Gerätezustand = frei;
EFFECTS
    'Vorgänger&.anfordern(&MYSELF);
EFFECTS
    'zuständiger_Kanal&.beauftragen('Gerät, Transfer_starten, λ)
    AND Gerätezustand = beauftragt;
EFFECTS
    'Vorgänger&.starten('aktiver_Auftrag);
NBL
    'Gerätezustand = frei;
EFFECTS
    Auftragswarteschlange = 'Auftragswarteschlange - 'aktiver_Auftrag;

Polling_Prozeß;

CYCLIC

NBL
    'Gerätezustand = aktiv;
EFFECTS
    Gerätezustand = 'zuständiger_Kanal&.Status_abfragen('Gerät);
END_MODULE


MODUL Steuereinheitentreiber;
DECLARATIONS

    Vorgänger         : &Kanaltreiber;
    Nachfolger        : &Plattentreiber;
    Gerät             : &Steuereinheit;
    Gerätezustand     : (frei, beauftragt, transferierend);
    zuständiger_Kanal : &Kanal;
INITIALLY

Gerätezustand = frei AND Vorgänger = ...
AND Gerät = ... AND zuständiger_Kanal = ...;
```

OPERATIONS

anfordern(Anforderer: &Plattentreiber);

NBL
'Gerätezustand = frei;
EFFECTS
'Vorgänger&.anfordern(&MYSELF)
AND Nachfolger = Anforderer
AND Gerätezustand = beauftragt;

freigeben;

EFFECTS
'Vorgänger&.freigeben
AND Gerätezustand = frei

starten(auszuführender_Auftrag: &Auftrag);

EFFECTS
'zuständiger_Kanal&.beauftragen('Gerät, Transfer_starten, λ);

EFFECTS
'Vorgänger&.starten (auszuführender_Auftrag);

Transfer_abgeschlossen;

EFFECTS
'Nachfolger&.Transfer_abgeschlossen
AND Gerätezustand = frei;

END_MODULE

MODUL Kanaltreiber;

DECLARATIONS

Nachfolger	: &Steuereinheitentreiber;
Gerät	: &Kanal;
Gerätezustand	: (frei, beauftragt, transferierend, Transfer_beendet);
aktiver_Auftrag	: &Auftrag;

INITIALLY

Gerätezustand = frei AND Gerät = ...;

OPERATIONS

  anfordern(Anforderer: &steuereinheitentreiber);

    NBL

      'Gerätezustand = frei;

    EFFECTS

      Gerätezustand = beauftragt AND Nachfolger = Anforderer;

  freigeben;

    EFFECTS

      Gerätezustand = frei;

  starten(auszuführender_Auftrag: &Auftrag);

    EFFECTS

      Gerätezustand = transferierend

      AND aktiver_Auftrag = auszuführender_Auftrag;

  Kanal_fertig;

    EFFECTS

      Gerätezustand = Transfer_beendet;

  Treiberprozeß;

    CYCLIC

    NBL

      'Gerätezustand = transferierend;

    EFFECTS

      'Gerät&.beauftragen

          ('Gerät,

          Arbeitsspeicherbereich_festlegen,

          'aktiver_Auftrag&.ASP_Anfang

              • 'aktiver_Auftrag&.ASP_Ende);

    EFFECTS

      'Gerät&.beauftragen(Gerät, 'aktiver_Auftrag&.Operation, λ);

    NBL

      'Gerätezustand = Transfer_beendet;

    EFFECTS

      'Nachfolger&.Transfer_abgeschlossen AND Gerätezustand = frei;

END_MODULE

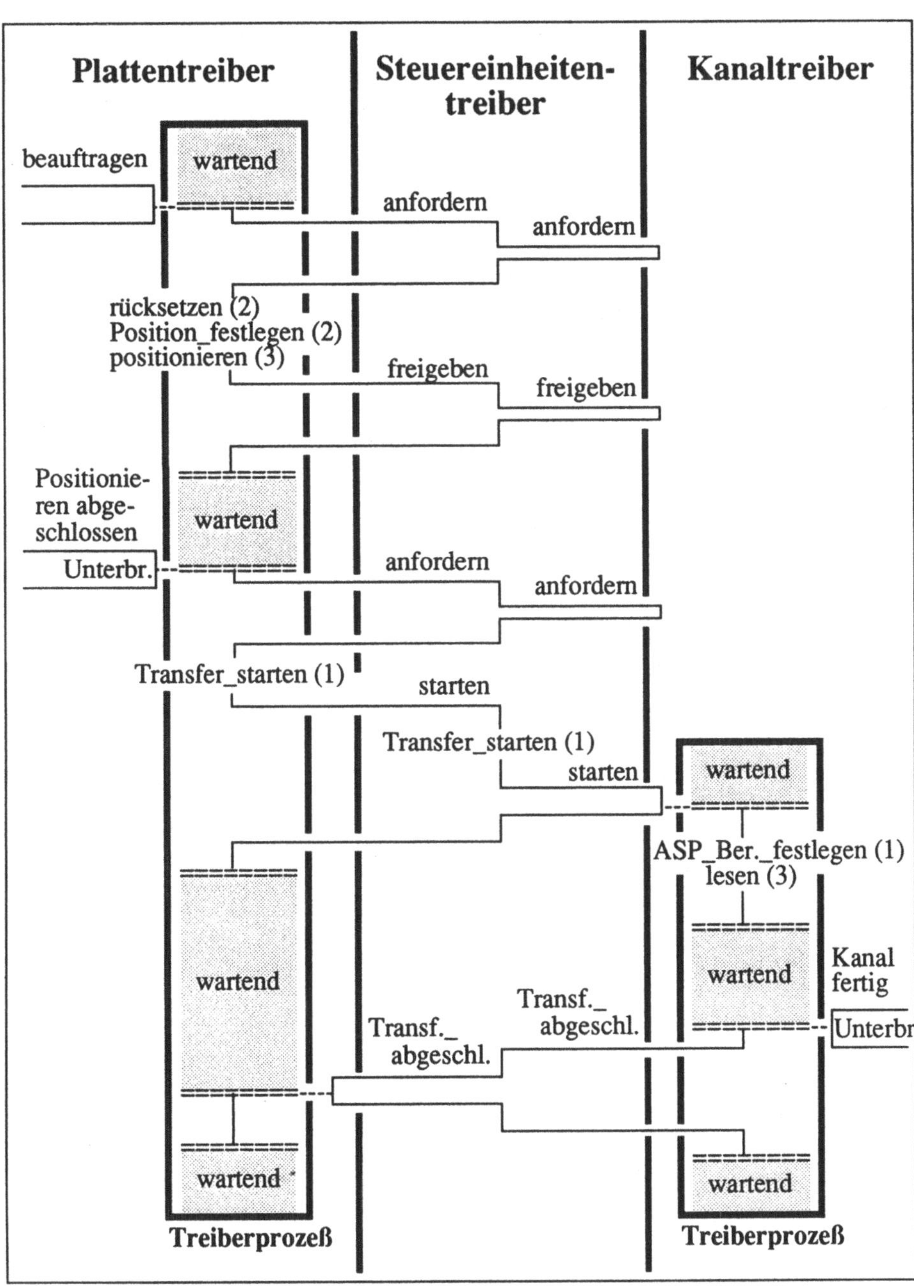

Bild 6.3 Kontrollfluß zwischen den Treibern bei Abarbeitung einer Leseanforderung (Erläuterungen zur Symbolik siehe Seite 242)

Die Spezifikation ist für eine vollständige Beschreibung noch zu ergänzen um:

1. Angaben über Auswahlstrategien bei mehrfach aufgerufenen Operationen. Der dieser Darstellung zugrunde liegende UNIX-Treiber bearbeitet die Aufrufe

a) *Kanaltreiber.anfordern* nach *FCFS* und

b) *Steuereinheitentreiber.anfordern* nach *RR*.

Der Plattentreiber trifft die Auswahl aus der Auftragswarteschlange nach *SCAN*.

2. Mechanismen zur Fehlerbehandlung bei

a) falscher Benutzung einer Operation (d. h. Aufruf bei nichterfüllter PRE-Bedingung),

b) Lese- oder Schreibfehlern und

c) Übertragungsfehlern.

Zur formalen Spezifikation der unter Punkt 1 erwähnten Strategien sei auf [Mack 83] verwiesen.

Erläuterungen zu Bild 6.3:

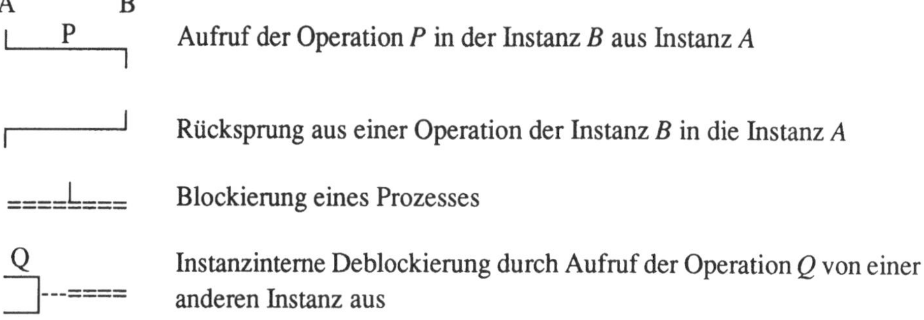

A   B
Aufruf der Operation *P* in der Instanz *B* aus Instanz *A*

Rücksprung aus einer Operation der Instanz *B* in die Instanz *A*

Blockierung eines Prozesses

Instanzinterne Deblockierung durch Aufruf der Operation *Q* von einer anderen Instanz aus

6.3   Geräteverwaltung

Zur Vereinheitlichung der Benutzerschnittstelle werden die Geräte im Rahmen der Dateiverwaltung wie Dateien mit eventuell eingeschränkter Funktionalität behandelt. Die Dateideskriptoren, die Geräte beschreiben, sind speziell gekennzeichnet und geben Auskunft darüber, um welches Gerät es sich handelt, wie die Ansteuerung des zugehörigen Gerätetreibers erfolgt und welche Zugriffsmöglichkeiten bestehen (z. B. nur schreiben bei druckenden Geräten).

Fragen des gegenseitigen Ausschlusses werden im Rahmen der *open*- und *close*-Operationen in einer von den Fähigkeiten des Gerätes abhängigen Weise behandelt. Ebenso können Maßnahmen zur Vermeidung von Verklemmungen hier angesiedelt werden.

Man erreicht so, daß Programme weitgehend unabhängig davon formuliert werden können, ob sie ihre Daten von einem Eingabegerät oder aus einer Datei beziehen und ob die Ausgabedaten an ein Gerät oder in eine Datei geleitet werden sollen.

Für eine detailliertere Darstellung einer Realisierung dieser Vorstellungen sei auf [Ritc 79] verwiesen, wo die Behandlung der Ein-/Ausgabegeräte in UNIX beschrieben ist.

7 Datensicherheit (security)

7.1 Erläuterung der Fragestellung

Der Einsatz elektronischer Rechenanlagen zur Informationsverarbeitung bringt zwei gravierende Probleme mit sich:

1. Die Verarbeitung personenbezogener Daten, wie sie z. B. in Personalkarteien oder Krankenblättern enthalten sind, eröffnet zahlreiche Möglichkeiten des Mißbrauchs und ist im allgemeinen für den Betroffenen undurchsichtig und nicht kontrollierbar.

2. Der Verlust oder die unbeabsichtigte Veränderung von gespeicherten Informationen, wie etwa der Verlust der Buchhaltungsdaten einer Firma, kann für ihren Besitzer schwerwiegende Folgen haben.

Seit längerem bemüht sich deshalb die Forschung darum, geeignete Mechanismen zur Beherrschung dieser Probleme zu entwickeln und zu realisieren.

Bei beiden Problemkreisen ist es eine zentrale Aufgabe, den Zugriff zu gespeicherten Daten und den Spielraum für ihre Manipulation strengen Kontrollen zu unterwerfen mit dem Ziel, die gewünschte Sicherheit der Daten zu erreichen. In der Literatur werden alle diese Maßnahmen unter dem Stichwort *Datensicherheit* zusammengefaßt. Man unterscheidet hierbei zwischen *externen* Maßnahmen, die die Sicherung der Rechenanlage und der Datenträger als physische Objekte betreffen und *internen* Maßnahmen, die sich auf das Ablaufgeschehen in der Rechenanlage selbst beziehen. Während sich die externen Maßnahmen nicht wesentlich von denen unterscheiden, die sonst auch zur Sicherung von Anlagen benutzt werden, wie etwa der von Banktresoren oder Juweliergeschäften, sind die internen Maßnahmen spezifisch für Rechenanlagen und sollen im weiteren näher betrachtet werden. Hinsichtlich der externen Maßnahmen einschließlich des Problems der Identifizierung von Benutzern sei auf [Weck 84] verwiesen.

Maßnahmen zur internen Datensicherung werden durch Beschränkung und Überwachung der Bindung von (Daten-)Objekten an Subjekte (Prozeduren, Prozesse) und durch Eingrenzung des Handlungsspielraums von Subjekten realisiert.

Das folgende Beispiel soll die Fragestellungen etwas erläutern, wobei es hier nicht darauf ankommen soll, wie sinnvoll die gestellten Sicherheitsanforderungen sind. Für Überlegungen zu Betriebssystemen ist ausschließlich die Frage relevant, wie die Anforderungen formuliert werden und mit welchen Maßnahmen ihre Einhaltung erzwungen werden kann. Es sei noch einmal ausdrücklich darauf hingewiesen, daß für das Betriebssystem ein Benutzer durch ein von ihm aktiviertes Programm repräsentiert wird und es genau genommen nur um die Zugriffs- und Bearbeitungsmöglichkeiten dieses Programmes geht. Es wird als ein gesondertes Problem betrachtet, denjenigen eindeutig zu identifizieren, der das Programm aktiviert hat. Letzteres muß weitgehend externen Kontrollen überlassen bleiben.

Angenommen ein Unternehmen möchte über seine Mitarbeiter Daten, die aus organisatorischen Gründen häufig benötigt werden, in einem Rechensystem verwalten. Die für eine Person zu speichernden Daten seien Name, Abteilung, Personalnummer sowie Gehalts- oder Lohngruppe. Diese Angaben machen den sogenannten Personaldatensatz aus. Das gesamte Personalverwaltungssystem soll unter der Verantwortung und Kontrolle des Leiters des Personalbüros stehen, der dem Datensicherungssystem gegenüber als Besitzer der Daten und der sie bearbeitenden Prozeduren gilt. Der Sachbearbeiter für leitende Angestellte soll bezüglich der Daten der Angestellten und Arbeiter die gleichen Möglichkeiten besitzen wie der Leiter des Personalbüros, bei den leitenden Angestellten soll er dagegen nur Personalnummer und Gehaltsgruppe in Erfahrung bringen können, was für die Gehaltsabrechnung völlig ausreicht. Der Sachbearbeiter für Angestellte und Arbeiter soll lediglich für diese Gruppen Personalnummer und Gehalts- bzw. Lohngruppe ermitteln können. Schließlich soll die Poststelle in der Lage sein, zur Personalnummer Name und Abteilung zu bestimmen, damit sie die Gehaltsabrechnung zustellen kann.

Eine naheliegende Vorgehensweise zur Erzielung der gewünschten Zugriffsbeschränkungen zeigt Bild 7.1. Es werden dabei die Daten der leitenden Angestellten, der Angestellten und der Arbeiter zu je einer Personaldatei zusammengefaßt. Im Sinne der vorangehenden Ausführungen werden die drei Personaldateien als Objekte betrachtet. Der Leiter des Personalbüros stellt für ihre Bearbeitung Zugriffsprozeduren mit den in Bild 7.1 angegebenen Fähigkeiten zur Verfügung. Die Benutzung solcher Zugriffsprozeduren zur Extraktion von Informationen aus Datensätzen eröffnet einfache und gut kontrollierbare Möglichkeiten, einem Benutzerprogramm nur zu bestimmten Teilen der Sätze Zugriff zu gestatten, indem Aufrufrechte für diese Prozeduren vergeben und überwacht werden.

Subjekte sind in diesem System die von den Mitarbeitern des Personalbüros und der Poststelle aktivierten Programme sowie - falls sie in Anspruch genommen werden - die Prozeduren. Die Sicherheitsanforderungen können dann in einer *Schutzmatrix* zusammengefaßt werden, wobei die Zeilen den Subjekten zugeordnet sind und die Spalten den Objekten. Die Zugriffsweisen, die ein Subjekt bezüglich eines Objektes in Anspruch nehmen darf, sind jeweils im Schnittpunkt der entsprechenden Zeile und Spalte eingetragen. In Bild 7.1 steht:

B für *ist Besitzer,*

L für *darf Sätze lesen,*

Personaldatensatz

- Name
- Abteilung
- Personalnummer
- Lohn- oder Gehaltsgruppe

Personaldateien

- O_1: Personaldaten der leitenden Angestellten
- O_2: Personaldaten der Angestellten
- O_3: Personaldaten der Arbeiter

Prozeduren

- P_1 : Lesen von Pers.-Nr. und Lohn-/Gehaltsgr. aus O_1
- P_2 : Lesen von Pers.-Nr. und Lohn-/Gehaltsgr. aus O_2 und O_3
- Q   : Lesen von Name, Abteilung und Pers.-Nr.

Benutzer

- S_1 : Leiter des Personalbüros
    Besitzer aller Dateien und Prozeduren
    Lese- und Schreibrecht für alle Dateien
    Aufrufrecht für alle Prozeduren

- S_2 : Sachbearbeiter für leitende Angest., stellvertr. Leiter
    Lese- und Schreibrecht für O_2 und O_3
    Aufrufrecht für P_1

- S_3 : Sachbearbeiter für Angestellte und Arbeiter
    Aufrufrecht für P_2

- S_4 : Poststelle
    Aufrufrecht für Q

Schutzmatrix

	O_1	O_2	O_3	P_1	P_2	Q
S_1	B,L,S	B,L,S	B,L,S	B,A	B,A	B,A
S_2		L,S	L,S	A		
S_3					A	
P_1	L					
P_2		L	L			
Q	L	L	L			

Bild 7.1 Beispiel für eine Schutzmatrix

S für *darf Sätze modifizieren oder hinzufügen* und

A für *darf das Objekt beauftragen* (wodurch es seinerseits als Subjekt aktiv wird).

Wie an diesem Beispiel deutlich wird, benötigt man zur Präzisierung der Sicherheitsanforderungen Modellvorstellungen über das Zusammenwirken von Subjekten und Objekten, mit anderen Worten, man benötigt ein *Schutzmodell*. Es soll gestatten, die relevanten Beziehungen wiederzugeben, und muß die Formulierung der Sicherheitsanforderungen ermöglichen. Modelle, die sich lediglich auf die Zugriffsrechte von Subjekten zu Objekten beziehen, werden als *Objektschutzmodelle* bezeichnet. Sie können einen Informationsfluß nur indirekt kontrollieren.

7.2 Datensicherheit und Betriebssystem

7.2.1 Zugriffskontrolle und Betriebssystemstruktur

Objektschutzmodelle gehen meist von einer Schutzmatrix aus, so daß die Frage nach der Realisierung solcher Schutzmatrizen entsteht.

Bei der üblichen Vorgehensweise werden die Spalten der Schutzmatrix in Form von *Zugriffslisten* mit den Objekten zusammen gespeichert (z. B. als Bestandteil von Dateideskriptoren). Betrachtet man gleichzeitig die derzeit innerhalb von Betriebssystemen vorherrschende Aufrufhierarchie (Bild 7.2), so ist unmittelbar ersichtlich, daß die Zu-

Benutzerprogramme
Dateisystem einschließlich Zugriffskontrolle (Objektverwaltung)
Ein-/Ausgabe
Prozeßverwaltung (Subjektverwaltung)
Arbeitsspeicherverwaltung
Prozessorverwaltung Synchronisation
Hardware

Bild 7.2 Übliche Aufrufhierarchie

verlässigkeit der Schutzmaßnahmen von der Zuverlässigkeit großer Teile des Betriebssystems abhängt. Da mit den bekannten Möglichkeiten derart umfangreiche und komplexe Programme, wie sie die Ein-/Ausgabe und Dateiverwaltung darstellen, nicht verifizierbar sind, muß nach anderen Betriebssystemstrukturen gesucht werden. Wie schwierig die Situation ist, zeigt eine Untersuchung am Betriebssystem VM/370 für IBM-Anlagen, die im Jahre 1973 von Attanasio, Markstein und Phillips [Atta 76] durchgeführt wurde. Im Rahmen dieser Studie wurde untersucht, ob es Benutzern mit niedrigsten Privilegien möglich ist, schreibenden Zugang zu den Zugriffslisten zu erhalten, denn dies würde ihnen erlauben, die Schutzmechanismen vollständig zu umgehen. Tatsächlich konnten rund 30 solcher Möglichkeiten gefunden werden, die fast alle ihre Ursache in Fehlern der Geräte-Treiber hatten. Im Rahmen eines einsemestrigen Kurses, der 1979 an der Universität von Michigan in Ann Arbor durchgeführt wurde [Hebb 80], gelang es, die Schutzmechanismen des Michigan Terminal Systems außer Kraft zu setzen. Allerdings war dies nur in enger Zusammenarbeit mit den Entwicklern des Betriebssystems möglich. Auch wenn damit für einen Außenstehenden das Eindringen sehr schwierig wird, so ist es doch nicht auszuschließen, da der Personenkreis mit detaillierten Betriebssystemkenntnissen nicht überschaubar ist. Die Teilnehmer an dieser Untersuchung schreiben in ihrem Bericht [Hebb 80]:

„... it is important to note that probably no large operating system using current design technology can withstand a determined well-coordinated attack, and that most such documented penetrations have been remarkably easy."

Zu einem ähnlichen Ergebnis kommt [Paan 83].

Erfolgversprechender erscheint die Möglichkeit, die Schutzmatrix in Form sogenannter *Capability-Listen* zu speichern, die den Zeilen der Schutzmatrix entsprechen. Bei hinreichender Hardwareunterstützung ist es nämlich möglich, das Betriebssystem gemäß Bild 7.2 zu strukturieren. Hier setzt der Schutzmechanismus lediglich das Funktionieren der Hardware voraus und hängt nicht von weiteren Teilen des Betriebssystems ab. Selbstverständlich muß die Software des Sicherheitskernes verifiziert werden, wofür es eine Reihe erfolgversprechender Ansätze gibt [Cheh 81]. Zum Beispiel wurde von der System Development Corporation die *Formal Development Methodology (FDM)* entwickelt, mit deren Hilfe eine rechnergestützte Verifikation von Sicherheitskernen möglich ist. Die ersten größeren Anwendungen waren AUTODIN II, ein sicheres Rechnernetz für Paketvermittlung und KVM/370, eine mit einem Sicherheitskern versehene Version des IBM-Systems VM/370.

Aber selbst wenn ein solcher Sicherheitskern einwandfrei funktioniert, müssen noch eine Reihe weiterer Probleme gelöst werden.

Eine Schwierigkeit resultiert daraus, daß der Betreiber eines Rechensystems durch die

<table>
<tr><td>Benutzerprogramme</td></tr>
<tr><td>Dateisystem
(Objektverwaltung)</td></tr>
<tr><td>Ein-/Ausgabe</td></tr>
<tr><td>Prozeßverwaltung
(Subjektverwaltung)</td></tr>
<tr><td>Arbeitsspeicherverwaltung</td></tr>
<tr><td>Prozessorverwaltung
Synchronisation</td></tr>
<tr><td>Capabilities
(Schutzmechanismus, Sicherheitskern)</td></tr>
<tr><td>Hardware</td></tr>
</table>

Bild 7.3 Aus Verifikationsgründen erwünschte Aufrufhierarchie

Anfangsbesetzung der Schutzmatrix bestimmten Subjekten Zugriff auf gewisse Objekte verwehren will und auch ausschließen will, daß sich die Subjekte durch geschickte Kooperation mit anderen diese Rechte verschaffen können. Es wäre wünschenswert, eine Schutzmatrix automatisch darauf überprüfen zu können, ob sie die geforderten Schutzeigenschaften besitzt und auch beibehält. Wie noch gezeigt wird, ist das Problem in dieser Allgemeinheit jedoch unentscheidbar.

Ein zweiter Problemkreis ist der des *Trojanischen Pferdes*. Er entsteht, wenn Prozeduren von anderen Entwicklern übernommen und vom Aufrufer mit seinen eigenen Privilegien ausgestattet werden. In diesem Fall ist es z. B. ihrem Hersteller möglich, die Prozedur so zu konstruieren, daß sie zuweilen „Amok läuft" und alle Dateien, zu denen der Aufrufer Zugriff hat, verfälscht. In nahezu allen Systemen ist das gefährlichste trojanische Pferd das Betriebssystem selbst. Bei den derzeit üblichen Rechnerstrukturen kann nämlich das Betriebssystem in seinen Zugriffsrechten zu Daten der Benutzer nicht beschränkt werden, sondern es besitzt stets alle Privilegien. Das heißt, daß in Umgebungen mit hohen Sicherheitsanforderungen, die Systemprogrammierer die höchsten Privilegien genießen und kaum überwachbar sind.

Schließlich sind Objektschutzsysteme nur in beschränktem Maße geeignet, auch einen Informationsschutz zu gewährleisten. Zur Illustration wird nochmals das anfängliche Beispiel betrachtet. Wenn das in Bild 7.1 skizzierte System keinen weiteren Einchränkungen unterworfen wird, könnte z. B. der Sachbearbeiter für Angestellte eine Datei anlegen, in die er die Personalnummer und das Gehalt der ihm zugänglichen Personaldaten kopiert, und er könnte diese Datei der Poststelle zugänglich machen. Diese wiederum wäre in der Lage, sie mit Hilfe ihrer Möglichkeiten um Name und Abteilung zu ergänzen, so daß sowohl die Poststelle als auch der Sachbearbeiter Zugang zu einer vollständigen Kopie der Personaldatei für Angestellte hätten. Diese unerwünschte Situation resultiert offensichtlich daraus, daß die bisher betrachteten Mechanismen nur die Zugriffe zu den Objekten selbst regeln, aber keine Kontrolle darüber ausüben können, was mit den gewonnen Informationen im Rechensystem weiter geschieht. Somit drängt sich die Frage auf, ob *Informationsflußkontrollen* möglich sind.

7.2.2 Informationsflußkontrolle und Betriebssystem

Die am häufigsten benutzte Vorgehensweise zur *Informationsflußkontrolle* basiert auf einem von Bell und La Padula entwickelten Modell [Bell 73], das sich an konventionellen militärischen Sicherheitssystemen orientiert. Der Grundgedanke besteht darin, jedem Subjekt einen Sicherheitsgrad zuzuordnen und generell zu verlangen, daß:

1. Subjekte nur auf Objekte höchstens gleichen Sicherheitsgrades Zugriffsrechte ausüben dürfen und

2. Objekte, in die ein Subjekt Informationen eintragen will, mindest den gleichen Sicherheitsgrad haben müssen wie die Objekte, aus denen gleichzeitig Information entnommen werden kann. Anders ausgedrückt heißt dies, daß eine aus Objekten gewonnene Information mindestens den Sicherheitsgrad dieser Objekte besitzt.

Die zweite Forderung ist unter der Bezeichnung **-Eigenschaft* in der Literatur bekannt. Im allgemeinen wird vorausgesetzt, daß die Gesamtheit der Sicherheitsgrade einen Verband bildet. Ein typisches Beispiel ist die Zusammensetzung des Sicherheitsgrades aus einer Sicherheitsstufe wie unklassifiziert, vertraulich, geheim und streng geheim und einer Angabe, welche Bearbeitungsfunktionen einem Subjekt gestattet sind bzw. welche Bearbeitungsfunktionen zur Manipulation eines Objektes erforderlich sind. Bei diesen sogenannten *Mehrebenenmodellen* wird die Informationsflußkontrolle durch das Zusammenwirken der Schutzmatrix mit den Sicherheitsgraden der Subjekte und Objekte erzielt.

Durch geschickte Wahl der Sicherheitsgrade kann ein unerwünschter Informationsfluß über Objekte, die von mehreren Subjekten gemeinsam benutzt werden, auch dann noch unterbunden werden, wenn die Schutzmatrix allein einen Informationsfluß zulassen würde.

Im betrachteten Beispiel würde der Informationsflußkontrollgraph gemäß Bild 7.4 die notwendigen Informationsflüsse erlauben, aber unabhängig von der Schutzmatrix verhindern, daß Informationen, die von Q an S_4 (schreibend) weitergegeben wurden, von S_2 gelesen werden können. Es wird auch verhindert, daß Informationen aus O_1 an S_3 gelangen können.

Bemerkenswert ist noch, daß die schon erwähnten Verifikationstechniken für Sicherheitskerne durchweg auf Mehrebenenmodelle anwendbar sind. Die unangenehme Seite der *-Eigenschaft besteht darin, daß sie es nicht erlaubt, aus einem geheimen Dokument weniger wichtige Informationen abzuleiten und mit entsprechend niedrigem Sicherheitsgrad zu versehen. Betrachtet man etwa ein Programm zur Erstellung von Steuererklärungen, so muß dieses wenigstens den Sicherheitsgrad der Benutzerdaten haben und damit hat auch die Steuererklärung mindestens den gleichen Sicherheitsgrad, was wenig Sinn macht. Die Weiterverfolgung dieser Problematik führt zu der Erkenntnis, daß das Betriebssystem selbst nicht mit diesen Mechanismen gesichert werden kann. Den derzeitigen Ausweg bilden die sogenannten *vertrauenswürdigen Prozeduren*, denen es erlaubt ist, die *-Eigenschaft zu umgehen. Man beachte, daß dies weit weniger Freiheiten gestattet, als die Schutzmaßnahmen in heute üblichen Betriebssystemen, da ja trotzdem die Schutzmatrix wirksam bleibt. Man muß sich jedoch der Tatsache bewußt sein, daß die Verifikation einer solchen vertrauenswürdigen Prozedur wiederum die Verifikation großer Teile des Betriebssystems erfordert und deshalb derzeit nicht durchführbar ist.

Auf Grund dieser Schwierigkeiten wurde ein weiteres Konzept in die Diskussion eingebracht [Rush 81]. Es wird dabei versucht, das System von vornherein aus mehreren Rechnern aufzubauen und den Zugriffsschutz durch die physische Trennung zu erreichen, wobei nur eine begrenzte und gut beherrschbare Zahl von Kommunikationskanälen vorgesehen wird. Zumindest solchen Prozeduren, die als vertrauenswürdig gelten sollen, wird ein eigener Rechner zugeordnet, so daß insgesamt ein funktionell verteiltes System entsteht. Für das Beispiel der Steuerberechnung würde dies bedeuten, daß das entsprechende Programm auf einem eigenen Rechner läuft, der mit keinerlei peripheren Geräten ausgerüstet ist, und daß es die ausgefüllte Steuererklärung als Datei an den Auftraggeber zurückschickt. Ein einzelnes solches Programm benötigt kein Betriebssystem und ist bezüglich der Sicherheitsanforderungen wesentlich leichter zu verifizieren als ein Betriebssystem zusammen mit den Benutzerprogrammen. Außerdem sind physische Kanäle leichter kontrollierbar als Informationskanäle, die in einem Rechensystem durch das Betriebssystem zur Kommunikation zwischen verschiedenen Benutzerprogrammen etabliert werden bzw. etabliert werden können.

Bislang handelt es sich hier um ein theoretisches Konzept, das aber interessant erscheint, insbesondere im Hinblick auf die weiter steigende Leistungsfähigkeit von Mikroprozessoren bei fallenden Kosten. Diese Systemstruktur wird auch durch das Aufkommen der lokalen Rechnernetze begünstigt. Sie liefert aber auch neue Vorstellungen

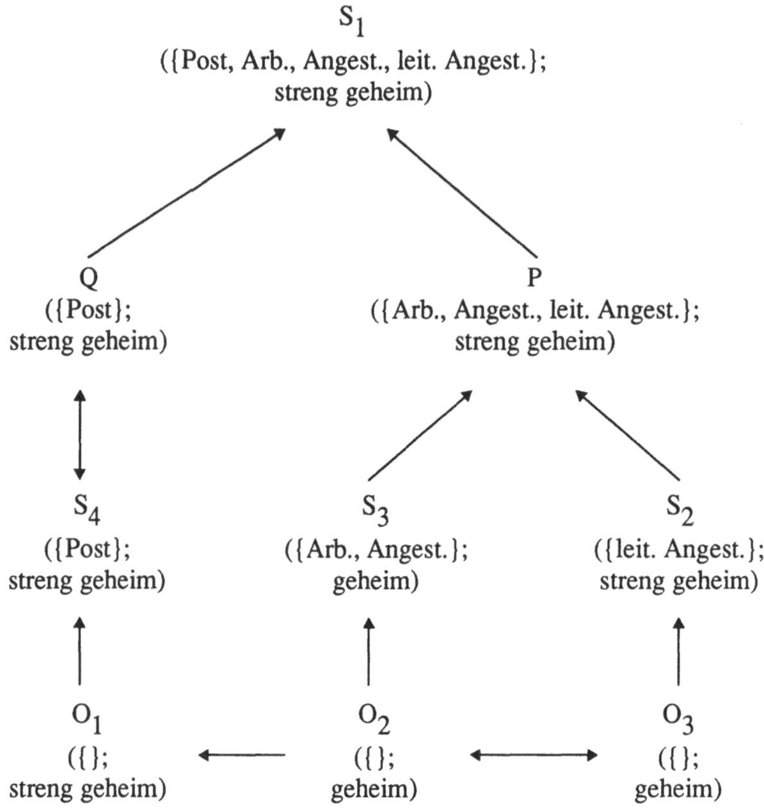

Bild 7.4. Informationsflußkontrollgraph für das Beispiel *Personaldatei*.

Die Sicherheitsgrade haben die Gestalt $(a; b)$ mit $a \subseteq \{$*Arbeiter, Angestellte, leitende Angestellte, Post*$\}$, $b \in \{$*geheim, streng geheim*$\}$ und *geheim < streng geheim*.

Da es in diesem Falle nicht notwendig ist, P_1 und P_2 zu unterscheiden, sind sie durch P ersetzt.

Der Sicherheitsgrad $(a; b)$ ist genau dann kleiner als der Sicherheitsgrad $(a'; b')$, wenn $a \subset a'$ und $b \leq b'$ ist oder $a \subseteq a'$ und $b < b'$.

In dem Graphen führt genau dann ein gerichteter Pfad von Knoten A zu Knoten B, wenn der Sicherheitsgrad von B größer oder gleich dem von A ist.

zur Strukturierung von Betriebssystemen für Monoprozessoren und eine darauf abgestimmte Verifikationstechnik (siehe ebenfalls [Rush 81]).

Faßt man die bisherigen Ergebnisse zusammen, so ist festzustellen, daß bei konsequenter Nutzung aller geschilderten Maßnahmen eine hohes Maß an interner Datensicherheit erreicht werden kann. Man muß jedoch berücksichtigen, daß der notwendige Aufwand bei der Softwareerstellung erheblich ist und die ständige Überwachung der Zugriffsrechte einen deutlich merkbaren Anteil der Rechenleistung benötigt.

7.2.3 Generelle Grenzen der Datensicherung durch Betriebssysteme

Bei der Konzeption von Systemen mit hohen Sicherheitsanforderungen ist jedoch auch zu bedenken, daß die geschilderten Maßnahmen ihre Grenzen bezüglich der Informationsflußkontrolle haben. Ein typisches Beispiel hierfür ist die statistische Auswertung von Datenbanken. Läßt man alle Anfragen über die Zahl von Einträgen mit vorgebbaren Eigenschaften und über Mittelwerte zu, so können bei geschickter Fragestellung Einzelheiten in Erfahrung gebracht werden. Sofort einsichtig ist dies, wenn eine Kombination von Eigenschaften auf genau einen Eintrag zutrifft, weil dann die Mittelwerte der Einträge, die diese Eigenschaften besitzen, eben gerade die Werte dieses einen Eintrags sind. Der naheliegende Weg, bei Fragen, die sich nur auf ganz wenige Einträge beziehen, keine Auskunft zu geben, hilft nicht viel weiter, wie das kleine Beispiel in Bild 7.5 zeigt. Vermutet in diesem Fall ein Benutzer dieser Datenbank, daß es nur eine Professorin der Informatik gibt, so kann er durch die in Bild 7.5 angegebenen Fragen, deren Eigenschaften dort jeweils auf wenigstens 4 und höchstens 9 Personen zutreffen, sich davon überzeugen, daß seine Vermutung stimmt. Die zu dieser Professorin gehörigen Daten kann er mit dem gleichen Verfahren auch dann in Erfahrung bringen, wenn das System bei Anfragen, die auf weniger als 4 oder mehr als 9 Personen zutreffen keine Auskunft erteilt.

Allgemeiner läßt sich folgendes zeigen [Denn 79]: Wenn das System nur Fragen beantwortet, die auf wenigstens p Prozent und höchstens $(100 - p)$ Prozent der Einträge zutreffen, dann genügt die Kenntnis einer Eigenschaftenkombination, die auf wenigstens $2p$ Prozent und höchstens $(100 - 2p)$ Prozent zutrifft, um für jede Frage die Antwort zu ermitteln. Werden also nur Anfragen beantwortet, die auf mindestens 20 Prozent und höchstens 80 Prozent der Einträge zutreffen, ist immer noch nicht auszuschließen, daß ein Benutzer die Datenbank ausspionieren kann. In Personaldatenbanken wäre z. B. eine solche Eigenschaft schnell auffindbar, wenn man nach der Zahl der Mitarbeiter fragen darf, deren Alter eine vorgebbare Schranke nicht überschreitet.

Nr.	(eindeutiger) Name	Geschlecht	Fach	Stellung	Gehalt (KDM)	Spenden (DM)
1	Albrecht	m	Inf.	Prof.	60	150
2	Bergner	m	Math.	Prof.	45	300
3	Cäsar	w	Math.	Prof.	75	600
4	David	w	Inf.	Prof.	45	150
5	Engel	m	Stat.	Prof.	54	0
6	Frech	w	Stat.	Prof.	66	450
7	Groß	m	Inf.	Angest.	30	60
8	Hausner	m	Math.	Prof.	54	1500
9	Ibel	w	Inf.	Stud.	9	30
10	Jost	m	Stat.	Angest.	60	45
11	Knapp	w	Math.	Prof.	75	300
12	Ludwig	m	Inf.	Stud.	9	0

Fragen und Antworten:

Anzahl('w') 5
Anzahl('w' und (nicht 'Inf.' oder nicht 'Prof.')) 4
mittlere Spende('w') 306
mittlere Spende('w' und (nicht 'Inf.' oder nicht 'Prof.')) 345

Schlußfolgerung:

$$\text{Spende('David')} = 306 * 5 - 345 * 4$$
$$= 1530 - 1380$$
$$= 150$$

Bild 7.5 Beispiel zur Ermittlung von Einzeldaten mit Hilfe statistischer Anfragen

Eine Lösung dieses Sicherheitsproblems kann nicht mit den hier geschilderten Methoden erreicht werden, vielmehr muß der Betreiber von Fall zu Fall durch Maßnahmen im Abfragesystem die Sicherheitsrisiken auf ein akzeptables Maß reduzieren.

7.3   Ein einfaches formales Modell

In diesem Abschnitt soll anhand des Modells von Harrison [Harr 76] die grundsätzliche Vorgehensweise bei Modellen, die auf Zugriffsmatrizen basieren, aufgezeigt werden. Die Untersuchungen von Harrison sind von besonderer Bedeutung, weil sie zeigen, daß das (noch zu präzisierende) Sicherheitsproblem im allgemeinen nicht entscheidbar ist.

7.3.1   Modellkomponenten

Im Interesse der Allgemeinheit des Modells vermeidet Harrison jede nicht unbedingt erforderliche Festlegung. Für die einzelnen Komponenten gibt er folgende Definition an:

Definition 7.1. Ein *geschütztes System* besteht aus:

1. einer endlichen Menge $Z = \{z_1, z_2, ..., z_n\}$ von *Zugriffsattributen*,

2. einer endlichen Menge S_a von *Anfangssubjekten* und einer endlichen Menge O_a von *Anfangsobjekten* mit $S_a \subseteq O_a$,

3. einer endlichen Menge K von *Kommandos* der Form $k(X_1, ..., X_{n(k)})$, wobei k der Kommandoname ist und $X_1, ..., X_{n(k)}$ formale Parameter sind, für die aktuell Subjekt- oder Objektnamen einzusetzen sind,

4. einer *Interpretation I* für Kommandos, die jedem $k \in K$ eine Folge von Grundoperationen zuordnet. Die Ausführung eines Kommandos besteht darin, daß die ihm zugeordnete Folge von Grundkommandos ausgeführt wird, wobei die formalen Parameter durch die entsprechenden aktuellen zu ersetzen sind. Die *Grundoperationen* sind:

> trage_z_ein_in(s, o)
> entferne_z_aus(s, o)
> erzeuge_Subjekt(s)
> erzeuge_Objekt(o)
> tilge_Subjekt(s)
> tilge_Objekt(o)

wobei z ein Zugriffsattribut, s ein Subjektname und o eine Objektname ist.

5. *Bedingungen* für Kommandos. Die Bedingung $B(k)$ ordnet dem Kommando k eine endliche Menge von Rechten zu, die sämtlich vorhanden sein müssen (der Begriff des vorhandenen Rechtes wird in Definition 7.2 noch präzisiert), damit das Kommando ausführbar ist. Ein *Recht* ist ein Tripel (z, s, o), wobei $z \in Z$ und s bzw. o formale Parameter sind. Ein Recht gibt an, welchen Zugriff ein bestimmtes Subjekt auf ein bestimmtes Objekt ausüben darf.   □

Definition 7.2. Ein *Zustand* v eines geschützten Systems ist ein Tripel $v = (S, O, M)$, wobei S die Menge der aktuellen Subjekte, O die Menge der aktuellen Objekte $S \subseteq O$

und M eine *Schutzmatrix* ist. In M gibt es für jedes $s \in S$ eine Zeile und für jedes $o \in O$ eine Spalte, und für die Eintragungen in M gilt: $M[s, o] \subseteq Z$.

Ein *Recht* (z, s, o) heißt genau dann im Zustand v vorhanden, wenn $z \in M[s, o]$ ist.

□

Beispiel 7.1. Ein einfaches Beispiel soll das abstrakte Modell etwas erläutern. Jedes Subjekt sei ein Prozeß und die Objekte, die keine Subjekte sind, seien Dateien. Jede Datei gehört einem Prozeß, was mit dem Zugriffsattribut *Besitzer* ausgedrückt wird. Die anderen Zugriffsattribute könnten *lesen*, *schreiben* und *ausführen* sein. Die Aktionen, die die Subjekte im Hinblick auf eine Veränderung der Schutzmatrix M durchführen können, werden durch die Kommandos mit den zugehörigen Interpretationen und Bedingungen beschrieben:

(1) Erzeugung einer neuen Datei

       KOMMANDO: erzeuge(s, o)
          BEDINGUNG: keine
          INTERPRETATION: erzeuge_Objekt(o)
                                 trage_Besitzer_ein_in(s, o)

(2) Übertragung von Zugriffsattributen zu einer Datei, ausgenommen das Zugriffsattribut *Besitzer*, auf irgendein Subjekt:

       KOMMANDO: übertrage_z(s', s'', o)
          BEDINGUNG: Besitzer $\in$ M[s', o]
          INTERPRETATION: trage_z_ein_in(s'', o)

Für z ist *lesen* bzw. *schreiben* bzw. *ausführen* einzusetzen, so daß sich insgesamt drei Kommandos ergeben.

(3) Entfernung von Zugriffsattributen:

       KOMMANDO: entferne_z(s', s'', o)
          BEDINGUNG: Besitzer $\in$ M[s', o]
          INTERPRETATION: entferne_z_aus(s'', o)

Wie in (2) ist für z *lesen* bzw. *schreiben* bzw. *ausführen* einzusetzen.   □

7.3.2 Zustandsübergänge

Die Wirkung der Grundoperationen auf die Zustände beschreibt das Modul *geschütztes_System*:

TYPES
    $Z = \{z_1, z_2, ..., z_n\}$; /* Menge der Zugriffsattribute */

Objektnamen = ... ;
Subjektnamen = ... ;

MODULE geschütztes_System;
   DECLARATIONS
      S: SET OF Subjektnamen;
      O: SET OF Objektnamen;
      M: ARRAY[Subjektnamen, Objektnamen] of SET OF Z;
   INITIALLY
      $S = S_a \wedge O = O_a$
      $\wedge \; \forall s,o(s \in$ Subjektnamen $\wedge \; o \in$ Objektnamen $\wedge \; s \notin S_a \wedge o \notin O_a$
              $\Rightarrow M[s, o] = \emptyset);$

   OPERATIONS
      trage_z_ein_in(s: Subjektnamen; o: Objektnamen);
         /* Für jedes $z \in Z$ steht eine solche Operation zur Verfügung */
         PRE $s \in S \wedge o \in O;$
         EFFECTS $M[s, o] = {}'M[s, o] \cup \{z\};$

      entferne_z_aus(s: Subjektnamen; o: Objektnamen);
          /* Für jedes $z \in Z$ steht eine solche Operation zur Verfügung */
         PRE $s \in S \wedge o \in O;$
         EFFECTS $M[s, o] = {}'M[s, o] - \{z\};$

      erzeuge_Subjekt(s: Subjektnamen);
         PRE $s \notin O;$
         EFFECTS $S = {}'S \cup \{s\} \wedge O = {}'O \cup \{s\};$

      erzeuge_Objekt(o: Objektnamen);
         PRE $o \notin O;$
         EFFECTS $O = {}'O \cup \{o\};$

      tilge_Subjekt(s: Subjektnamen);
         PRE $s \in S;$
         EFFECTS $S = {}'S - \{s\} \wedge O = {}'O - \{s\}$
                   $\forall s',o'(s' \in S \wedge o' \in O$
                           $\Rightarrow M[s, o'] = \emptyset \wedge M[s', s] = \emptyset);$

      tilge_Objekt(o: Objektnamen);
         PRE $o \notin S \wedge o \in O;$
         EFFECTS $O = {}'O - \{o\} \wedge \forall s'(s' \in S \Rightarrow M[s', o] = \emptyset);$

END_MODULE

Definition 7.3. Sind v und v' Zustände und ist g eine Grundoperation, so schreibt man $v \to_g v'$ genau dann, wenn in v die PRE-Bedingung von g erfüllt ist und die Ausführung von g den Zustand v in den Zustand v' überführt. $\square$

Die nächste Definition legt fest, welche Zustandsänderung ein Kommando bewirkt.

Definition 7.4. (S, O, M) und (S', O', M') seien Zustände eines Schutzsystems und k sei ein Kommando mit der zugehörigen Interpretation $I(k) = g_1 g_2 \cdots g_{n(k)}$, wobei die g_i Grundoperationen sind. Dann gilt $(S, O, M) \to_k (S', O', M')$, wenn folgende Bedingungen erfüllt sind:

1. Für alle Rechte (z, s, o) aus $B(k)$ ist $z \in M[s, o]$ und

2. es gibt ein $m \geq 0$ und Zustände (S_i, O_i, M_i) für $i \in \{0, 1, ..., m\}$ mit:

a) $(S, O, M) = (S_0, O_0, M_0)$,

b) $(S_{i-1}, O_{i-1}, M_{i-1}) \to_{g_i} (S_i, O_i, M_i)$ für $1 \leq i \leq m$ und

c) $(S_m, O_m, M_m) = (S', O', M')$.

Man schreibt $(S, O, M) \to (S', O', M')$, wenn es ein Kommando $k \in K$ gibt, mit $(S, O, M) \to_k (S', O', M')$.

$\overset{*}{\to}$ bezeichnet die reflexive und transitive Hülle der Relation $\to$. $\square$

Beispiel 7.2. In diesem Beispiel wird der Schutzmechanismus von UNIX in seinen wesentlichen Teilen modelliert. Nicht erfaßt wird die Funktion des *Superusers* [Ritc 74], der sich allen Kontrollen entzieht und den Systemverwalter repräsentiert. Des weiteren werden die Schutzmechanismen, die den Zugang zu den Adreßbüchern der Dateiverwaltung regeln hier nicht nachgebildet. In UNIX hat jeder Prozeß eine Benutzer- und eine Gruppenkennung. Zu jeder Datei kann ein Benutzer das Besitzrecht innehaben, was ihn ermächtigt, die Zugriffsrechte zu dieser Datei nach Belieben zu verändern. Weiter gibt es Lese-, Schreib- und Ausführungsrechte, die für den Besitzer, eine Benutzergruppe und für alle Benutzer unabhängig voneinander geregelt werden können. Damit ergeben sich die zehn Zugriffsattribute

own:	Besitzer,
oread:	der Besitzer darf lesen,
owrite:	der Besitzer darf schreiben,
oexec:	der Besitzer darf ausführen,
gread:	jeder Angehörige der für die Datei festgelegten Benutzergruppe darf lesen,
gwrite:	jeder Angehörige der für die Datei festgelegten Benutzergruppe darf schreiben,

gexec: jeder Angehörige der für die Datei festgelegten Benutzergruppe darf ausführen,

aread: jeder Benutzer darf lesen,

awrite: jeder Benutzer darf schreiben,

aexec: jeder Benutzer darf ausführen.

Zum Zweck der Modellbildung werden noch die Attribute *read*, *write* und *exec* hinzugenommen, die zu Beginn einer Lese-, Schreib- bzw. Ausführungsanforderung in die Schutzmatrix eingetragen und beim Abschluß wieder entfernt werden. Im weiteren werden die Benutzer, die Benutzergruppen und die Dateien als Subjekte betrachtet.

Daß eine Datei f von allen Benutzern (den Benutzern einer Benutzergruppe, dem Besitzer) gelesen, beschrieben bzw. ausgeführt werden darf, wird dadurch modelliert, daß *aread* (*gread*, *oread*), *awrite* (*gwrite*, *owrite*) bzw. *aexec* (*gexec*, *oexec*) in $M\,[f,f]$ enthalten ist. Die Zugehörigkeit eines Benutzers u zu einer Gruppe ug wird durch das weitere Zugriffsattribut *group* in $M\,[u, ug]$ zum Ausdruck gebracht, die Zugehörigkeit der Datei f zur Benutzergruppe ug durch *group* in $M\,[f, ug]$ und die Tatsache, daß u Besitzer von f ist, durch *own* in $M\,[u, f]$. Gruppenzugehörigkeiten kann nur der *Superuser* explizit ändern, weshalb diesbezügliche Kommandos nicht berücksichtigt sind.

Schwierigkeiten bei der Modellierung resultieren daraus, daß es mehrere Bedingungen gibt, unter denen einem Benutzer z. B. lesender Zugang zu einer Datei f gewährt wird, nämlich:

1. $own \in M\,[u,f] \wedge oread \in M\,[f,f]$,

2. $aread \in M\,[f,f]$ oder

3. $\exists ug\ (ug \in O \wedge group \in M\,[u, ug]$
    $\wedge\ group \in M\,[f, ug] \wedge gread \in M\,[f,f]\ )$

Das Modell läßt jedoch in den Bedingungen weder Disjunktionen noch Quantifizierungen zu. Ersteres kann dadurch ersetzt werden, daß für jedes disjunktive Glied der Bedingung ein eigenes Kommando gebildet wird und alle diese Kommandos mit der gleichen Interpretation versehen werden. Man überzeugt sich leicht, daß jede Zustandsfolge, die bei Verwendung eines Kommandos mit disjunktiven Bedingungen möglich ist, auch unter Verwendung der nach obigem Muster konstruierten und disjunktionsfreien Kommandos möglich ist und umgekehrt. Für die Untersuchung von Schutzfragen kann man sich deshalb auf disjunktionslose Bedingungen beschränken.

Zur Elimination des Existenzquantors in der dritten Bedingung wird in den Kommandos neben dem Benutzer als Subjekt und der Datei als Objekt noch die Benutzergruppe als Subjekt angegeben, was der tatsächlichen Implementierung entspricht. Es treffen hier die gleichen Überlegungen wie für disjunktive Bedingungen zu.

Da Schreib- und Ausführungsaufrufe in UNIX analog zu Leseaufrufen behandelt werden, wird hier nur die Modellierung der letzteren dargestellt.

(1) Erzeugung einer Datei

       KOMMANDO   erzeuge_Datei(u, ug, f)
          BEDINGUNG: group $\in$ M[u, ug]
          INTERPRETATION: erzeuge_Subjekt(f)
                             trage_group_ein_in(f, ug)
                             trage_own_ein_in(u, f)

(2) Lesen als Besitzer einer Datei erlauben

       KOMMANDO   Besitzer_darf_lesen(u, f)
          BEDINGUNG: own $\in$ M[u, f]
          INTERPRETATION: trage_oread_ein_in(f, f)

(3) Lesen als Mitglied einer zugriffsberechtigen Gruppe erlauben

       KOMMANDO   Gruppe_darf_lesen(u, f)
          BEDINGUNG: own $\in$ M[u, f]
          INTERPRETATION: trage_gread_ein_in(f, f)

(4) Lesen als Prozeß erlauben

       KOMMANDO   alle_dürfen_lesen(u, f)
          BEDINGUNG: own $\in$ M[u, f]
          INTERPRETATION: trage_aread_ein_in(f, f)

(5a) Lesen als Besitzer

       KOMMANDO   lesen_als_Besitzer(u, ug, f)
          BEDINGUNG: own $\in$ M[u, f] $\wedge$ oread $\in$ M[f, f]
          INTERPRETATION: trage_read_ein_in(u, f)
                             entferne_read_aus(u, f)

(5b) Lesen als Gruppenmitglied

       KOMMANDO   lesen_als_Gruppenmitglied(u, ug, f)
          BEDINGUNG: group $\in$ M[u, ug] $\wedge$ gread $\in$ M[f, f]
                             $\wedge$ group $\in$ M[f, ug]
          INTERPRETATION: trage_read_ein_in(u, f)
                             entferne_read_aus(u, f)

(5c) Lesen als irgendein Prozeß

> KOMMANDO   lesen_als_irgendein_Benutzer(u, ug, f)
> BEDINGUNG: aread $\in$ M[f, f]
> INTERPRETATION: trage_read_ein_in(u, f)
>   entferne_read_aus(u, f)

Zum Interpretationsteil der Kommandos (5a) bis (5c) ist zu bemerken, daß er keineswegs als gleichwertig mit der leeren Folge von Grundoperationen angesehen werden kann. Der Grund liegt darin, daß nur die einzelnen Grundoperationen als atomare Aktionen betrachtet werden. Im realen System sind zwischen diese Grundoperationen noch weitere Aktionen eingestreut, die zwar keinen direkten Einfluß auf das Schutzsystem haben, aber durchaus Unterbrechungen zulassen können. Als Folge können sich die Grundoperationen verschiedener Kommandos zeitlich durchmischen. Durch die Kommandos (5a) bis (5c) wird festgehalten, daß während der Bearbeitung einer Leseanforderung vorübergehend das Zugriffsattribut *read* eingetragen und mit Sicherheit vor Abschluß wieder zurückgenommen wird. Während der Bearbeitung ist jedoch das (vorübergehend) eingetragene Leserecht auch anderen Subjekten sichtbar und könnte das Erfülltsein der Bedingung anderer Kommandos beeinflussen. Statt von Kommandos wird in Implementationen auch von Schutzprotokollen der Operationen (die sich dann aus mehreren Aktivitäten zusammensetzen) gesprochen. $\square$

7.3.3 Sicherheit

Der zu präzisierende Sicherheitsbegriff soll sich ausschließlich mit der Weitergabe von Zugriffsattributen befassen. Die Frage, wie in der Implementierung dafür gesorgt wird, daß die durch ein Schutzmodell vorgegebenen Regeln eingehalten werden, ist davon getrennt zu betrachten und wird hier nicht weiter verfolgt.

Definition 7.5. In einem geschützten System läßt ein Kommando $k\,(X_1, X_2, ..., X_{n\,(k)})$ das Zugriffsattribut z *potentiell durchsickern*, wenn die Interpretation des Kommandos eine Grundoperation der Form *trage_z_ein_in*(s, o) für irgendwelche s und o enthält. $\square$

Definition 7.6. Gegeben seien ein geschütztes System und ein Zugriffsattribut z. Der Anfangszustand (S_a, O_a, M_a) heißt für z sicher in diesem System, wenn es keinen Zustand (S, O, M) gibt, für den gilt:

1. $(S_a, O_a, M_a) \xrightarrow{*} (S, O, M)$

2. es gibt ein Kommando $k(X_1, X_2, ..., X_{n(k)})$, dessen formale Parameter so mit aktuellen besetzt werden können, daß die Bedingung des Kommandos im Zustand (S, O, M) erfüllt ist, und das z potentiell durchsickern läßt. □

Diese Definition schließt natürlich auch den Fall ein, daß z. B. der Besitzer eines Objektes o ein Zugriffsattribut auf o weitergibt, womit nach obiger Definition der Anfangszustand nicht sicher ist. Dieser triviale Fall ist im allgemeinen nicht von Interesse, vielmehr will der Besitzer eines Objektes wissen, ob ein Zugriffsattribut, das er einem anderen Subjekt auf sein Objekt gewähren will, ohne seine weitere Mitwirkung an irgendeiner Stelle in der Schutzmatrix auftreten (also durchsickern) kann. Daher wird man vor der Untersuchung, ob ein Zustand für ein Zugriffsattribut sicher ist, den Besitzer des betreffenden Objektes aus der Schutzmatrix entfernen. Ebenso kann es zur Vereinfachung sinnvoll sein, vertrauenswürdige Subjekte aus der Matrix zu entfernen und damit nur solche Subjekte zu überprüfen, denen der Besitzer des Objektes mißtraut.

Man beachte, daß die Sicherheitsfrage für ein Zugriffsattribut sehr allgemein gestellt wurde. Eine eingeschränkte Frage ist, ob ein Zugriffsattribut z zu einem bestimmten Objekt o_1 weitergegeben werden kann. Auch dies kann im Rahmen der Definition 7.6 beantwortet werden, wenn man voraussetzt, daß $S_a = O_a$ bzw. $S = O$ ist, was nach Definition 7.1 bzw. Definition 7.2 möglich ist.

Zur Untersuchung der eingeschränkten Fragestellung ergänze man Z um zwei weitere Zugriffsattribute z' und z'', trage z' in $M[o_1, o_1]$ ein und definiere das neue Kommando

KOMMANDO   dummy(s, o)
   BEDINGUNG: $z' \in M[o, o] \wedge z \in M[s, o]$
   INTERPRETATION: trage_z''_ein_in(o, o)

Wenn das Kommando $dummy(s, o)$ zum ersten Mal ausführbar ist, muß o das Objekt o_1 bezeichnen, da das Zugriffsattribut z'' nur einmal existiert. Daraus ergibt sich, daß das Durchsickern von z'' an irgendeine Stelle äquivalent ist dem speziellen Durchsickern von z auf o_1, d. h. wenn das erweiterte System sicher ist, dann ist auch das ursprüngliche für z im Hinblick auf o_1 sicher und umgekehrt. Ähnlich kann die Frage, ob ein Zugriffsattribut an eine bestimmte Stelle der Matrix durchsickern kann, auf eine Fragestellung nach Definition 7.6 zurückgeführt werden.

7.3.4 Unentscheidbarkeit des Sicherheitsproblems

Da das Modell von Harrison sehr allgemein gehalten ist, eignet es sich gut, Fragen zu betrachten, die eine große Klasse von speziellen geschützten Systemen betreffen. Die wichtigste Aussage ist hier die Unentscheidbarkeit des Sicherheitsproblems.

Satz 7.1. Es ist unentscheidbar, ob ein Zustand in einem geschützten System für ein bestimmtes Zugriffsattribut im Sinne von Definition 7.6 sicher ist oder nicht.

Beweis: Der Beweis erfolgt durch Rückführung auf das Halteproblem von Turingmaschinen mit nach rechts unendlichem Band. Eine solche Maschine besteht aus:

1. einem Band mit Stellen $s_1, s_2, \ldots$,

2. einem endlichen Alphabet A von Bandsymbolen. Es enthält ein ausgezeichnetes Symbol b (*blank*). Im Anfangszustand enthält das Band mit Ausnahme von endlich vielen Stellen nur das Symbol b.

3. einem Schreib-/Lesekopf, der jeweils auf eine Stelle des Bandes zeigt,

4. einer endlichen Menge Q von Kontrollzuständen,

5. einer Übergangsfunktion $\delta: Q \times A \to Q \times A \times \{l, r\}$. Befindet sich die Maschine im Kontrollzustand q und zeigt der Schreib-/Lesekopf auf eine Bandstelle mit Symbol x und ist $\delta(q, x) = (p, y, l\ bzw.\ r)$, so stellt sich bei einem Übergang der Folgekontrollzustand p ein, x wird durch y ersetzt und der Schreib-/Lesekopf wird um eine Stelle nach links bzw. rechts verschoben. Linksverschiebungen dürfen nicht über den linken Rand hinausführen (d. h. wenn der Schreib-/Lesekopf auf die Bandstelle s_1 zeigt, sind keine Linksverschiebungen möglich).

6. einem Anfangskontrollzustand $q_0 \in Q$ und

7. einem Endkontrollzustand $q_f \in Q$.

Einer solchen Maschine wird ein Schutzsystem in folgender Weise zugeordnet:

1. Die Zustände einer Turingmaschine werden durch Zustände (S, O, M) eines geschützten Systems repräsentiert gemäß der Festlegungen (a) bis (c):

a) Als Subjekte nehme man die Bandstellen $s_1, s_2, \ldots, s_r$, wobei r so zu wählen ist, daß alle Bandstellen mit Index größer r das Symbol b enthalten (es ist zu bemerken, daß dadurch r nicht eindeutig festgelegt wird).

b) $Z = Q \cup A \cup \{own, end\}$. Dabei wird vorausgesetzt, daß weder *own* noch *end* in $Q \cup A$ enthalten ist.

c) Die Schutzmatrix enthält

in $M\,[s_i, s_j]$	*own* genau dann, wenn $j = i + 1$ ist,
in $M\,[s_i, s_i]$	das Zeichen der i-ten Bandstelle
in $M\,[s_i, s_i]$	den Kontrollzustand, wenn der Schreib-/Lesekopf auf die i-te Stelle des Bandes zeigt und
in $M\,[s_r, s_r]$	das Zugriffsattribut *end*.

Außer den soweit erforderlichen Einträgen enthält M keine weiteren.

2. Jedem Paar $(q, x) \in Q \times A$ wird in folgender Weise ein Kommando zugeordnet:

a) $\delta(q, x) = (p, y, l)$

KOMMANDO $k_{q,x}(s, s')$

    BEDINGUNG: $own \in M[s, s'] \wedge q \in M[s', s']$

                                   $\wedge x \in M[s', s']$

    INTERPRETATION: $entferne\_q\_aus(s', s')$

                                     $entferne\_x\_aus(s', s')$

                                     $trage\_y\_ein\_in(s', s')$

                                     $trage\_p\_ein\_in(s, s)$

b) $\delta(q, x) = (p, y, r)$

KOMMANDO $k_{q,x}(s, s')$

    BEDINGUNG: $own \in M[s, s'] \wedge q \in M[s, s] \wedge x \in M[s, s]$

    INTERPRETATION: $entferne\_q\_aus(s, s)$

                                     $entferne\_x\_aus(s, s)$

                                     $trage\_y\_ein\_in(s, s)$

                                     $trage\_p\_ein\_in(s', s')$

KOMMANDO $k'_{q,x}(s, s')$

    BEDINGUNG: $end \in M[s, s] \wedge q \in M[s, s] \wedge x \in M[s, s]$

    INTERPRETATION: $entferne\_q\_aus(s, s)$

                                     $entferne\_x\_aus(s, s)$

                                       $erzeuge\_Subjekt(s')$

                                     $trage\_y\_ein\_in(s, s)$

                                     $entferne\_end\_aus(s, s)$

                                     $trage\_end\_ein\_in(s', s')$

                                     $trage\_own\_ein\_in(s, s')$

                                     $trage\_b\_ein\_in(s', s')$

                                     $trage\_p\_ein\_in(s', s')$

Die Definition von M werde an einem Beispiel erläutert:

Das Band enthalte an der Stelle s_1 (s_2, s_3, s_4) das Symbol t (u, v, w) und ansonsten nur das Symbol b. Der Schreib-/Lesekopf zeige auf die zweite Bandstelle und der Kontrollzustand sei q. Dann sind die obigen Bedingungen erfüllt durch die Matrix

	s_1	s_2	s_3	s_4
s_1	t	own		
s_2		q, u	own	
s_3			v	own
s_4				w, end

Ist $v_0 \to v_1 \to v_2 \to \dots$, so überzeugt man sich leicht, daß in jedem Zustand v_i des geschützten Systems genau eines der unter 2 konstruierten Kommandos anwendbar ist und daß gemäß der beschriebenen Repräsentation die Folge $v_0, v_1, v_2, \dots$ der Zustandsfolge der Turingmaschine entspricht.

Daraus ergibt sich sofort, daß die Turingmaschine genau dann den Endkontrollzustand q_f erreicht, wenn das zugeordnete geschützte System bezüglich q_f unsicher ist, woraus nach bekannten Ergebnissen die Behauptung folgt. $\square$

Dieses Ergebnis ist Anlaß nach eingeschränkten Modellklassen zu suchen, bei denen das Sicherheitsproblem entscheidbar ist. Bell und La Padula [Bell 73] gingen (schon vor den Untersuchungen von Harrison) den Weg, die Kommandos einzuschränken. Schnelle Entscheidungsalgorithmen besitzen die sogenannten Take-Grant-Systeme [Snyd 79], die mit einer festgelegten Menge von Zugriffsattributen und Kommandos arbeiten. Einen Überblick über die verschiedenen Entwicklungen gibt [Land 81], wo man auch umfangreiche Literaturangaben findet.

Literaturverzeichnis

Andr 83   Andrews, G. R.; Schneider, F. B.: Concepts and Notations for Concurrent Programming. Computing Surveys, vol. 15, no. 1 (1983), pp. 3-43.

Atta 76   Attanasio, C. R.; Markstein, P. W.; Phillips, R. J.: Penetrating an operating system: a study of VM/370 integrity. IBM Syst. Journal, no. 1 (1976), pp. 102-117.

Balz 82   Balzert, H.: Die Entwicklung von Software-Systemen. Zürich: Bibliographisches Institut 1982. = Reihe Informatik, Bd. 34.

Bath 82   Bathelt, P.: Vergleich von Synchronisationsmechanismen. Arbeitsberichte des Instituts f. Math. Maschinen und Datenverarbeitung, Universität Erlangen-Nürnberg, Band 15, Nr. 3 (1982).

Baye 72   Bayer, R.: Symmetric Binary B-Trees: Data Structure and Maintenance Algorithms. Acta Informatica, vol. 1 (1972), pp. 290-306.

Baye 77   Bayer, R.; Schkolnick, M.: Concurrency of Operations on B-Trees. Acta Informatica, vol. 9 (1977), pp. 1-21.

Bela 66   Belady, L. A.: A study of replacement algorithms for virtual storage computers. IBM Systems Journal, vol. 5, no. 2 (1966), pp. 78-101.

Bela 69   Belady, L. A.; Nelson, R. A.; Shedler, G. S.: An Anomaly in Space-Time Characteristics of Certain Programs Running in a Paging Machine. CACM, vol. 12, no. 6 (1969), pp. 349-353.

Bell 73   Bell, D. E.; La Padula, L. J.: Secure Computer Systems. Tech. Rep. ESD-TR-73-278, vols. 1-3, MITRE Corporation, Bedford, Mass., Nov. 1973 and June 1974.

Bett 80   Betteridge, T.: An algebraic analysis of storage fragmentation. Ph. D. Thesis, University of Newcastle upon Tyne, 1980.

Bic 90   Bic, L.; Shaw, A. C.: Betriebssysteme. Eine moderne Einführung. Hanser Verlag München Wien, 1990.

Bode 80   Bode, A.: Händler, W.: Rechnerarchitektur. Springer Verlag Berlin Heidelberg New York Tokyo, 1980.

Bode 83   Bode, A.; Händler, W.: Rechnerarchitektur II. Springer Verlag Berlin Heidelberg New York Tokyo, 1983.

Bolc 77   Bolch, G.; Gall, R.; Graßl, M.; Schmidt, B.: Modelle für Trommelspeicher. Arbeitsberichte des Instituts f. Math. Maschinen und Datenverarbeitung, Universität Erlangen-Nürnberg, Band 10, Nr. 10 (1977).

Bolc 82   Bolch, G.; Akyildiz, F.: Analyse von Rechensystemen. Stuttgart: Teubner 1982. = Teubner Studienbücher Informatik.

Bolc 89   Bolch, G.: Leistungsbewertung von Rechensystemen mittels analytischer Warteschlangenmodelle. Stuttgart: Teubner 1989. = Teubner Leitfäden und Monographien der Informatik.

Brom 77   Bromley, A. G.: Memory fragmentation in buddy methods for dynamic storage allocation. University of Sydney Basser Department of Computer Science, Technical Report 121, 1977.

Burt 76   Burton, W.: A buddy system variation for disk storage allocation. CACM vol. 9, no. 7 (1976), pp. 416-417.

Carr 81   Carr, R. W.; Hennesey, J. L.: WSClock - A Simple and Effective Algorithm for Virtual Memory Management. Proc. 8th ACM Symp. on Operating Systems Principles, SIGOPS, vol. 15 (1981), pp. 87-95.

Cerf 72   Cerf, V. G.: Multiprocessors, Semaphores, and a Graph Model of Computation. PhD thesis, UCLA, 1972.

Cheh 81   Cheheyl, M. H.; Gasser, M.; Huff, G. A.; Miller, J. K.: Verifying Security. Computing Surveys, vol. 13, no. 3 (1981), pp. 279-339.

Coff 73   Coffman, E. G.; Denning, P.: Operating Systems Theory. Prentice Hall, Englewood Cliffs, N. J., 1973.

Come 79   Comer, D.: The Ubiquitous B-Tree. Computing Surveys, vol. 11, no. 2 (1979), pp. 121-137.

Cour 71   Courtois, P. J.; Heymans, F.; Parnas, D. L.: Concurrent Control with Readers and Writers. CACM, vol. 15, (1971), pp. 667-668.

Cran 75   Cranston, B.; Thomas, R.: A simplified recombination scheme for the Fibonacci buddy system. CACM vol. 18, no.6 (1975), pp. 331-332.

Deit 84   Deitel, H. M.: An Introduction to Operating Systems. Addison - Wesley Publishing Company, Reading Massachusetts, 1984.

Denn 68   Denning, P. J.: The Working Set Model for Program Behavior. CACM, vol. 11, no. 5 (1968), pp. 323-333.

Denn 70   Denning, P. J.: Virtual memory. Computing Surveys vol. 2, no. 3 (1970), pp. 153-189.

Denn 72   Denning, P. J.; Schwartz, S. C.: Properties of the workingset model. CACM, vol. 15, no. 3 (1972), pp. 191-198.

Denn 78   Denning, P. J.; Buzen, J. P.: Operational Analysis of Queueing Networks. Computing Surveys, vol. 10, no. 3 (1978), pp. 225-261.

Denn 79   Denning, D. E.; Denning, P. J.; Schwartz, M. D.: The Tracker: A Threat to Statistical Database Security. ACM Trans. on Database Systems, vol. 4, no. 1 (1979), pp. 76-96.

Dijk 68   Dijkstra, E. W.: Cooperating Sequential Processes. In 'Programming Languages', ed. F. Genuys, Academic Press London - New York, 1968, pp. 43 - 112.

Dijk 71   Dijkstra, E. W.: Hierarchical Ordering of Sequential Processes. Acta Informatica, vol. 1 (1971), pp. 115-138.

Gele 71   Gelenbe, E.: The two-thirds rule for dynamic storage allocation under equilibrium. Information Processing Letters, vol. 1, no. 2 (1971), pp. 59-60.

Habe 69   Habermann, A. N.: Prevention of system deadlocks. CACM, vol. 12, no. 7 (1969), pp. 373-377, 385.

Habe 72   Habermann, A. N.: Synchronization of Communicating Processes. CACM vol. 15, no. 3 (1972), pp. 171-176.

Habe 76a   Habermann, A. N.: Introduction to Operating System Design. Science Research Associates, Inc., 1976.

Habe 76b   Habermann, A. N.; Flon, L.; Cooprider, L.: Modularization and Hierarchy in a Family of Operating Systems. CACM, vol. 19, no. 5 (1976), pp. 266-272.

Harr 76   Harrison, M. A.; Buzzo, L.: Protection in Operating Systems. CACM, vol. 19, no. 8 (1976), pp. 461-470.

Have 68   Havender, J. W.: Avoiding deadlock in multitasking systems. IBM Syst. Journal, vol. 7, no. 2 (1968), pp. 74-84.

Hebb 80   Hebbard, B.; e. a.: A Penetration Analysis of the Michigan Terminal System. ACM SIGOPS, vol. 14, no. 1 (1980), pp. 7-20.

Hind 75   Hinds, J. A.: An algorithm for locating adjacent storage blocks in the buddy system. CACM, vol. 18, no. 4 (1975), pp. 221-222.

Holt 72   Holt, R. C.: Some Deadlock Properties of Computer Systems. Computing Surveys, vol. 4, no. 3 (1972), pp. 179-196.

Homm 80   Hommel, G.: Vergleich verschiedener Spezifikationsverfahren am Beispiel einer Paketverteilanlage. Kernforschungszentrum Karlsruhe, Bericht KfK-PDV 186, August 1980.

Kapp 79   Kappatsch, A.; Mittendorf, H.; Rieder, P.: PEARL - Systematische Darstellung für den Anwender. Reihe Datenverarbeitung, R. Oldenbourg Verlag München Wien, 1979.

Kauf 84   Kaufman, A.: Tailored-List and Recombination-Delaying Buddy Systems. ACM Trans. on Programming Languages and Systems, vol. 6 (1984), pp. 118-125.

Keeh 74   Keehn, D. G.; Lacy, J. O.: VSAM data set design parameters. IBM Syst. Journal, vol. 13, no. 3 (1974), pp. 186-212.

Kera 79   Keramidis, S.; Mackert, L.: Specification and Implementation of Parallel Activities on Abstract Objects. Proc. 4th Int. Conf. on Software Engineering, 1979, pp. 203-211.

Kera 82   Keramidis, S.: Eine Methode zur Spezifikation und korrekten Implementierung von asynchronen Systemen. Arbeitsberichte des Instituts f. Math. Maschinen und Datenverarbeitung, Universität Erlangen-Nürnberg, Band 15, Nr. 4 (1982).

Kimm 79   Kimm, R.; Koch, W.; Simonsmeier, W.; Tontsch, F.: Einführung in Software Engineering. De Gruyter Lehrbuch, Berlin - New York, 1979.

Klei 72   Kleinrock, L.; Muntz, R. R.: Processor Sharing Queueing Models of Mixed Scheduling Disciplines for Time Shared Systems. Journal ACM, vol. 19, no. 3 (1972), pp. 464-482.

Klei 75   Kleinrock, L.: Queueing Systems. Vol. 1: Preliminaries. John Wiley & Sons, Inc., New York, 1975.

Know 65   Knowlton, K. C.: A fast storage allocator. CACM, vol. 8, no. 10 (1965), pp. 623-625.

Knut 68   Knuth, D. E.: The art of computer programming. Vol. 1: Fundamental algorithms. Addison Wesley, Reading Mass, 1968.

Koba 78   Kobayashi, H.: Modelling and Analysis: An Introduction to System Performance Evaluation Methodology. Addison Wesley Publishing Co., 1978.

Kosa 73   Kosaraju, S. R.: Limitations of Dijkstra's Semaphore Primitives and Petri-
           nets. 4th Symp. on Operating System Principles, SIGOPS Operating System
           Review, vol. 7, Oct. 1973, pp. 122-126.

Kray 75   Krayl, H.; Neuhold, E. J.; Unger, C.: Grundlagen der Betriebssysteme. Ber-
           lin: de Gruyter 1975. = Sammlung Göschen, Bd. 2051.

Land 81   Landwehr, L. E.: Formal Models for Computer Security. Computing Sur-
           veys, vol. 13, no. 3 (1981), pp. 247-278.

Lave 83   Lavenberg, S. S.: Computer Performance Modelling Handbook. Academic
           Press, New York, 1983.

Lipt 73   Lipton, R. J.: On Synchronization Primitive Systems. Dep. of Computer Sci-
           ence, Carnegie-Mellon University, 1973.

Lipt 74a   Lipton, R. J.: Limitations of Synchronization Primitives with Conditional
           Branching and Global Variables. 6th Annual ACM Symp. on Theory of
           Computing, Apr. 1974, pp. 230-241.

Lipt 74b   Lipton, R. J.; Snyder, L.; Zalcstein, Y.: A Comparative Study of Models of
           Parallel Computation. 15th Annual Symp. on Switching and Automata The-
           ory, New Orleans, Oct. 1974, pp. 145-155.

Mack 83   Mackert, L.: Modellierung, Spezifikation und korrekte Realisierung von
           asynchronen Systemen. Arbeitsberichte des Instituts f. Math. Maschinen
           und Datenverarbeitung, Universität Erlangen-Nürnberg, Band 16, Nr. 7
           (1983).

Meye 88   Meyer B.: Object-oriented Software Construction. Prentice Hall, 1988.

Nagl 82   Nagl, M.: Einführung in die Programmiersprache Ada. Uni-Text, Vieweg
           Braunschweig/Wiesbaden, 1982.

Niel 77   Nielsen, N. R.: Dynamic memory allocation in computer simulation.
           CACM, vol. 20, no. 11 (1977), pp. 864-873.

Opde 79   Opderbeck, H.: Common Carrier Provided Network Interfaces. In Bayer, R.;
           Graham, R. M.; Seegmüller, G.: Operating Systems. Springer Verlag, Berlin
           Heidelberg New York, 1979.

Orga 72   Organick; Elliot I.: The Multics System: An Examination of Its Structure.
           MIT Press, Cambridge, Mass., 1972.

Paan 83   Paans, R.; Bonnes, G.: Surreptitious Security Violation in the MVS Operat-
           ing System. In Security, IFIP/Sec'83, v. a. Fak (editor), North-Holland Pub-
           lishing Company, IFIP, 1983, pp. 95-105.

Pati 71   Patil, S. S.: Limitations and capabilities of Dijkstra's semaphore primitives for coordination among processes. Project MAC Computational Structure Group, Memo 57, 1971.

Pete 77   Peterson, J. L.; Norman, T. A.: Buddy systems. CACM, vol. 20, no. 6 (1977), pp. 421-431.

Pink 89   Pinkert, J. R.; Wear, L. L.: Operating Systems. Concepts, Policies, and Mechanisms. Prentice-Hall International, Englewood Cliffs, 1989.

Pres 75   Presser, L.: Multiprogramming Coordination. Computing Surveys, vol. 7, no. 1 (1975), pp. 21-44.

Purd 71   Purdom, P. W. jr.; Stigler, S. M.; Cheam, T.-O.: Statistical investigation of 3 storage allocation algorithms. BIT, vol. 11 (1971), pp. 187-195.

Reit 83   Reitenspieß, M.: Sprachkonstrukte zur Spezifikation und korrekten Implementation von Schutzproblemen. Arbeitsberichte des Instituts f. Math. Maschinen und Datenverarbeitung, Universität Erlangen-Nürnberg, Band 16, Nr. 8 (1983).

Rich 77   Richter, L.: Betriebssysteme. Stuttgart: Teubner 1977. = Teubner Studienbücher Informatik.

Rich 85   Richter, L.: Betriebssysteme. Stuttgart: Teubner 1985. = Teubner Leitfäden und Monographien der Informatik.

Ritc 74   Ritchie, D. M.; Thompson, K.: The UNIX Time-Sharing System. CACM, vol. 17, no. 7 (1974), pp. 365-375.

Ritc 79   Ritchie, D. M.: The UNIX I/O System. UNIX Programmers Manual, 7th edition, vol. 2b, Section 32 (1979).

Robi 77   Robinson, L.; Rouline, O.: SPECIAL - A Specification and Assertion Language. Technical Report, CSL-46 Stanford Research Inst., June 1977.

Rush 81   Rushby, J. M.: Design and Verification of Secure Systems. Proc. 8th Symp. on Operating Systems Principles. ACM SIGOPS, vol. 15, no. 5 (1981), pp. 12-21.

Russ 77   Russell, D. L.: Internal fragmentation in a class of buddy systems. SIAM J. Computing, vol. 6, no. 4 (1977), pp. 607-621.

Schm 80   Schmidt, B.: GPSS-FORTRAN. John Wiley & Sons, London, 1980.

Shor 75   Shore, J. E.: On the external storage fragmentation produced by first fit and best fit allocation strategies. CACM, vol. 18, no. 8 (1975), pp. 433-440.

Shor 77   Shore, J. E.: Anomalous Behaviour of the Fifty-Percent Rule in Dynamic Memory Allocation. CACM, vol. 20, no. 11 (1977), pp. 812-820.

Slut 74   Slutz, D. R.; Traiger, I. L.: A Note on the Calculation of Average Working Set Size. CACM, vol. 17, no. 10 (1974), pp. 563-565.

Snyd 79   Snyder, L.: Formal models of capability-based protection systems. Tech. Rep. 151, Dept. Computer Science, Yale Univ., New Haven, Conn., April 1979.

Thom 78   Thompson, K.: UNIX Time-Sharing System: UNIX Implementation. Bell Sys. Tech. J., vol. 57, no. 6 (1978), pp. 1931-1946.

Tosh 82   Toshimi, M.: Deadlock Avoidance Revisited. Journal ACM, vol. 29, no. 4 (1982), pp. 1023-1048.

Vant 72   Vantilborgh, H.; van Lamsweerde, A.: On an extension of Dijkstra's semaphore primitives. Information Processing Letters, vol. 1, (1972), pp. 181-186.

Webe 83   Weber, K.: Modellierung von Fehlverhalten mit Berücksichtigung paralleler Abläufe. Arbeitsberichte des Institus f. Math. Maschinen und Datenverarbeitung, Universität Erlangen-Nürnberg, Band 16, Nr. 9 (1983).

Weck 82   Weck, G.: Prinzipien und Realisierung von Betriebssystemen. Stuttgart: Teubner 1982. = Teubner Studienbücher Informatik.

Weck 84   Weck, G.: Datensicherheit. Leitfäden der angewandten Informatik. Teubner Stuttgart, 1984.

Wett 78   Wettstein, H.: Aufbau und Struktur von Betriebssystemen. München, Wien: Hanser 1978.

Wett 84   Wettstein, H.: Architektur von Betriebssystemen. München, Wien: Hanser 1984.

Wirt 71   Wirth, N.: The programming language PASCAL. Acta Informatica, vol.1 (1971), pp. 35-63.

Wirt 75   Wirth, N.: Algorithmen und Datenstrukturen. Teubner Verlag, Stuttgart, 1975.

Wodo 72   Wodon, P.: Still another system for controlling cooperating algorithms. Technical Report, Carnegie-Mellon University, 1972.

Wulf 76   Wulf, W. A.; London, R. L.; Shaw, M.: An Introduction to the Construction and Verification of Alphard Programs. IEEE Transactions on Software Engineering, vol. SE-2, no. 4, Dec. 76.

Zima 80   Zima, H.: Betriebssysteme. 2. Aufl. Zürich: Bibliographisches Institut 1980. = Reihe Informatik, Bd. 20.

Stichwortverzeichnis

Leitfäden der angewandten Informatik

Bauknecht/Zehnder: **Grundzüge der Datenverarbeitung**
4. Aufl. 297 Seiten. Kart. DM 38,–

Beth/Heß/Wirl: **Kryptographie**
205 Seiten. Kart. DM 28,80

Bolch/Vollath: **Prozeßautomatisierung**
213 Seiten. Kart. DM 39,–

Brauer: **Datenhaltung in VLSI-Entwurfssystemen**
221 Seiten. Kart. DM 42,–

Brüggemann-Klein: **Einführung in die Dokumentenverarbeitung**
200 Seiten. Kart. DM 34,–

Bunke: **Modellgesteuerte Bildanalyse**
309 Seiten. Geb. DM 49,80

Craemer: **Mathematisches Modellieren dynamischer Vorgänge**
288 Seiten. Kart. DM 42,–

Curth/Giebel: **Management der Software-Wartung**
184 Seiten. Kart. DM 34,–

Dorffner: **Konnektionismus**
453 Seiten. Kart. DM 62,–

Engels/Schäfer: **Programmentwicklungsumgebungen, Konzepte und Realisierung**
248 Seiten. Kart. DM 38,–

Frevert: **Echtzeit-Praxis mit PEARL**
2. Aufl. 216 Seiten. Kart. DM 36,–

Frühauf/Ludewig/Sandmayr: **Software-Projektmanagement und
-Qualitätssicherung.** 2. Aufl. 136 Seiten. Kart. DM 28,–

Gloor: **Synchronisation in verteilten Systemen**
239 Seiten. Kart. DM 42,–

Gloor: **Hypermedia-Anwendungsentwicklung**
320 Seiten. Kart. DM 48,–

Gorny/Viereck: **Interaktive grafische Datenverarbeitung**
256 Seiten. Geb. DM 52,–

Hallmann: **Prototyping komplexer Softwaresysteme**
251 Seiten. Kart. DM 42,–

Hofmann: **Betriebssysteme: Grundkonzepte und Modellvorstellungen**
2. Aufl. 277 Seiten. Kart. DM 42 ,–

B.G. Teubner Stuttgart

Leitfäden der angewandten Informatik

B.G. Teubner Stuttgart

Leitfäden der angewandten Informatik

Singer: **Programmieren in der Praxis**
2. Aufl. 176 Seiten. Kart. DM 34,–

Specht: **APL-Praxis**
192 Seiten. Kart. DM 28,80

Vetter: **Aufbau betrieblicher Informationssysteme
mittels konzeptioneller Datenmodellierung**
6. Aufl. 455 Seiten. Kart. DM 62,–

Vetter: **Strategie der Anwendungssoftware-Entwicklung**
2. Aufl. 408 Seiten. Kart. DM 58,–

Weck: **Datensicherheit**
326 Seiten. Geb. DM 48,–

Wingert: **Medizinische Informatik**
272 Seiten. Kart. DM 29,80

Wißkirchen et al.: **Informationstechnik und Bürosysteme**
255 Seiten. Kart. DM 34,–

Wolf/Unkelbach: **Informationsmanagement in Chemie und Pharma**
244 Seiten. Kart. DM 38,–

Zehnder: **Informatik-Projektentwicklung**
2. Aufl. 401 Seiten. Kart. DM 42,–

Zehnder: **Informationssysteme und Datenbanken**
5. Aufl. 276 Seiten. Kart. DM 42,–

Zöbel/Hogenkamp: **Konzepte der parallelen Programmierung**
235 Seiten. Kart. DM 38,–

Preisänderungen vorbehalten

B.G. Teubner Stuttgart